Fertigung und Betrieb
Fachbücher für Praxis und Studium
Herausgeber: H. Determann und W. Malmberg
Band 9

Heinrich Mauri

Vorrichtungen II

Reine Spannvorrichtungen,
Bohrspannvorrichtungen, Arbeitsvorrichtungen,
Prüfvorrichtungen, Fehler

Mit 250 Bildern

Springer-Verlag
Berlin · Heidelberg · New York 1981

Herausgeber der Reihe:
Dr.-Ing. Hermann Determann, Hamburg
Dipl.-Ing. Werner Malmberg, Hamburg

Autor dieses Bandes:
Heinrich Mauri, Hamburg

Neubearbeitung des in sieben Auflagen erschienenen früheren „Werkstattbuches" 35 Mauri, Vorrichtungsbau II

CIP-Kurztitelaufnahme der Deutschen Bibliothek
Mauri, Heinrich:
Vorrichtungen / Heinrich Mauri.
Berlin, Heidelberg, New York: Springer
Frühere Aufl. u. d. T.: Mauri, Heinrich:
Vorrichtungsbau.
2. Reine Spannvorrichtungen, Bohrspannvorrichtungen, Arbeitsvorrichtungen, Prüfvorrichtungen
Fehler. Neubearb. d. in 7. Aufl. erschienenen früheren „Werkstattbuches" 35, Mauri, Vorrichtungsbau
II. — 1981
(Fertigung und Betrieb: Bd. 9)

ISBN-13: 978-3-540-09366-4   e-ISBN-13: 978-3-642-81336-8
DOI: 10.1007/978-3-642-81336-8

Bindearbeiten: K. Triltsch, Würzburg

2362/3020—543210

Zu dieser Fachbuchreihe

In den letzten beiden Jahrzehnten hat sich die Fertigungstechnik schnell und vielseitig weiterentwickelt. Moderne Fertigungsverfahren haben entscheidend dazu beigetragen, daß selbst hochwertige Wirtschaftsgüter kostengünstig hergestellt werden können und damit für breite Käuferschichten erreichbar sind. Dieser hohe Entwicklungsstand muß auch unter den erschwerenden Bedingungen erhalten bleiben, die durch die aktuellen Probleme der Energieversorgung auf uns zugekommen sind, wenn unser aller Lebensstandard nicht absinken soll.

Hierzu beizutragen, ist Hauptaufgabe von „Fertigung und Betrieb". Die Bände dieser Buchreihe werden den im Betrieb tätigen Ingenieuren und Technikern sowie Studierenden des Maschinenbaus und der Fertigungstechnik, aber auch angrenzender Fachgebiete den Einblick in das gesamte Betriebsgeschehen erleichtern. Sie sollen helfen, Werkstoffe, Betriebsmittel und Energien optimal einzusetzen und die Produktionssysteme möglichst flexibel zu gestalten, um sie wechselnden Verhältnissen leicht anpassen zu können. Sie gestatten es also, gerade das Fachwissen zu vertiefen oder neu zu erschließen, welches eine der Voraussetzungen für die Absatzfähigkeit unserer Industrieerzeugnisse trotz laufender Kostensteigerungen ist. Ohne ausreichende fachliche Kenntnisse kann niemand wirtschaftlich fertigen und Qualität sichern!

Die thematischen Schwerpunkte der Buchreihe orientieren sich an den Bedürfnissen von Beruf und Studium. Die Darstellungen sind kurzgefaßt, ohne große Vorkenntnisse verständlich und betont praxisnah. Sie berücksichtigen den neuesten Stand der Technik und enthalten Hinweise für ein vertiefendes Weiterstudium.

Hamburg, Juli 1979   **H. Determann · W. Malmberg**

Zu diesem Band

Die Entwicklung der Koordinaten-Bohrmaschinen und die starke Verbreitung der NC-Technik haben in den vergangenen zwei Jahrzehnten so manche Bohrvorrichtung einsparen können. Die für den Einsatz dieser ohne Vorrichtungen arbeitenden Maschinen kritischen Stückzahlen gegenüber dem konventionellen Bohren mit Vorrichtung wurden trotz der hohen Anschaffungskosten immer weiter heraufgesetzt. So ist die bekannte Bohrvorrichtung auch heute für viele einfache Werkstücke und besonders in der Reihen- und Massenfertigung gar nicht zu entbehren (nähere Einzelheiten siehe Abschn. 4.1).

Da nun Vorrichtungen nicht nur zum Bohren, sondern auch für viele andere Zwecke wie z. B. zum Ausrichten und Spannen von Werkstücken beim Drehen, Fräsen, Hobeln und Schleifen sowie auch zum Anreißen, Schweißen, Löten, Fördern, Zusammenbauen und Prüfen verwendet werden, hat der Vorrichtungsbau nach wie vor ein weites und wirtschaftlich bedeutungsvolles Anwendungsgebiet. Deshalb kann es nur nützlich sein, dieses Fachgebiet in der Literatur so eingehend wie möglich zu behandeln und, wie z. B. in dem vorliegenden Band, an möglichst vielen Vorrichtungsbeispielen ihre Wirkungsweise, konstruktiven Grundsätze und möglichen Fehler zu beschreiben.

Dies geschieht hier aus einem in mehr als vierzig Jahren erworbenen Erfahrungsschatz aus allen Bereichen des Maschinenbaus. Bei den äußerst vielseitigen Anforderungen an Vorrichtungen dürfte der Interessent auch für seinen speziellen Aufgabenbereich verwertbare Anregungen finden. Das beweist das als Vorläufer in sieben Auflagen erschienene Heft 35 der „Werkstattbücher", das auch in mehrere Fremdsprachen übersetzt wurde. Gegenüber diesem Heft wurde der vorliegende Band weitgehend überarbeitet, erweitert und der laufenden Entwicklung angepaßt.

Hamburg, November 1980   **H. Mauri**

Inhaltsverzeichnis

VIII

Einleitung

Das hier vorliegende Buch behandelt die wesentlichen allgemeinen konstruktiven Grundsätze der Vorrichtungen und bringt eine ganze Anzahl typischer allgemein verwendbarer Vorrichtungen mit den Beschreibungen ihrer Wirkungsweise. Außerdem werden hier zum Schluß in einem besonderen Kapitel anhand von Beispielen gewisse in der Praxis vorkommende Fehler der Vorrichtungen kritisch besprochen.

Die hier aufgeführten Beispiele typischer Vorrichtungen haben sich zwar in der Praxis sämtlich gut bewährt, jedoch können aber nicht alle so ganz allgemein und unbedingt als gültige Rezepte dienen. Vielmehr wird ihre spezielle Gestaltung u. a. wesentlich von der Stückzahl und dem jeweiligen Anlieferungszustand der Werkstücke sowie von der Art der im Betrieb befindlichen Werkzeugmaschinen, Betriebsmittel und sonstigen Einrichtungen, wie z.B. von dem Vorhandensein eines Druckluft- oder Hydrauliknetzes und von Werkzeugmaschinen mit eigenem Hydraulikaggregat bestimmt. So kann es z.B. in einem Fall durchaus genügen, für eine bestimmte Vorrichtung bei der herkömmlichen Handbetätigung zu bleiben, in einem anderen Fall es aber vorteilhafter sein, Druckluftspannung, hydraulisches oder in gewissen Fällen sogar elektrisches Spannen anzuwenden. Doch können die hier gezeigten Vorrichtungen, falls sie aus irgendeinem Grunde nicht so unmittelbar für gleiche oder ähnliche Zwecke übernommen werden können, doch insofern dem Vorrichtungskonstrukteur eine wertvolle Hilfe sein, als doch zumindest ihre Grundelemente übernommen werden und die gezeigten Beispiele auch sonst wichtige Anregungen geben können. So dürfte es z.B. nicht allzu schwierig sein, anhand eines der hier gezeigten Beispiele für Einfachspannung etwa für den gleichen Zweck und das gleiche Werkstück eine Vorrichtung für Mehrfachspannung bzw. umgekehrt aus einer Mehrfachspannvorrichtung eine Vorrichtung für Einfachspannung zu entwickeln oder auch eine handbetätigte Vorrichtung mit Hilfe der entsprechenden zusätzlichen Elemente auf Druckluft- oder Hydraulikspannung umzugestalten.

Es würde den vorbestimmten Rahmen dieses Buches sprengen, wenn man die hier gezeigten Beispiele etwa in allen möglichen Ausführungsformen darstellen wollte. Immerhin hat der Verfasser sie so gewählt, daß mit nur ganz wenigen aus bestimmten Gründen ausgewählten Ausnahmen die wirtschaftlichsten Anwendungsformen für eine neuzeitliche Reihenfertigung berücksichtigt worden sind, so daß der Zweck dieses Buches, dem Konstrukteur Anregungen zu geben und dem Studierenden Leitfaden zu sein, erreicht sein dürfte.

Die hier gezeigten typischen Vorrichtungen sind in diesem Buch in der Reihenfolge der in der Tabelle 2.1 von Band 8 (Vorrichtungen I) vorgenommenen Einteilung der Vorrichtungen aufgeführt.

Ergänzt werden die beiden Bände 8 und 9 (Vorrichtungen I und II), sowie die noch als Werkstattbücher (WB) lieferbaren Teile III und IV (WB 42 und WB 108) durch das Heft WB 122 (Ferling, W. Ph.: Hydraulische Werkstückspanner, 1961).

1. Verwendung von Gemeinvorrichtungen im Vorrichtungsbau

Bei der Konstruktion von Vorrichtungen muß sich der Konstrukteur in jedem Fall überlegen, ob und in welchem Umfang die allgemein gebräuchlichen und handelsüblichen Gemeinvorrichtungen und Spannmittel, wie normale Spannzangen, handelsübliche Teilköpfe, handbetätigte Zwei- und Dreibackenfutter (Bild 1.1), kraftbetätigte Forkardt-Zwei-, Drei- und Vierbackenfutter (Bilder 1.2 und 1.3), Kreisteiltische (Bilder 1.4 bis 1.6), schwenkbare Kreisteiltische (Bild 1.7), Kreuzrolltische (Bilder 1.8 und 1.9), Druckluft- und hydromechanische Schraub-

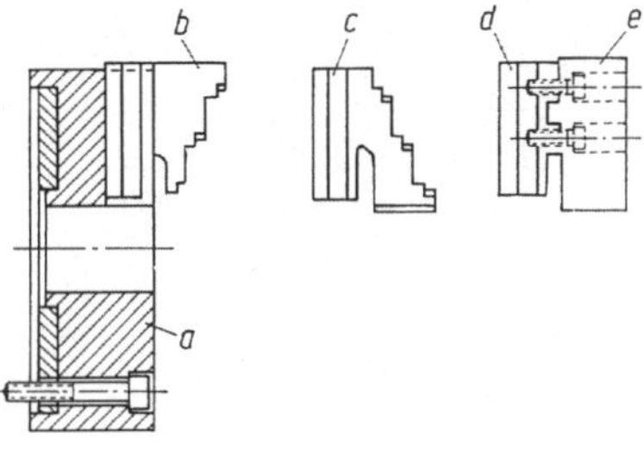

Bild 1.1. Handbetätigte Forkardt-Zwei- und Dreibackenfutter. *a* Futterkörper, *b* gehärtete Spannbacken zum Außenspannen, *c* gehärtete Spannbacken zum Innenspannen, *d* Grundbacken, *e* weiche Aufsatzbacken für Sonderzwecke

Bild 1.2. Kraftbetätigtes Forkardt-Zweibackenfutter mit Sonderspannbacken als Rundbearbeitung-Vorrichtung. *a* Futterkörper, b_1 und b_2 Sonderspannbacken. Betätigung wie beim Dreibackenfutter Bild 1.3. durch Hohlspindelspannvorrichtung

Bild 1.3. Kraftbetätigtes Forkardt-Dreibackenfutter. *a* Futterkörper, b_1 bis b_3 normale gehärtete Spannbacken. (Gesamtanordnung s. [7] Bild 3.86 und [9] Bild 34)

stöcke (Bilder 1.10 bis 1.12), Schwenkspanner (Bild 1.13), Abstütz-
elemente (Bild 1.14), Schnellspannpratzen (Bild 1.15), Hydro-Druck-
und Zugzylinder (Bilder 1.16 und 1.17) und umlaufende Druckzylinder
(Bild 1.18) u. dgl. hierbei verwandt werden können.

Sei es nun, daß diese Gemeinvorrichtungeu zu Sondervorrichtungen
umgestaltet werden, indem man ihre Wirkungsweise durch Ergän-
zungsteile erweitert, oder aber, daß sie als Elemente bestimmter Vorrichtungen eingesetzt werden können; immer werden sich in den Fällen
ihrer Verwendungsmöglichkeit besondere Vorteile ergeben. Ganz besonders ist dieser Grundsatz aber dann zu berücksichtigen, wenn es sich

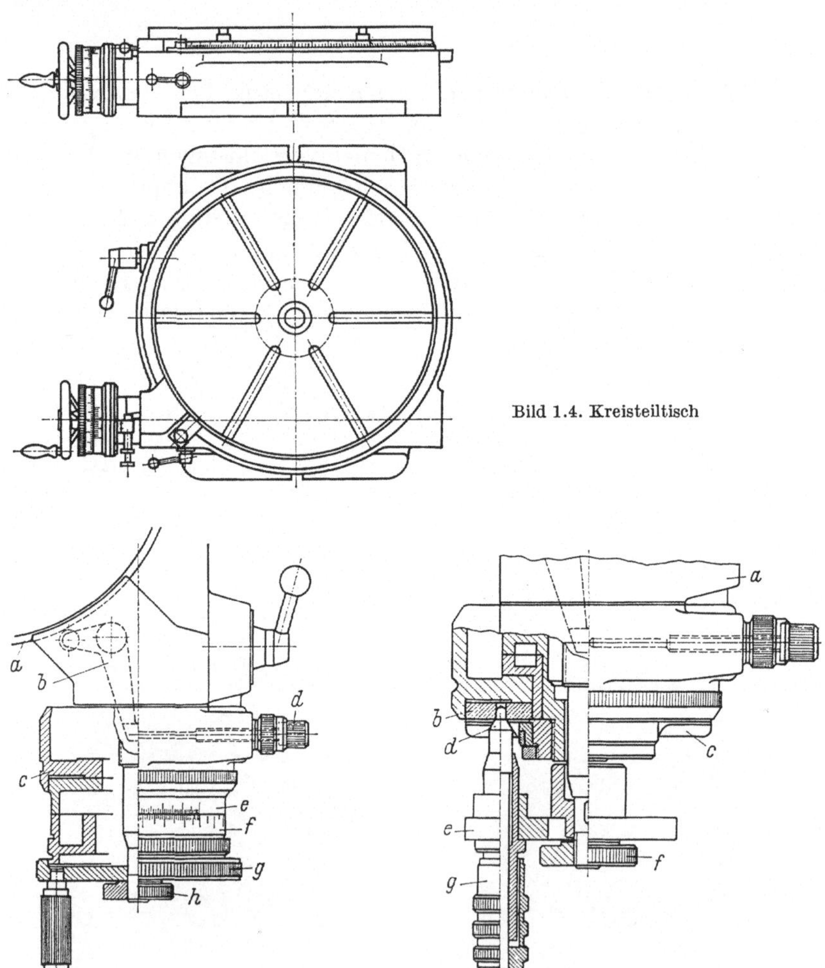

Bild 1.4. Kreisteiltisch

Bild 1.5. Meßtrommel mit Nonius für
Kreisteiltisch. *a* Korrekturrand, *b* Kor-
rekturhebel, *c* Gehäuse, *d* Feineinstellung,
e Noniusscheibe, *f* Meßtrommel, verstellbar, *g* Handrad, *h* Rändelmutter

Bild 1.6. Lochscheibeneinrichtung für Kreisteiltisch. *a* Unterteil, *b* Lochscheibe, *c* Teilschere,
d Raststift, *e* Teilkurbel, *f* Rändelmutter, *g* Griffhülse

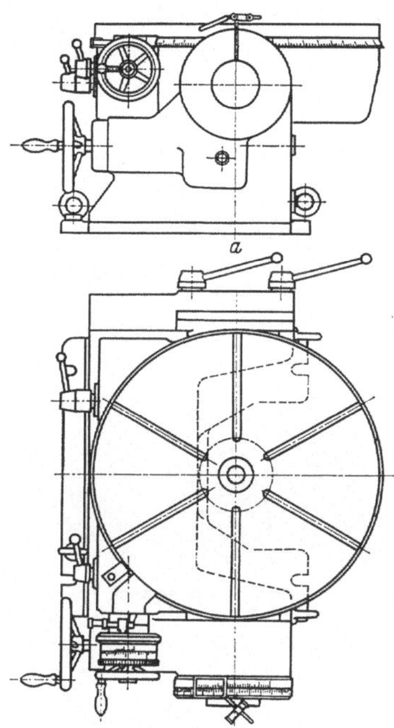

Bild 1.7. Schwenkbarer Teiltisch mit Korrektureinrichtung

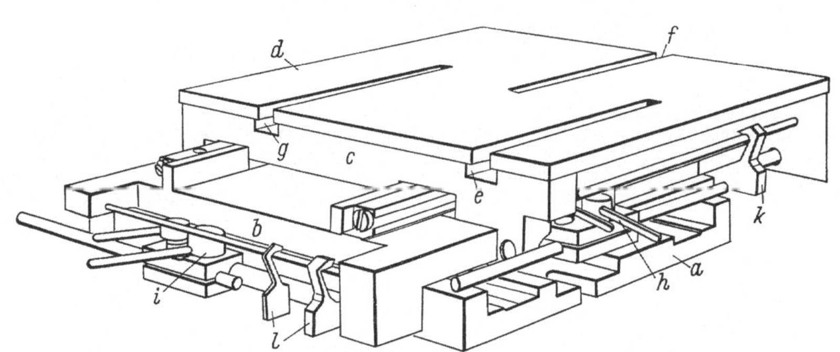

Bild 1.8. Kreuzrolltisch. a, b, c Tische, d gehärtete Stahlplatte, e, f, g Nuten, h, i Klemmsysteme, k, l BtB-Hänge-Maße

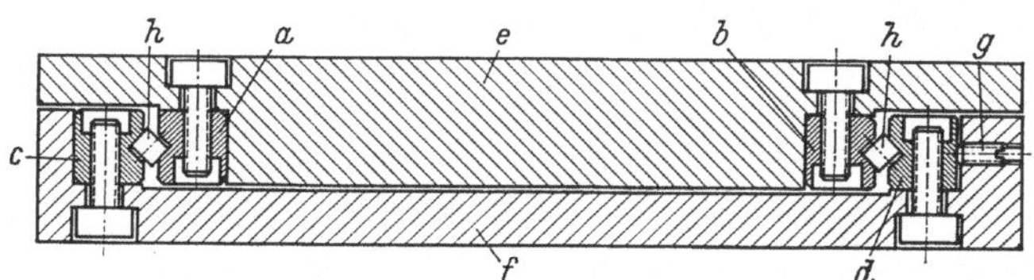

Bild 1.9. Gleitschienen für den Kreuzrolltisch nach Bild 1.8. a bis d Gleitschienen, e Obertisch, f Untertisch, g Justierschraube, h Gleitrollen

bei den zu bearbeitenden Werkstücken um kleinere Stückzahlen handelt, so daß also eine möglichst einfache und doch zweckmäßige Ausführung die Grundbedingung für den erfolgreichen Einsatz ist.

Wo in den in diesem Band gezeigten Vorrichtungsbeispielen irgendwie Gemeinvorrichtungen mit verwandt werden, wird besonders darauf hingewiesen.

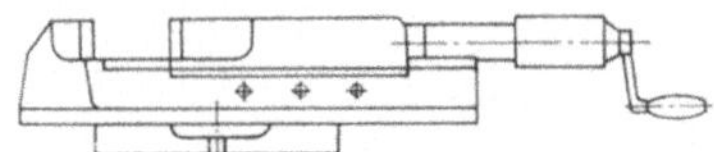

Bild 1.10. Druckluft-Spannstock (System Forkardt)

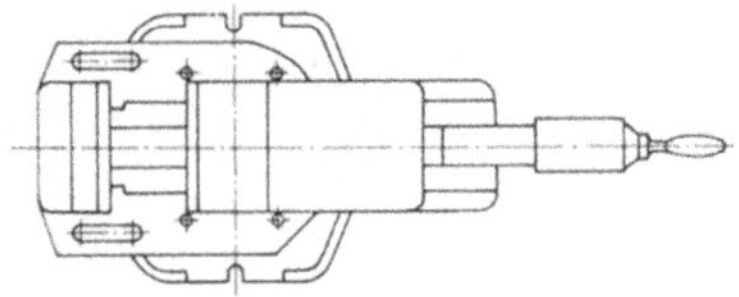

Bild 1.11. Hydromechanischer Schraubstock (System Römheld)

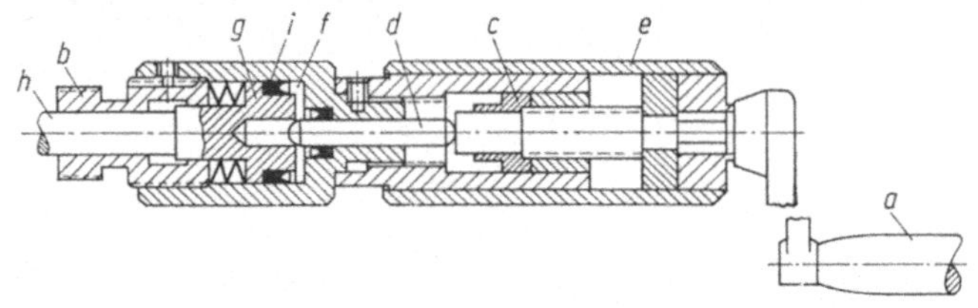

Bild 1.12. Spindel mit Hydraulik zum hydromechanischen Schraubstock Bild 1.11. *a* Handgriff, *b* Spindel, *c* Kupplung, d Primärkolben, *e* Griffhülse, *f* Ölraum, *g* Sekundärkolben, *h* Druckkolben, *i* Dichtungsmanschetten

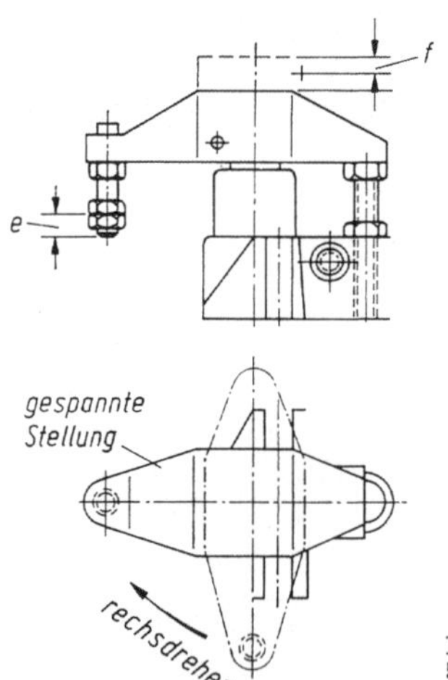

Bild 1.13. Hydraulischer Schwenkspanner (Betriebsdruck 500 bar). *a* Hydraulikzylinder, *b* Spannpratze, *c* Stützschraube, *d* Spannschraube, *e* Spannweg, *f* Schwenkhub

6

Neuzeitliche Werkzeugmaschinen werden heutzutage übrigens auch schon vielfach zusätzlich mit gewissen Gemeinvorrichtungen vom Hersteller geliefert. So sind heute beispielsweise neue Drehmaschinen vom Hersteller schon oft mit kraftbetätigten Zwei- und Dreibackenfuttern ausgerüstet oder mindestens hierfür eingerichtet.

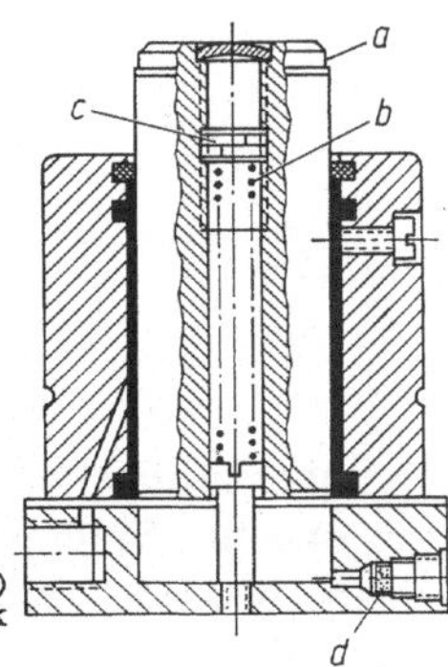

Bild 1.14. Hydraulisches Abstützelement (Betriebsdruck 500 bar) (System Römheld) *a* Abstützbolzen, *b* Spannfeder, *c* Einschraubstück zum Höhenausgleich, *d* Luftfilter aus Sintermetall

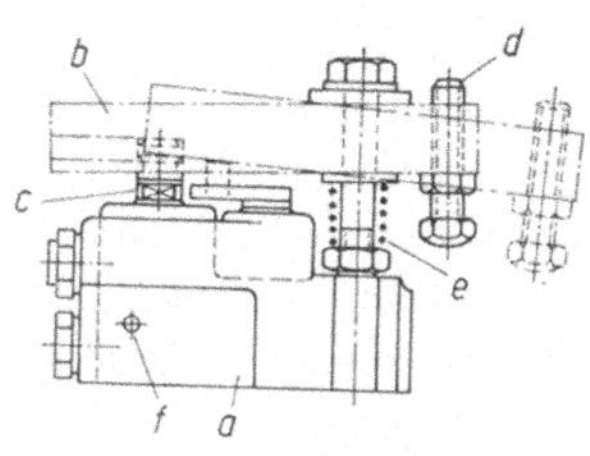
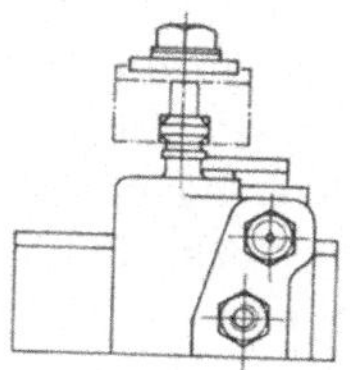
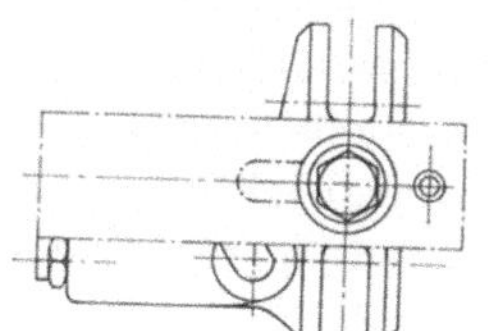

Bild 1.15. Selbsttätige hydraulisch spannende Spannpratze (System Römheld). *a* Grundkörper mit Hydraulikzylinder, *b* Spannpratze, *c* Druckbolzen, *d* Spannbolzen, *e* Druckfeder, *f* Entlüftungsschraube

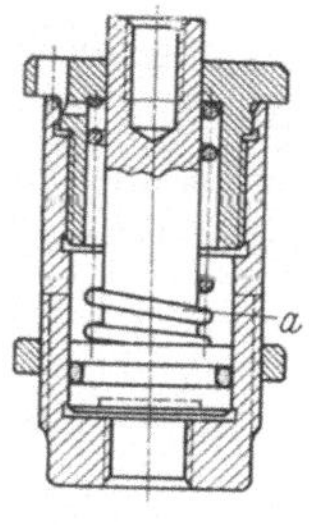
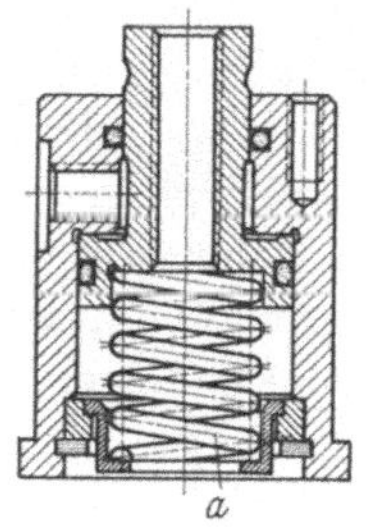

Bild 1.16.   Bild 1.17.   Bild 1.18.

Bild 1.16. Hydro-Druckzylinder nach Peiseler

Bild 1.17. Hydro-Zugzylinder nach Peiseler

Bild 1.18. Forkardt-Ölhohlzylinder

2. Verwendung ganzer handelsüblicher Vorrichtungen

Der Vorrichtungsbau hat im Laufe der vergangenen Jahrzehnte durch seine rationalisierende Wirkung so sehr an Bedeutung gewonnen, daß er sich, besonders durch den immer mehr gestiegenen Bedarf in der Metallindustrie, schon seit langem zu einem besonderen Industriezweig entwickelt hat. So kann man heutzutage vielerlei häufig vorkommende Einzelteile (Elemente) für Vorrichtungen von Spezialfirmen beziehen. Das gilt besonders für die genormten Teile, aber auch ganze Vorrichtungen selbst, soweit sie universell sind und entweder unmittelbar oder auch jeweils durch gewisse geringfügige Umwandlungen bestimmter Einzelteile für verschiedene Werkstücke gleicher oder ähnlicher Art und auch innerhalb eines gewissen Abmessungsbereiches der gleichartigen Werkstücke verwandt werden können.

Zu den beziehbaren Einzelteilen gehören u. a. alle Arten Spanneisen, Nutensteine, Treppenböcke für Spanneisen, Nuten-Spannböcke, Parallelstücke, Unterstützungsböcke, Spannexzenter und alle Arten von Bedienteilen sowie Mitnehmer, Vorschubköpfe und Ausgleichfutter für Drehmaschinen und alle Einzelteile für Druckluft- und hydraulische Spannung.

Zu den handelsmäßig zu beziehenden vollständig eigenständigen Vorrichtungen sind in erster Linie alle Universalvorrichtungen und vielseitig brauchbaren, aber auch alle häufig und ziemlich allgemein benötigten Vorrichtungen zu zählen wie alle Arten Spanndorne und -futter, Zahnrad-Spannfutter, Schnellspann- und Vielzweck-Bohrvorrichtungen, nach DIN genormte Bohrvorrichtungen, Wendespanner, Mehrspindelbohrköpfe und Mehrspindelbohreinheiten.

Ein vollständiges Verzeichnis aller genormten Vorrichtungselemente und kompletter Vorrichtungen ist als Tab. 7 in WB 42, 6. Aufl. (Vorrichtungsbau III) aufgeführt.

Vor der Beschaffung einer bestimmten Universalvorrichtung muß sorgfältig überlegt werden, ob es nun sinnvoll ist, eine solche Vorrichtung von den maßgebenden Herstellern zu beziehen, oder sie selbst im betriebseigenen Vorrichtungsbau auch als Universalvorrichtung oder aber als speziell für den Einzelfall konstruierte Vorrichtung, gegebenenfalls aus den Bauelementen solcher Vorrichtungen, die manchmal nach dem Baukastenprinzip gebaut werden können, selbst anzufertigen. Die Entscheidung dieser Frage hängt einerseits von den anfallenden Stückzahlen der in Betracht kommenden Werkstücke und den sich gegebenenfalls ergebenden Rüstzeiten für das jeweilige Umrüsten der Universalvorrichtung auf die im Augenblick hiermit zu bearbeitende Werkstücksart und -größe und andererseits vom Vorhandensein eines leistungsfähigen Vorrichtungsbaues im eigenen Betrieb ab. So fragt es sich z.B. in der reinen Massenfertigung tatsächlich manchmal, ob eine teuerere, weil vielseitiger zu gebrauchende von auswärts bezogene Universalvorrichtung zweckmäßig sein kann, wenn die anfallenden Werkstückzahlen so groß sind, daß einzelne Vorrichtungen immer mit dem gleichen Werkstück besetzt sind und ein Umrüsten auf andere Größen des gleichen Werkstückes oder ähnliche Werkstücke niemals oder nur ganz selten vorkommt. In solchen Fällen wäre es wahrscheinlich ratsamer, eine einfachere, nur auf das gleiche Werkstück, aber auf schnellste Betätigungsmöglichkeit und geringste Spannzeit hin konstruierte Vorrichtung im eigenen entsprechend eingerichteten Vorrichtungsbau anzufertigen. Es ist also häufig eine reine Kostenfrage, die nur durch eine genaue Kalkulation beantwortet werden kann. In zweiter Linie ist es mitunter auch noch eine Terminfrage.

3. Reine Spannvorrichtungen

3.1. Allgemeine konstruktive Grundsätze

3.1.1. Allgemeine Anforderungen an die Spannvorrichtungen

In der Reihen- und Massenfertigung fällt das Anreißen grundsätzlich fort, denn es ist nicht nur an und für sich eine zeitraubende und teure Nebenarbeit, sondern es bedingt auch, daß die Werkstücke handwerksmäßig aufgespannt und mit Parallelreißer oder anderen Hilfsmitteln nach dem Vorriß ausgerichtet werden. Die Werkstücke müssen vielmehr ohne Vorriß schnell und zuverlässig durch ganz bestimmte Handgriffe von ungelernten Arbeitern aufgespannt werden können. Es dürfen daher nur Schnellspannvorrichtungen verwendet werden, die das Werkstück selbsttätig einmitten und bestimmen, damit die Aufspannzeiten so weitgehend wie nur möglich verkürzt werden. Demnach sind Spannorgane, bei denen Hilfsmittel wie Schraubenschlüssel od. dgl. nötig sind, möglichst zu vermeiden.

3.1.2. Wirkungsweise der Spannvorrichtungen

Spannvorrichtungen müssen die durch die Bearbeitungsmaschine auf das Werkstück wirkende Schnittkraft aufnehmen. Zu dem Zweck werden sie selbst auf der Maschine befestigt und bilden somit einen Teil von ihr. Die Spannkraft wird auf folgende zwei Arten auf das Werkstück übertragen:

3.1.2.1. Nur durch Gleitwiderstand infolge Flächenpressung. (Kraftschluß). Hierbei wird das Werkstück nur geklemmt, wie z. B. in bekannter Weise in den Kloben der Planscheibe (Bild 3.1) oder im Schraubstock (Bild 3.2). Der Gleitwiderstand muß größer sein als die Bearbeitungskraft, sonst gleitet das Werkstück in den Spannbacken. Da beide Kräfte aber schwer zu bestimmen und zu prüfen sind, so wird in der Regel mit einer großen Sicherheit gearbeitet, indem einerseits die Spannelemente überbeansprucht und andererseits zu kleine Späne angestellt werden. Für Schrupparbeiten eignen sich solche Spannvorrichtungen also nicht, zumal wenn sie in völlig unkontrollierbarer Weise von Hand gespannt werden; denn sie beschränken oft die volle Ausnutzung der Maschine.

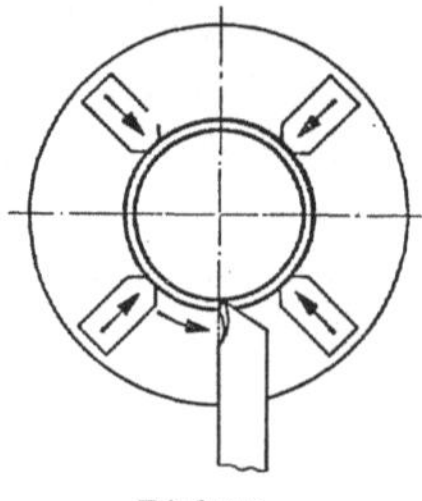

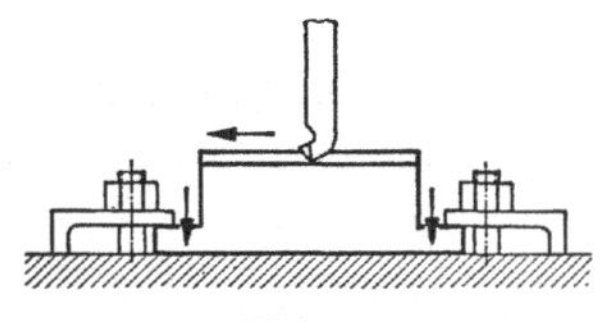

Bild 3.1.   Bild 3.2.

Bild 3.1. Spannen nur durch Flächenpressung mittels Planscheibenkloben

Bild 3.2. Spannen nur durch Flächenpressung mittels Spannpratzen

3.1.2.2. Durch Anschlag und Flächenpressung. Um das Gleiten der Werkstücke bei schweren Schrupparbeiten zu verhüten, ohne die Spannmittel übermäßig zu beanspruchen, muß die Schnittkraft nicht allein durch die Reibung der Flächenpressung, sondern hauptsächlich durch feste Anschläge aufgenommen werden (Flächenschluß). Das Werkstück muß sich also in Richtung des Schnittdruckes gegen einen festen, unveränderlichen Anschlag legen. Bei der Langbearbeitung ist das stets ohne weiteres möglich. Bei der Rundbearbeitung gestattet die natürliche Form des Werkstückes es wohl öfters, in anderen Fällen wird das Werkstück aber erst entsprechend vorbereitet werden müssen: An Guß- und Schmiedeteilen kann man Knaggen anbringen lassen, die später wieder entfernt werden, auch können besondere Mitnehmerlöcher vorgesehen werden. Endlich kann man auch oft Schraubenlöcher für die Mitnahme verwenden, die man vor, anstatt nach der Rundbearbeitung bohrt. In allen Fällen wird und muß sich stets ein Weg finden lassen, um Werkstück und Vorrichtung miteinander flächenschlüssig und damit starr, verbinden zu können (Bilder 3.3 bis 3.5.).

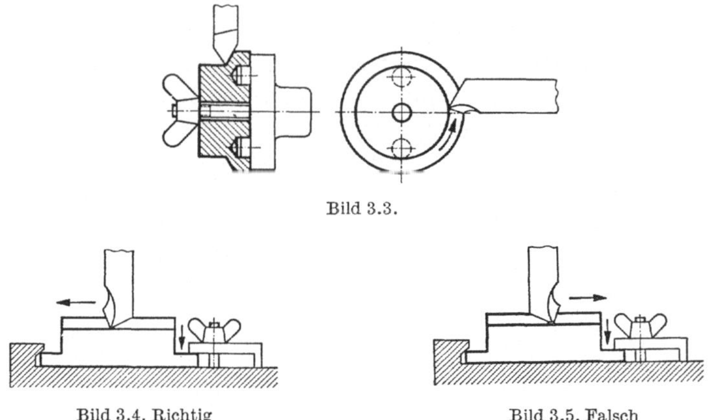

Bild 3.3.

Bild 3.4. Richtig   Bild 3.5. Falsch

Bilder 3.3 bis 3.5. Spannen durch Anschlag und Flächenpressung für Schruppspäne

Während in den Beispielen Bilder 3.1. und 3.2. trotz kräftigen Fest-
spannens nur mäßige Späne angestellt werden können, ist in den
Bildern 3.3. und 3.4. das Gegenteil der Fall, obwohl, bildlich durch
Flügelmuttern ausgedrückt, nur mäßig gespannt wird. Selbstverständlich darf die Schneidkraft niemals, wie in Bild 3.5., vom Anschlag weg
gegen das Spannelement gerichtet sein.

3.1.3. Konstruktive Richtlinien

Die Spannvorrichtungen für die erste Bearbeitungsstufe sind die wichtigsten, denn von ihnen hängt in der Regel die gute Ausführung sämt-
licher nachfolgenden Arbeitsstufen ab. Fehler in der Wirkungsweise
und der Ausführung beeinflussen den gesamten Bearbeitungsvorgang
sehr ungünstig. Ist an einem Werkstück erst einmal eine Fläche bearbeitet, so wird von dieser in der nächsten und in der Regel auch in
allen weiteren Arbeitsstufen ausgegangen. Die dafür benötigten Spannvorrichtungen sind meistens einfacherer Art.

Die Kraft der Spannelemente muß stets auf einen nicht nachgiebigen
Teil des Werkstückes treffen und gradlinig ohne Zwischenraum auf die
Auflage- bzw. Anschlagfläche des Werkstückes in der Vorrichtung
fortgeleitet werden. Jede Spannvorrichtung muß auch starr genug sein,
um den bei der Bearbeitung des Werkstückes auftretenden Schwingungen zu widerstehen. Durch Schwingungen würde die Genauigkeit und
die Güte der zu bearbeitenden Oberfläche in Frage gestellt werden. Aus
diesem Grunde muß das Werkstück möglichst nahe unter der Be-
arbeitungsstelle gestützt werden, um so von vornherein lange Hebel-
arme für den Angriff der Bearbeitungskräfte zu vermeiden. Deshalb
sollte jede Spannvorrichtung auch so niedrig wie möglich sein. Je
höher die zu bearbeitende Werkstückfläche über dem Spanntisch der
Werkzeugmaschine liegt, um so eher neigt das ganze System zum
Schwingen.

Bei der Konstruktion der Vorrichtung ist darauf zu achten, daß
enge Zwischenräume und Vertiefungen, in denen sich Schmutz und
Späne ansammeln können, vermieden werden. Die Auflageflächen für die
Werkstücke sind abzusetzen und nicht größer zu machen als notwendig,
damit sie leicht sauber zu halten sind. Gehärtete Aufnahmeflächen
verhindern vorzeitigen Verschleiß. Für guten Späneabfluß ist durch
eine geeignete Form, wie in Bild 3.6., Sorge zu tragen. Besondere Hin-

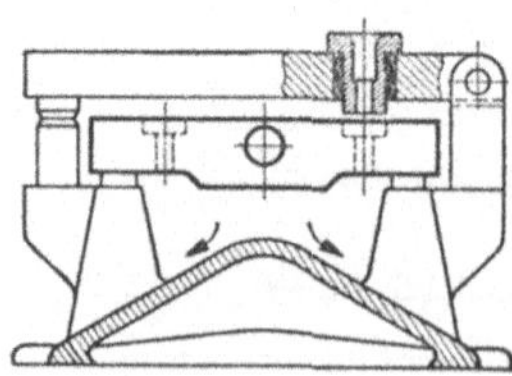

Bild 3.6. Bohrvorrichtung mit dachförmigen Rutschflächen

weise und Richtlinien hierzu sind in Bd. 8, Abschn. 3.11. und WB 42,
Abschn. 15 zu finden.

3.2. Grundsätzliches über Spannvorrichtungen für Rundbearbeitung

3.2.1. Bemerkenswerte Regeln

Diese Vorrichtungen gehören zu den umlaufenden Teilen der Bearbeitungsmaschinen. Es sind deshalb einige bestimmte Regeln für die
Konstruktion zu beachten.

3.2.1.1. Gewichtsbeschränkungen. Um unnötigen Aufwand und vor
allem Arbeitskraft zu ersparen, ist das Gewicht nach Möglichkeit zu
beschränken. Der Vorrichtungskörper ist daher in der Regel als
Schweißkonstruktion herzustellen. Niemals darf allerdings die Gewichtsverminderung auf Kosten der Starrheit gehen.

3.2.1.2. Auswuchten schnell umlaufender Vorrichtungen. Bei den schnell
umlaufenden Vorrichtungen muß für Gewichtsausgleich gesorgt werden. Praktischerweise sollten an geschweißten Vorrichtungen gleich
Gegengewichte mit angeschweißt und an Gußkörpern solche gleich mit
angegossen werden. Oft wird es nötig sein, die Vorrichtungen zusammen mit den eingespannten Werkstücken genau auszuwuchten.

3.2.1.3. Besondere Maßnahmen zur Vermeidung von Unfällen. Zur Vermeidung von Unfällen dürfen Griffe, Hebel, Schrauben und dgl.
möglichst nicht vorspringen. Zum mindesten müssen sie aber, wie
in Bild 3.7. angedeutet, innerhalb einer runden Lauffläche liegen.

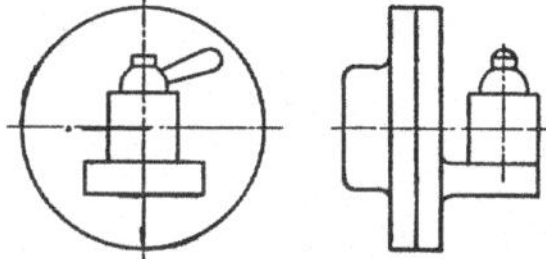

Bild 3.7. Schema umlaufender Spannvorrichtung

3.2.2. Schwenkbare Spannvorrichtungen für fliegende Einzelrundbearbeitung

Zur Erhöhung der Austauschfähigkeit der Werkstücke ist es oft erwünscht, daß man in einer Aufspannung alles bearbeiten kann. Das
kann durch schwenkbare Vorrichtungen erreicht werden, sofern alle
Drehachsen der einzelnen zu bearbeitenden Stellen eines Werkstückes in
einer Ebene liegen. Durch einfaches Schwenken um eine gemeinsame
Achse werden die einzelnen Stellen nacheinander in Arbeitsstellung
gebracht. Für eine derartige Bearbeitungsweise eignen sich besonders

solche Werkstücke kleineren Umfangs, die vollständig oder teilweise
symmetrisch sind und deren einzelnen Stellen mit den gleichen Werk-
zeugen bearbeitet werden können.

Die Vorrichtungen bestehen in der Hauptsache aus einem fest auf
der Drehspindel sitzenden Körper, mit dem schwenkbar die eigentliche
Spannvorrichtung verbunden ist. Die Schwenkachse kann dabei,
wie in den schematischen Bild 3.8. angedeutet, parallel zur Drehspindel
oder auch, wie in Bild 3.9. rechtwinklig dazu stehen. In diesem Falle
muß der feste Körper meist die Form eines Winkels haben. Natürlich
kann in Sonderfällen die Schwenkachse auch in jeder anderen Richtung
angeordnet werden. Bei waagerechter Anordnung der Schwenkachse
muß der Schwenkkörper zusammen mit dem Werkstück ausgewuchtet
werden, um das Schwenken zu erleichtern. Der Schwenkkörper muß
nicht nur in jeder einzelnen Arbeitsstellung durch besondere Organe
festgestellt, sondern auch auf der festen Unterlage durch besondere
Mittel festgespannt werden.

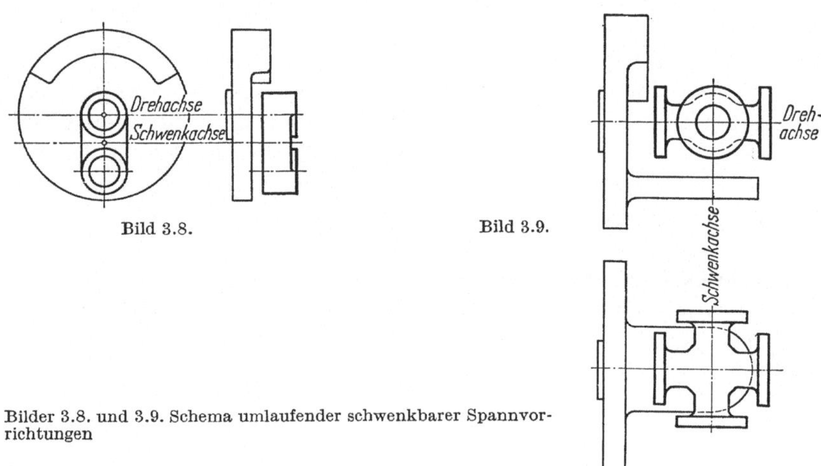

Bild 3.8. Bild 3.9.

Bilder 3.8. und 3.9. Schema umlaufender schwenkbarer Spannvorrichtungen

3.2.3. Spannvorrichtungen für Reihenrundbearbeitung

Diese Vorrichtungen werden hauptsächlich zu einem der wirtschaftlichsten Arbeitsverfahren, dem stetigen Fräsen benötigt. Sie werden
nicht wie die anderen Vorrichtungen während des Stillstandes, sondern
beim Umlaufen im Betrieb beladen. Die sonst dafür nötigen Nebenzeiten fallen dadurch gänzlich weg. Die Mengenleistung der Maschine
bleibt also, abgesehen von den Unterbrechungen für Werkzeugwechsel,
gleich und ist nicht vom Arbeiter abhängig.

Für die Konstruktion ist folgendes zu beachten: Um unnützen
Leerlauf zu vermeiden, ist zunächst zu überlegen, in welcher Weise die
einzelnen Stücke am günstigsten ohne größere Zwischenräume aneinan-

14

dergereiht werden können. Der Durchmesser der Aufnahmescheibe
ist so groß zu wählen, daß Unfälle durch das laufende Werkzeug beim
Bedienen der Vorrichtung vermieden werden. In den schematischen
Skizzen Bilder 3.10. bis 3.13. ist in vier verschiedenen Arten gezeigt,
wie die Werkstücke bzw. die Vorrichtungen zum Werkzeug angeordnet
werden können. Form und Art der Bearbeitung sind bestimmend für
die Auswahl.

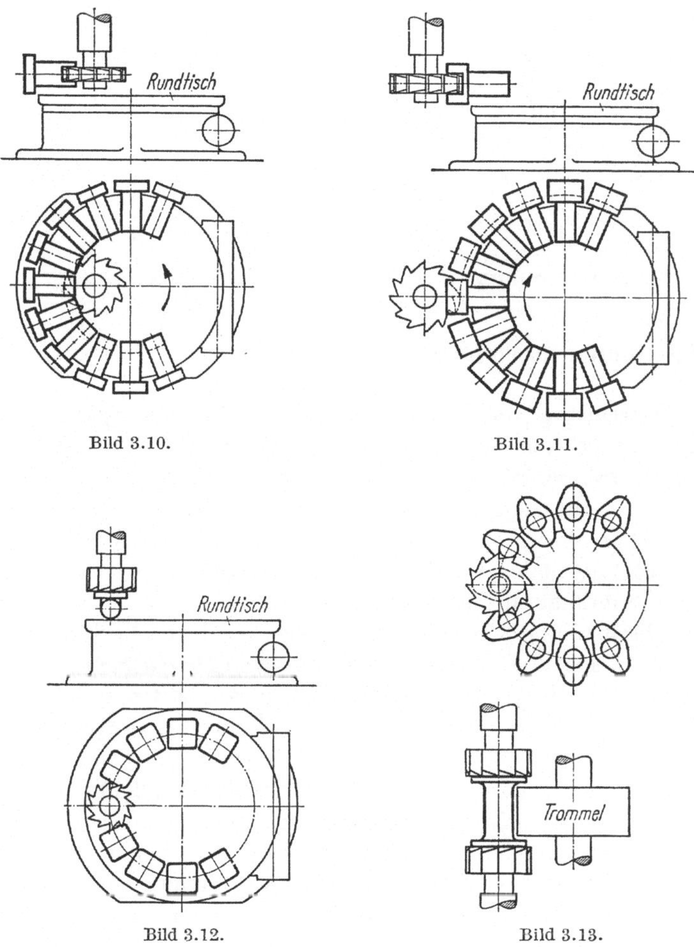

Bild 3.10.
Bild 3.11.

Bild 3.12.
Bild 3.13.

Bilder 3.10. bis 3.13. Schematische Darstellung von vier verschiedenen Arten der Reihenrundbearbeitung auf der Fräsmaschine

Natürlich können diese Vorrichtungen ohne weiteres auch auf
Drehmaschinen, besonders solchen mit waagerechter Planscheibe,
verwendet werden. Die eingangs erwähnten besonderen wirtschaftlichen
Vorteile fallen dann jedoch fort. Denn während des Drehens können
natürlich keine Werkstücke umgespannt werden, wie es beim Fräsen

der Fall ist. Ein Nachteil tritt noch hinzu: Wegen der unvermeidlichen
Zwischenräume zwischen den einzelnen Werkstücken wird der Kraft-
angriff der Drehmaschine dauernd ruckweise unterbrochen, wodurch
alle Teile der Maschine aufs ungünstigste beeinflußt werden. Man kann
diesen Übelstand beheben und wirtschaftlicher arbeiten, indem man
zwei Schneidmeißel so anordnet, daß abwechselnd einer davon stets
im Eingriff mit einem Werkstück steht (Bild 3.14.).

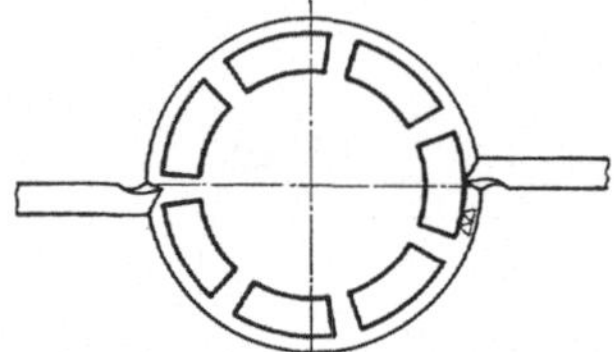

Bild 3.14. Reihenrundbearbeitung auf der Drehmaschine
mit 2 Drehmeißeln

3.3. Beispiele von Spannvorrichtungen für Rundbearbeitung

3.3.1. Spannfutter für dünnwandige Hohlkörper

3.3.1.1. Verwendung von Dreibackenfuttern. Für das Spannen dünnwandiger Hohlkörper müssen in der Regel wegen der hohen Verspannungsgefahr Sonderfutter angefertigt werden, die in diesem Abschnitt
auch noch ausführlich behandelt werden. Jedoch gibt es auch Aus-
nahmefälle, in denen man durch einen Umbau bzw. durch eine Er-
gänzung von normalen hand- oder kraftbetätigten Dreibackenfuttern
die teuren Sonderspannfutter ersparen kann.

Die Bilder 3.15 und 3.16 zeigen z. B., wie man durch Verbindung einer
einfachen Einrichtung mit einem gewöhnlichen *Dreibackenfutter* Körper
mit großen Drehdurchmessern sehr kräftig auf Mitte spannen kann.
Bei großen Spanndurchmessern können Klemm- und Spreizkegel mit
Überwurfmuttern infolge der großen Reibungswiderstände nicht einwandfrei mehr zugespannt werden. Man hilft sich im allgemeinen damit,
daß man an dem Umfang des Klemmkegels eine größere Anzahl von
Spannschrauben anordnet, die einzeln nacheinander angezogen werden,
wobei fortwährend das Werkstück auf seinen schlagfreien Lauf geprüft
werden muß. Diese zeitraubende Arbeit fällt bei den dargestellten
Futtern weg, denn sie werden ebenso betätigt wie ein gewöhnliches
Dreibackenfutter. Das Bild 3.15 stellt eine Innenspannung dar. Die
abgeschrägten Sonderkloben *i* greifen in entsprechende Nuten der
geschlitzten Spannhülse *k* ein, die beim Auseinanderbewegen der
Kloben auf den Kegel *l* gezogen und auseinander gedrückt wird.
Der Kegel *l* ist mit dem Futterkörper fest verbunden und hat drei
Nasen *m* für den Anschlag des Werkstückes. Die Spannhülse ist an
diesen Stellen mit entsprechenden Aussparungen versehen.

16

In Bild 3.16 wird ein Werkstück außen gespannt. Durch die Sonderkloben n wird der geschlossene Ring o mit seinem Innenkegel auf den geschlitzten Spannring p gezogen, der mit dem Futterkörper fest verbunden ist und damit das Werkstück festspannt.

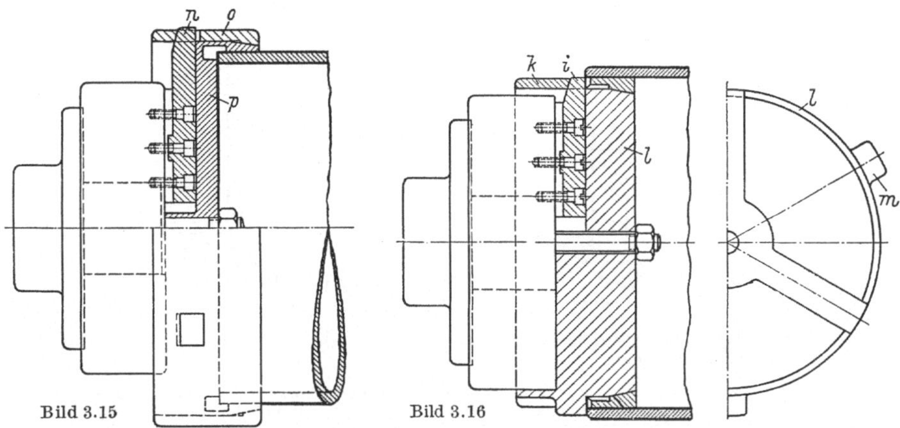

Bild 3.15. Mittendes Futter mit Sonderspannfutter für Innenspannung. i achsrecht spannende Sonderbacken, dreifach; k achsrecht verschiebbarer Spreizring, durch i bewegt; l Spannkegel, mit dem Futterkörper fest verbunden; m Werkstückanschlagnasen

Bild 3.16. Mittendes Futter mit Sonderspannfutter für Außenspannung. n achsrecht spannende Sonderbacken, dreifach; o achsrecht verschiebbarer Kegelspannring, durch n bewegt; p Scheibe mit Spreizring

3.3.1.2. Reine Sonderfutter. Es wurde schon erwähnt, daß Dreibackenfutter (abgesehen von Fällen wie in den Bildern 3.15 und 3.16) zum Spannen von Hohlkörpern nicht besonders gut geeignet sind, weil sie das Werkstück nur an drei Stellen des Umfanges berühren und dadurch verspannen. Besser ist es, Sonderfutter zu verwenden, die das Werkstück ganz umfassen, damit sich der Spanndruck auf die ganze Oberfläche gleichmäßig verteilt. Die Gestaltungsmöglichkeiten für derartige Futter sind sehr groß. Für kleine Werkstückdurchmesser können die Futter sehr einfach sein, größere Durchmesser verlangen jedoch meistens einen vielgestaltigeren Aufbau. Damit sei schon angedeutet, daß hier nicht Konstruktionen herausgestellt werden können, die in jedem Falle, sondern die nur bezogen auf bestimmte Spanndurchmesser und andere Umstände als Vorbild dienen können. Das Grundspannelement bei allen Futtern in den Bildern 3.17—3.20 ist ein kegeliger, einmal geschlitzter Spreizring, auf den ein Innenkegel gepreßt wird, oder der selbst in einen feststehenden Innenkegel hineingedrückt wird. Bild 3.17 ist zwar sehr einfach, aber nur für kleine Spanndurchmesser verwendbar, denn der Spannring b gleitet beim Zuspannen auf dem Spreizring c und hätte bei größeren Spanndurchmessern so starke Reibungswiderstände zu überwinden, daß es nicht möglich wäre, das Werkstück genügend festzuspannen.

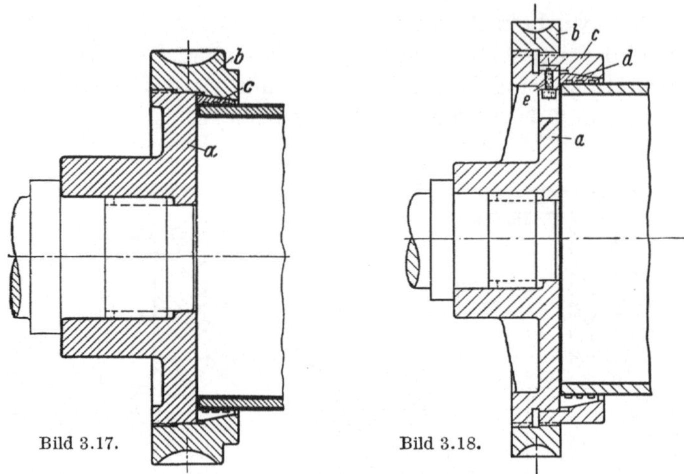

Bild 3.17. Bild 3.18.

Bild 3.17. Spannfutter für kleine Spanndurchmesser. *a* Futterkörper, *b* Spannring, auf *a* aufgeschraubt *c* Spreizring, einmal geschlitzt

Bild 3.18. Spannfutter für größere Spanndurchmesser. *a* Futterkörper, *b* Spannring auf *a* aufgeschraubt; *c* Klemmring in *b* mit etwas feinerem Gewinde eingeschraubt und durch Schraube *e* am Verdrehen gegen *a* gehindert; *d* Spreizring, einmal geschlitzt

Etwas vielgestaltiger, aber dafür auch wirkungsvoller ist die Konstruktion Bild 3.18. Der Klemmring *c* gleitet hier nur in Achsenrichtung auf dem Spreizring *d*, wodurch sich der Reibungswiderstand erheblich vermindert, aber im Gewinde des Spannringes *b* immer noch so groß ist, daß das Futter auch nicht für allzu große Spanndurchmesser zu empfehlen ist. Der Spannring *b* wirkt dadurch, daß er mit zwei Gewinden gleicher Gangrichtung aber unterschiedlicher Steigung versehen ist. Je kleiner der Unterschied der Steigungen, um so besser ist die Spannwirkung.

Bild 3.19 zeigt ein Futter, das sich gut für große Spanndurchmesser eignet. Durch den Kegelradtrieb *h* wird der Innengewindering *f* bewegt, der durch den zweiteiligen Haltering *g* mit dem Futterkörper *a* drehbar verbunden ist und den Außengewindering *b* mit dem Spannring *c* achsrecht bewegt. Diese Konstruktion hat auch den Vorteil, daß beim Spannen und Lösen kein Drehmoment auf die Drehspindel ausgeübt wird wie in Bildern den 3.17 und 3.18.

Bild 3.20 ist ein Futter für Druckluft bzw. Hydraulikbetrieb, das durch die Kolbenstange *i* mit Muffe *h* und Spannhebel *f* den Spannring *c* verschiebt. Dieses Futter kann natürlich nur an Drehmaschinen mit Druckluft- oder Hydraulikeinrichtung verwendet werden. Es stellt dann aber für seinen Zweck ein recht vollkommenes Schnellspannmittel dar.

Die Entwicklungsmöglichkeiten dieser Art Spannfutter sind natürlich mit den wenigen hier gezeigten Beispielen nicht erschöpft, aber doch im wesentlichen umrissen.

18

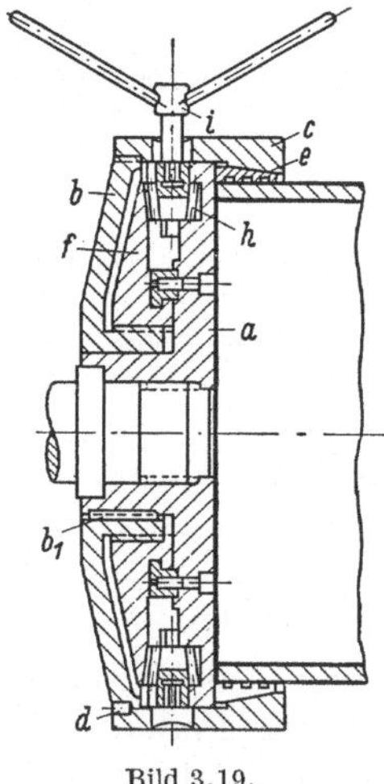
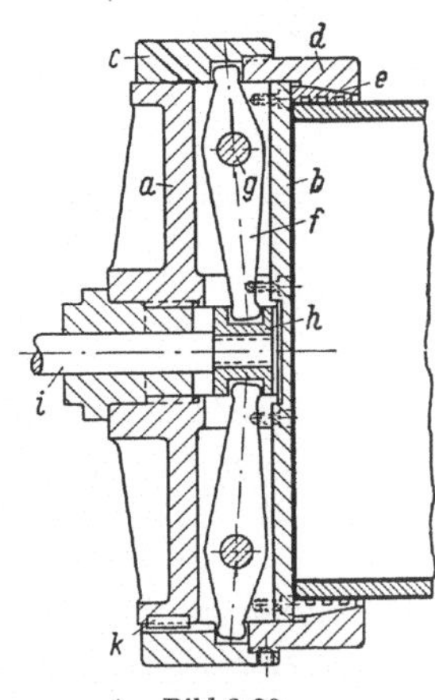

Bild 3.19.   Bild 3.20.

Bild 3.19. Spannfutter für große Spanndurchmesser. a Futterkörper, b Spannring auf a achsrecht verschiebbar und durch Gleitfeder b_1 gegen Verdrehen gesichert; c Klemmring, auf b aufgeschraubt und durch Schraube d gegen Verdrehen gesichert; e Spreizring, einmal geschlitzt; f Kegeltrieb, auf b aufgeschraubt; g zweiteiliger Haltering verbindet drehbar a mit f; h in a gelagerter und mit f im Eingriff stehender Kegelradtrieb, mehrfach angeordnet; i Vierkantschlüssel

Bild 3.20. Spannfutter für großen Spanndurchmesser und Druckluftbetrieb, a Futterkörper, b Deckscheibe, mit a fest verbunden schließt Hebelschlitze in a ab; c Spannring, auf a achsrecht verschiebbar; d Klemmring in c fest eingeschraubt; e Spreizring, einmal geschlitzt; f Spannhebel, dreifach, bewegen c und d achsrecht; g Gelenkbolzen, fest an a; h Schiebemuffe, bewegt die drei Spannhebel f; i Kolbenstange, in h fest eingeschraubt, wird bewegt vom Druckluftspanner; k Gleitfeder, sichert c gegen Verdrehen

3.3.2. Sonderspannzangendorne und -futter
für kleinere Werkstücke

Diese werden auch noch vielfach Spreizdorne und -futter genannt und kommen in den mannigfaltigsten Ausführungen vor. Nachfolgend einige praktische Beispiele:

3.3.2.1. Spanndorn für Hohlkörper. Nicht nur in der Einzelfertigung, sondern sogar auch in der Massenfertigung werden auch heute noch gelegentlich die Werkstücke mit Stangen, Hebeln u. dgl. umständlich durch die hohle Drehspindel und um diese herum vom Arbeitsplatz aus gespannt. Der Spanndorn Bild 3.21 kann nun auf jede Drehspindel aufgeschraubt und auf einfache Weise bedient werden. In der gezeigten Ausführung ist er zur Aufnahme des Werkstückes in seiner bereits fertig bearbeiteten Innenbohrung geeignet, kann aber auch für andere ähnliche Werkstücke ausgebildet werden.

Die Spannzange a wird durch einen kegeligen Dorn b dadurch gespreizt, daß der darin eingeschraubte Bolzen c mit einem Spannstift in dem in das Futter eingearbeiteten Schlitz e mit axialer Steigung bewegt wird. Der Bolzen c wird durch die Fliehkraft in der Spannstellung festgehalten.

19

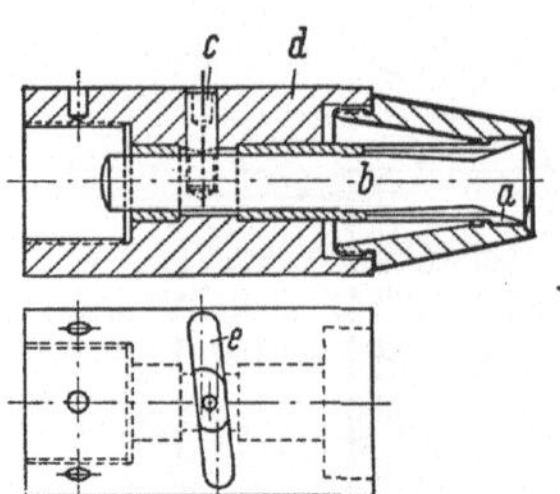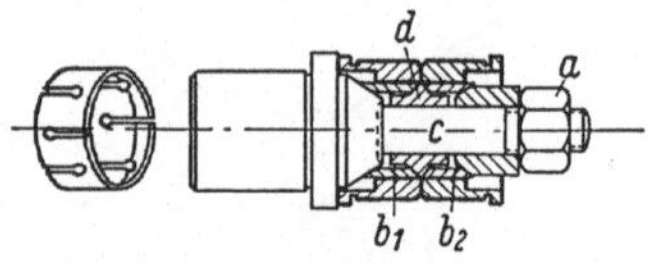

◀ Bild 3.21. Spanndorn für Hohlkörper. *a* Spannzange, *b* kegeliger Dorn, *c* Bolzen, *d* Spannfutter, *e* Schlitz mit axialer Steigung in *d*

Bild 3.22. Spannzangendorn für zwei Hohlkörper. *a* Spannmutter, b_1 und b_2 Spannzangenhülsen, *c* Spanndorn, *d* Doppelkegelhülse

3.3.2.2. Der fliegende Doppelspannzangendorn. Bild 3.22 soll zur Aufnahme zweier Hohlkörper (in diesem Fall Nadellager) dienen. Die Bohrungen dieser Werkstücke weisen noch eine Zugabe mit einer Toleranz von $\pm$ 0,1 mm zum späteren Innenschleifen auf. Es kommt darauf an, daß der innere und äußere Zylinder nach dem Außenschleifen noch innerhalb der zulässigen Grenzen zueinander mittig laufen. Diese Forderung wird mit dieser Spannvorrichtung bestens erfüllt.

Es werden jeweils zwei Werkstücke aufgespannt. Das zuerst aufgeschobene sei im Innendurchmesser um 0,1 mm weiter als das zweite. Das erste Werkstück liegt fest an der Stirnfläche an. Da durch das Anziehen der Spannmutter *a* die innen mehrfach geschlitzte Spannhülse b_1 sich auf den am Spanndorn *c* angedrehten Kegel aufschiebt, erweitert sich ihr Außendurchmesser bis zur Anlage in der Bohrung des zuerst aufgesetzten Werkstückes. Damit liegt auch die Doppelkegelhülse *d* fest und läßt sich nicht mehr verschieben, so daß die folgende ebenfalls mehrfach geschlitzte Spannhülse b_2 das Werkstück festspannt. Die Vorteile dieser Spannvorrichtung bestehen darin, daß zuerst die Axialverschiebung ein gutes Ausrichten nach der Stirnfläche ergibt und erst dann die radiale Spannung erfolgt, und daß vor allem die beiden Spannhülsen b_1 und b_2 gewisse Durchmesserunterschiede der Werkstückbohrungen auszugleichen vermögen.

3.3.2.3. Fliegender Doppelspannzangendorn mit Ein- und Ausrückvorrichtung. Dieser in Bild 3.23 gezeigte Spanndorn nimmt gleichfalls zwei Hohlkörper (hier zwei Lagerbuchsen für Triebstangenköpfe) auf, deren Bohrung mit einer Zugabe von 0,2 mm im Durchmesser bei einer Toleranz von $\pm$ 0,1 mm zum späteren Nachreiben nach dem Einziehen in den Treibstangenkopf vorgedreht sind und deren Außendurchmesser auf dem Spanndorn in zwei Schnitten geschruppt und geschlichtet werden sollen. Wegen der verhältnismäßig großen Bohrungstoleranzen können Genauigkeitsdorne, wie sie in den Bildern 3.42, 3.43, 3.55 bis 3.58 sowie 3.60 und 3.61 gezeigt werden, hier nicht verwandt werden.

Dieser *Doppel-Spanndorn* besteht zur Hauptsache aus dem eigentlichen Dorn und der Ein- und Ausrückvorrichtung. Zum Spannen ist kein weiteres Zubehör, wie Schlüssel, u. dgl. erforderlich. Die Dreh-

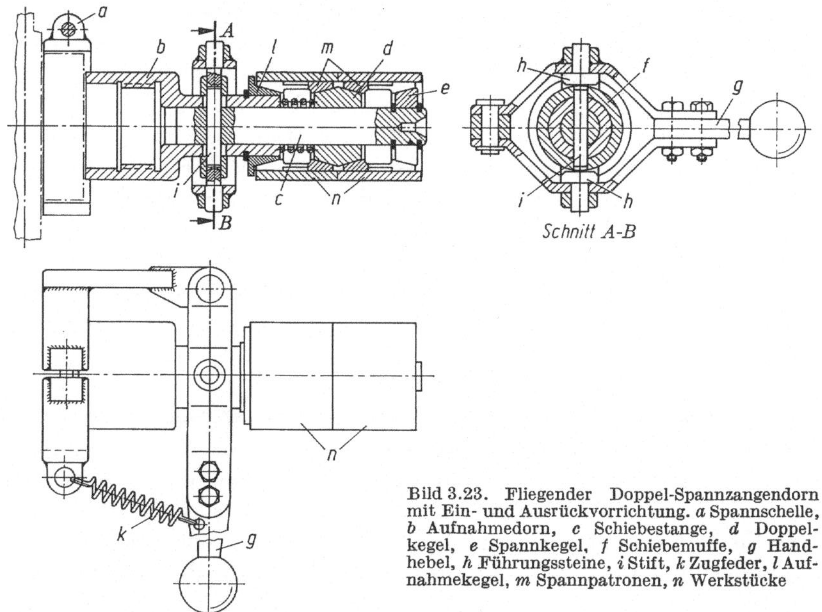

Bild 3.23. Fliegender Doppel-Spannzangendorn mit Ein- und Ausrückvorrichtung. *a* Spannschelle, *b* Aufnahmedorn, *c* Schiebestange, *d* Doppelkegel, *e* Spannkegel, *f* Schiebemuffe, *g* Handhebel, *h* Führungssteine, *i* Stift, *k* Zugfeder, *l* Aufnahmekegel, *m* Spannpatronen, *n* Werkstücke

maschine braucht beim Spannen nicht stillgelegt zu werden. Zur Aufnahme der Ein- und Ausrückvorrichtung wird die Spannschelle *a* auf die feststehende Nachstellspindel für das Hauptspindellager der Drehmaschine aufgeklemmt. Falls ein Anklemmen an die Nachstellmutter nicht möglich sein sollte, ergibt sich durch die Anbringung eines Stützwinkels eine andere Möglichkeit für die Befestigung der Spannvorrichtung auf der Drehmaschine.

Die Wirkungsweise dieses Doppel-Spanndornes ist wie folgt: Der Aufnahmedorn *b* ist auf das Gewinde der Drehmaschinenspindel aufgeschraubt. In der Bohrung dieses Dornes bewegt sich axial die Schiebestange *c*, auf der der Doppelkegel *d* und der Kegel *e* sitzen. Die Lage des letzteren ist auf der Schiebestange durch zwei Seegerringe axial gesichert. Durch die Schiebemuffe *f*, die ihrerseits durch den Handhebel *g* über die Führungssteine *h* betätigt wird, kann die Schiebestange *c* mit dem Stift *i* hin- und hergeschoben werden. Wird so unter Wirkung der Zugfeder *k* die Schiebestange nach links geschoben, dann bewegt sich auch der Kegel *e* nach links. Unter seiner und der Wirkung des Doppelkegels sowie der des auf dem Aufnahmedorn *b* festsitzenden Aufnahmekegels *l* werden die Spannpatronen *m* aufgespreizt und die Werkstücke *n* gespannt. Zum Lösen der Werkstücke wird der Hebel *g* nach rechts geschwenkt, wobei sich auch der Spannkegel *e* in diese Richtung bewegt. Der Doppelkegel *d* wird hierbei durch die Wirkung der Druckfeder ebenfalls nach rechts geschoben.

Beim Spannen ist darauf zu achten, daß die Werkstücke in axialer Richtung fest am Bund des Aufnahmekegels l anliegen, ehe sie durch die Wirkung der Feder k gespannt werden. Die Schiebestange c hat eine Zentrierbohrung, damit bei stärkerer Belastung, so z. B. beim Schruppen, eine Abstützung mit Hilfe des Drehmaschinen-Reitstocks erfolgen kann. Es ist hierdurch also möglich, die durch die Zugfeder erzeugte Spannkraft zu verstärken, falls die normale Spannkraft nicht ausreichen sollte.

Nachteilig ist an dieser Vorrichtung die Anordnung des aus der Vorrichtung herausragenden Hebels g, der eine Gefahr für den Arbeiter darstellt. Sonst hat sich aber diese Vorrichtung in der Praxis bewährt.

3.3.2.4. Fliegender Spannzangendorn für Handbetätigung. Eine solche Vorrichtung zeigt Bild 3.24. Das Handrad a bewegt einen zweiteiligen Gewindering b in axialer Richtung dadurch, daß dieser durch ein Querteil c mit der Zugstange d verbunden ist. Rückt man die Drehmaschine ein und hält das Handrad fest, so bewegt sich der zweiteilige Gewindering b durch sein Linksgewinde in Richtung des Spindelstocks der Drehmaschine und bewegt in gleichem Maße die Zugstange d, die hierbei die Spannpatrone (Spreizhülse) e auf dem kegeligen Dorn f aufweitet und so das Werkstück g spannt.

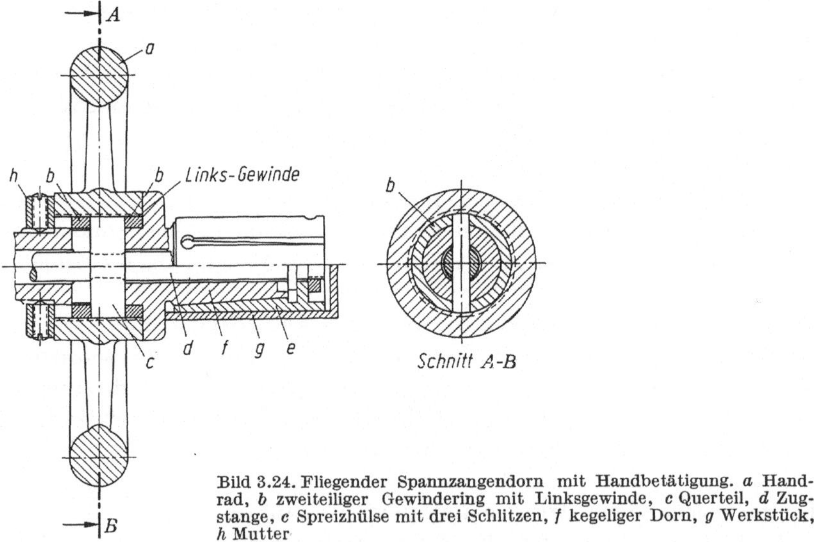

Bild 3.24. Fliegender Spannzangendorn mit Handbetätigung. a Handrad, b zweiteiliger Gewindering mit Linksgewinde, c Querteil, d Zugstange, e Spreizhülse mit drei Schlitzen, f kegeliger Dorn, g Werkstück, h Mutter

3.3.2.5. Zangenfutter (Spreizfutter). Die in den Bildern 3.25 und 3.26 gezeigten Spannfutter stellen zwei Ausführungsmöglichkeiten dar mit der Bedingung, daß das Werkstück jeweils auf einem feststehenden

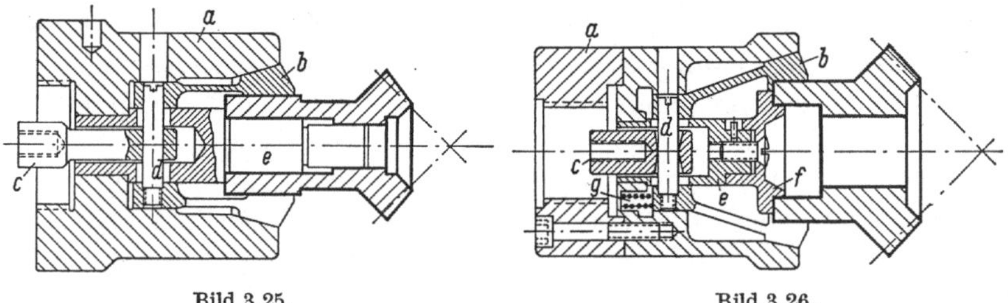

Bild 3.25.   Bild 3.26.

Bild 3.25. Zangenfutter mit festem Anschlag. *a* Futterkörper, *b* Spannpatrone, (Zange), *c* Zugstange *d* Bolzen, *e* Spanndorn mit Anschlag

Bild 3.26. Zangenfutter mit auswechselbarem Anschlag. *a* Futterkörper, *b* Spannpatrone, *c* Zugstange *d* Bolzen, *e* Spanndorn mit auswechselbarem Anschlag *f*

inneren Anschlag aufgenommen und durch die Spannpatronen (Zangen) *b* gespannt werden muß. Das geschieht in beiden Fällen durch die Zugstangen *c* über die Bolzen *d*.

Zu beachten ist die pendelnde Anordnung der Zugstange. Im Bild 3.25 ist ein fester Aufnahmedorn *e* für die Aufnahme und den Anschlag des Werkstückes (Bestimmen) vorgesehen, während im Bild 3.26 der Aufnahmedorn *e* unterteilt und mit einem leicht auswechselbaren Anschlag *f* verbunden ist. Die im Bild 3.26 angeordneten Federn *g* sollen das Lösen des Werkstückes (Kegelrad) erleichtern. Sie sind jedoch überflüssig, wenn Druckluft- oder hydraulische Spannung vorgesehen ist, was bei manchen der hier gezeigten Beispiele leicht möglich und bei Vorliegen größerer Werkstückzahlen zweckmäßig ist (über Druckluft und Hydraulik siehe Bd. 8; Vorrichtungen I, Abschn. 3.1.4.2 und 3.1.4.4 dieser Buchreihe.

3.3.2.6. Genauigkeits-Spannzangenfutter mit größerem Spannbereich.

Bekanntlich spannen die üblichen Spannzangendorne und -futter nicht mehr genau, wenn die zu spannenden Werkstücke in ihren Durchmessern schon um Zehntelmillimeter von ihrem Sollmaß abweichen. Wenn der Werkstückdurchmesser z. B. zu groß ist, liegt nur die hintere, und wenn er zu klein ist nur die vordere Kante der Zangenöffnung eines Spannfutters am Werkstück an ([7], Bilder 3.160 bis 3.161). Das ist bedeutungslos, wenn die Werkstücke in solchen Futtern nur vorbearbeitet werden sollen, oder aber nicht besonders genau sein brauchen.

Die in Bild 3.27 dargestellte, aus England stammende und dort patentierte Lösung beruht auf dem Prinzip freibeweglicher Spannbacken *a*. Diese werden dabei in Schlitzen des Futterkörpers *b* geführt. Der kegelige Backenrücken liegt dabei an dem geschliffenen Innenkegel *c* des Futterkörpers an. Wenn nun mit dem herausnehmbaren, mit Kegelradverzahnung versehenen Schlüssel *d* die auf den Kugeln *e* laufende Außenhülse *f* gedreht wird, zieht diese mit ihrem Innengewinde die in sie hineingeschraubte, mit einem im Futterkörper

23

sitzenden Federkeil g gegen Verdrehen gesicherte Spannkappe h zum Spindelstock der Drehmaschine hin an. Dadurch schieben sich die Spannbacken a nach innen und spannen so über den Zangenkörper i das Werkstück. Zur Vermeidung des Eindringens von Fremdkörpern in das Futter ist an seiner Stirnseite der Schulterring k vorgesehen. Für das Anbringen von Werkstückanschlägen ist im Futterkörper b die Ringnut l eingedreht. Beim Lösen wirkt die Rückholfeder m auf die Spannbacken, wodurch das Werkstück frei wird.

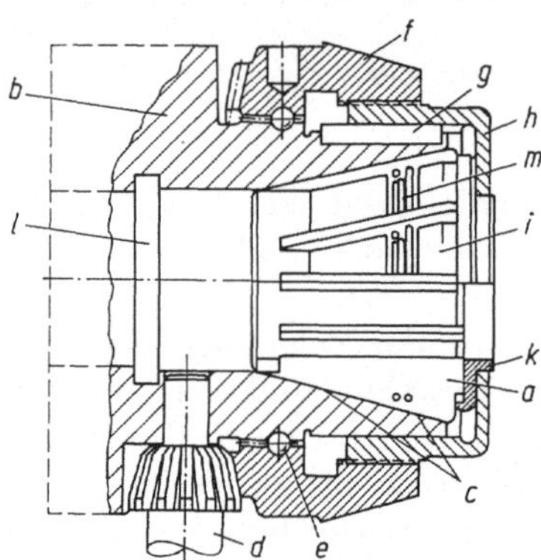

Bild 3.27.   Genauigkeitsspannzangenfutter   mit großem Spannbereich. Britisches Pat. Nr. 735703. Hersteller: F. Burnerd & Co. Ltd., London. a freibewegliche Spannbacken, in Schlitzen des Futterkörpers b geführt und in dessen Innenkegel c anliegend; d mit Kegelradverzahnung versehener abnehmbarer Schlüssel zum Drehen der auf Kugeln e laufenden Außenhülse f, die dabei durch Federkeil g gegen Verdrehen gesicherte Spannkappe h axial bewegt und spannt: i Zangenkörper, k Schulterring, l Ringnut für Anschläge, m Rückholfeder

Da an diesem Futter die Spannbackenflächen stets parallel zur Drehachse bleiben, liegen sie auch bei Durchmesserdifferenzen des Werkstückes auf ihrer ganzen Länge an und erlauben dadurch auch eine Feinstbearbeitung. Das Spannvermögen dieses Futters ist deshalb auch bedeutend größer als bei den herkömmlichen. Die Werkstücktoleranz ist ohne Einfluß, da der Spannbereich 3,2 mm beträgt.

3.3.3. Selbsttätig wirkende Fliehkraftspannfutter

Diese Futter spannen ohne Hand- und Kraftbetätigung. Sie sind aber trotzdem nicht gerade als sehr neuzeitlich anzusehen, da ihre Konstruktion etwas aufwendig ist. Sie sind aber dort noch angebracht, wo vorwiegend Werkstücke in größerer Anzahl mit verhältnismäßig hohen Drehzahlen an Drehmaschinen ohne Druckluft- und Hydraulikeinrichtung bearbeitet werden müssen, weil sie gegenüber dem herkömmlichen Spannen von Hand Spannzeiten sparen helfen und dadurch bis zu 30% Mehrleistung erbringen. Es kann daher wohl nur nützlich sein, wenn nachfolgend zwei Beispiele gezeigt werden.

3.3.3.1. Zweiteiliges Fliehkraftspannfutter zum Spannen kurzer Werkstücke.

Bild 3.28 zeigt eine Ausführung, deren linker Teil (die eigentliche das Spannen bewirkende Vorrichtung) am hinteren Ende der Drehspindel angebracht ist, und deren rechter Teil (das eigentliche

Spannfutter) am vorderen Ende der Drehspindel aufgeschraubt sitzt.
Beide Teile sind mittels einer durch die hohle Drehspindel laufenden
Zugstange miteinander verbunden.

Der hintere Teil dieser Vorrichtung (die eigentliche Fliehkrafteinrichtung) ist mit ihrem Verbindungsstück v in das hintere Ende der
Hohlspindel a hineingeschoben. Beim Einschalten der Drehmaschine
bewegen sich die drei Gewichte b, die an den durch die Bolzen c an den
gabelförmigen Augen d des Gehäusedeckels e angelenkten drei Hebeln f

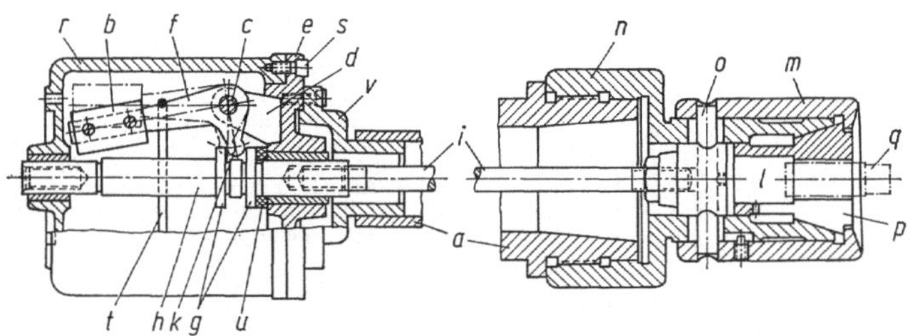

Bild 3.28. Zweiteiliges Fliehkraftspannfutter zum Spannen kurzer Werkstücke. a Drehspindel, b Gewichte, befestigt an durch Bolzen c an Augen d von Gehäusedeckel e angelenkten drei Hebeln f; g Bunde der aus Teilen h und i zusammengeschraubten Zugstange, k Hebelknaggen, l Zapfen, m Spannhülse, n Futterkörper, o Stift, p Spannpatrone, q Werkstück, r Gehäuse, s Deckelschrauben, t Gummiring, u Lederscheibe, v Verbindungsstück, angeschraubt an Flansch e

befestigt sind, nach außen in die strichpunktiert gezeichnete Stellung.
Dadurch ziehen sie über die an den kurzen Armen der Hebel f befindlichen, zwischen den zwei Bunden g der aus den zwei Teilen h und i
zusammengeschraubten Zugstange liegenden Knaggen k diese nach
links. Dabei zieht die Zugstange den auf ihrem vorderen Ende aufgeschraubten Zapfen l und über den in diesem und in der Spannhülse m
festsitzenden, in den Langlöchern des Futterkörpers n axial beweglichen
Stift o die Spannhülse m in die gleiche Richtung und spannt so mit
dieser die Spannpatrone p nach innen und damit das Werkstück q.
Das solide mit der Drehspindel umlaufende Gehäuse r, an dem der
Deckel e mit den Schrauben s befestigt ist, besteht aus Leichtmetall.
Der um die drei Hebel f gelegte Gummiring t bringt beim Ausschalten
der Drehmaschine die Fliehkrafteinrichtung wieder in die Ruhestellung
zurück. Die Lederscheibe u soll beim Stillsetzen der Maschine den
axialen Stoß der Zugstange h/i aufnehmen.

3.3.3.2. Selbsttätiges Fliehkraftspannfutter zum Stirnspannen. Das Bild 3.29
veranschaulicht Konstruktion und Wirkungsweise einer solchen Vorrichtung, die sich in der Praxis gut bewährt hat. Hier wird das
im Werkstückaufnahmekörper a aufgenommene Werkstück b mit den
zwei in den Augen der auf den Aufnahmekörper geschrumpften
Hülse c mit den Bolzen d angelenkten Hebeln e durch die beim Einschalten der Drehmaschine einsetzende Fliehkraftwirkung der an den
Hebelenden angebrachten Gewichte f das Werkstück selbsttätig an

seiner Stirnseite gespannt. Der Gummiring *g* bringt Hebel und Gewichte beim Ausschalten der Maschine wieder in ihre Ruhestellung zurück, wobei der im Aufnahmekörper sitzende Gummiring *h* ein hartes Aufschlagen auf diesen vermeiden soll. Die Schutzhülse *i* ist ebenfalls auf den Aufnahmekörper geschrumpft.

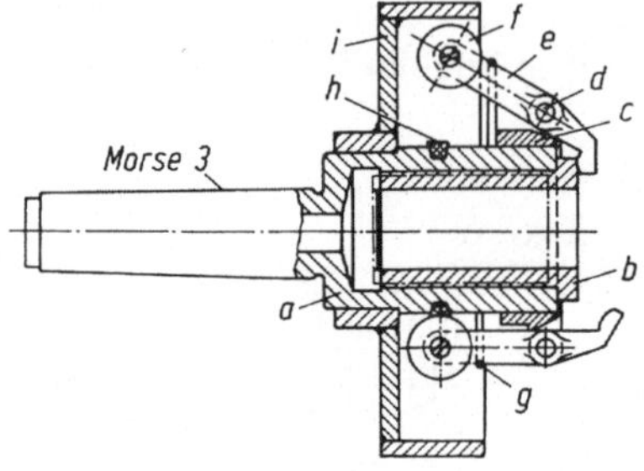

Bild 3.29. Selbsttätiges Fliehkraftspannfutter zum Stirnspannen. *a* Aufnahmekörper, *b* Werkstück, *c* Hülse, auf *a* aufgeschrumpft, mit gabelförmigen Augen, an denen mit Bolzen *d* Hebel *e* mit Gewichten *f* angelenkt sind; *g* Gummiring zum Zurückholen der Fliehkrafteinrichtung, *h* Gummiring, verhindert Aufschlagen der Gewichte beim Stillsetzen; *i* Schutzhülse

3.3.4. Tiefspanndorne und -futter

Die Gemeinspanndorne und -futter spannen die Werkstücke nur radial. Das ist ein Nachteil, wenn die Sirnfläche *a* des Werkstückes (Bild 3.30) genau zu seiner Fläche *b* bearbeitet werden soll. Das Werkstück muß beim Einspannen an der Fläche *b* bestimmt werden, indem es von Hand gegen die Kloben gedrückt wird. Diese müssen also, wenn eine genaue Bestimmung überhaupt möglich sein soll, schlagfrei laufen. Solange das Futter neu ist, wird das auch der Fall sein; aber schon der geringste Verschleiß in den Backenführungen wird zur Folge haben, daß sich die Backen beim Spannen mehr oder weniger abdrücken, wie in Bild 3.30 übertrieben dargestellt. Diese Veränderungen der Backenschlagflächen ist aber schlecht zu prüfen, denn sie zeigt sich natürlich erst, wenn die Backen unter Druck stehen und daher verdeckt sind. Der Dreher muß sich meist nur auf sein gutes Auge verlassen und kann erst

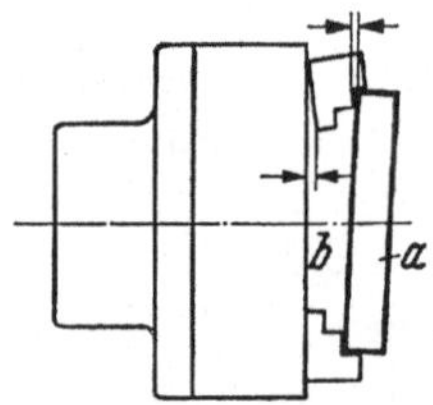

Bild 3.30. Im Einmittfutter schlecht bestimmtes Werkstück

das fertigbearbeitete Stück prüfen und den Fehler durch entsprechende Beilagen ausmerzen. Bei fortlaufender Fertigung eines bestimmten genauen Werkstückes ist daher ein richtig konstruiertes Sonderspannfutter (bzw. ein Sonderspanndorn), hier Tiefspanndorn bzw. -futter genannt, zuverlässiger.

Nachfolgend wird je ein Beispiel dargestellt und beschrieben, wobei das Werkstück nicht nur radial, sondern auch noch achsrecht gespannt wird, und zwar gegen eine ringförmige, unveränderliche Anschlagfläche, die es auch genau bestimmt.

3.3.4.1. Tiefspanndorn für Innenspannung. Der in Bild 3.31 gezeigte Spanndorn besteht in der Hauptsache aus dem Vorrichtungskörper a, der mit der Mitnehmerscheibe b fest verbunden ist, und der eigentlichen Spannzange c. Diese ist im Vorrichtungskörper achsrecht etwas beweglich. Durch den auf die Spannzange c aufgeschraubten Gewindering d ist diese Bewegung begrenzt, und durch den Federkeil e ist sie am Verdrehen gehindert. Die Spannzange ist durch die Doppelmutter g mit der Zugstange h eines Druckluftspanners fest verbunden, so daß beim Anstellen der Druckluft der Kegel f der Spannhülse nach innen gedrückt und das Werkstück i gespannt wird.

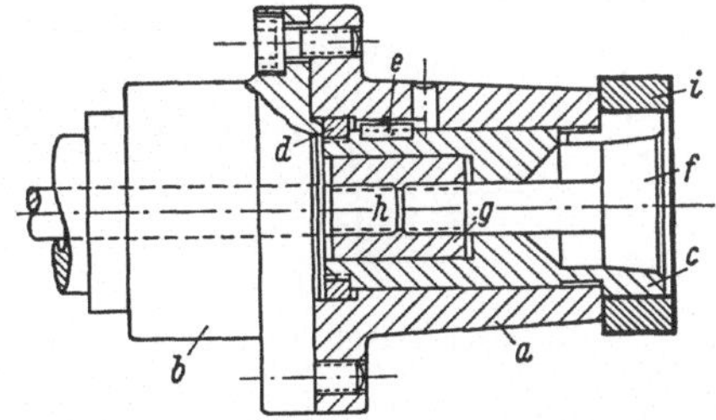

Bild 3.31. Tiefspannfutter für Innenspannung. a Vorrichtungskörper, mit Mitnehmerscheibe b fest verbunden; c Spannzange, in a achsrecht ein wenig beweglich, durch Gewindering d in dieser Bewegung begrenzt und durch Gleitfeder e am Verdrehen verhindert; f Spreizkegel, durch Doppelmutter g mit Kolbenstange h des Druckluftspanners fest verbunden; i Werkstück

3.3.4.2. Tiefspannfutter für Außenspannung. Bei diesem Spannfutter Bild 3.32 ist der Futterkörper a ebenfalls an der Mitnehmerscheibe b befestigt. Auch an dieser Vorrichtung ist die Spannzange c im Futterkörper a etwas beweglich und in diesem Fall durch einen an die Spannbuchse d angeschraubten Haltering e in dieser axialen Bewegung begrenzt. Der Verbindungsbolzen f sitzt fest im Spannkopf g und in der Spannbuchse d, aber frei beweglich in den Langlöchern des Futterkörpers und der Spannzange. Der Spannkopf ist auf die Zugstange h aufgeschraubt, so daß er beim Anziehen dieser Stange durch die am hinteren Ende des Drehmaschinen-Spindelstockes angebrachte

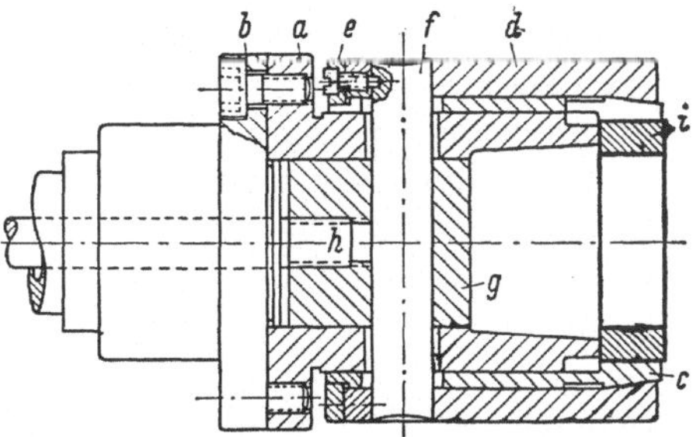

Bild 3.32. Tiefspanndorn für Außenspannung. a Vorrichtungskörper, mit Mitnehmerscheibe b fest verbunden; c Spannzange, auf a in Achsrichtung ein wenig beweglich; d Spannbuchse, auf c in Achsrichtung ein wenig beweglich, und durch Haltering e in dieser Bewegung begrenzt; f Verbindungsbolzen, sitzt fest in d und g; h Kolbenstange des Druckluftspanners mit g fest verbunden; i Werkstück

Drucklufteinrichtung ([7], Bild 3.86) über den Stift f die Spannbuchse d anzieht, die dabei die Spannzange c infolge ihres Spreizkegels nach innen drückt und das Werkstück spannt.

3.3.5. Innenspanndorne für Hohlkörper mit Boden

Topfförmige Werkstücke, d. h. Hohlkörper mit Boden, kann man auf gewöhnlichen fliegenden Spannzangen nicht spannen, da das Spannelement durch den Boden verdeckt würde. In solchen Fällen liegt es

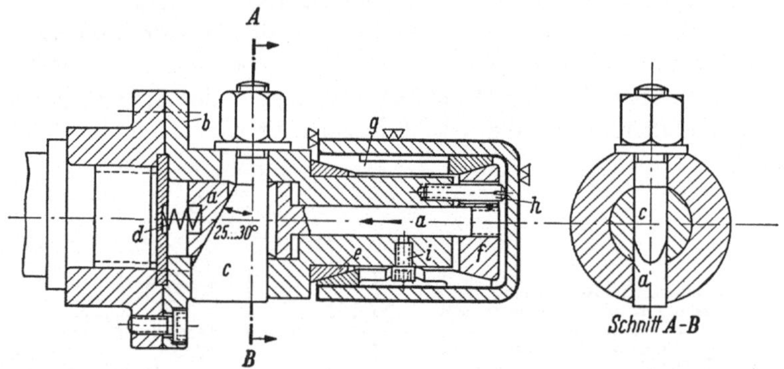

Bild 3.33. Keilspanndorn für Werkstücke mit gleichmäßig zylindrischem Hohlraum und mit Boden a Spanndorn wird in Körper b durch Spannkeil c in Pfeilrichtung und durch Druckfeder d in umge kehrter Richtung bewegt; e Spreizkegel, sitzt fest auf b; f beweglicher Spreizkegel, sitzt fest auf a g Spannhülse, mehrfach geschlitzt; h entfernungbestimmender Anschlagdorn, i Mitnehmerstift

nahe, die Spannzangen so auszubilden, daß sie durch die hohle Drehspindel hindurch vom anderen Spindelende bedient werden können. Sind sie mit einem Druckluftspanner ausgerüstet, so ist gegen dieses Spannverfahren nicht einzuwenden. Das Spannen von Hand ist dagegen sehr unpraktisch, denn der Arbeiter muß seinen Standort bei jedem Werkstück zweimal verlassen, und zwar je einmal zum Spannen und Lösen. Es ist dann wirtschaftlicher, die Dorne so herzustellen, daß sie vom Standort des Arbeiters bedient werden können. Die geringen Mehrkosten werden sich bald bezahlt machen.

3.3.5.1. Keilspanndorn für Werkstücke mit gleichmäßig zylindrischem Hohlraum und mit Boden. Das Bild 3.33 zeigt einen gut bewährten derartigen Dorn. Die zum Spreizen der doppelt wirkenden Spannhülse g benötigte achsrechte Spannkraft wird durch eine Keilschraube c erzeugt. Durch den Anschlagdorn h wird das Werkstück entfernungbestimmt. Damit sich der Dorn beim Lösen der Mutter selbsttätig entspannt, muß der Keilwinkel ebenso wie der Spreizkegelwinkel über der Selbsthemmungsgrenze liegen. Der Spanndorn a muß spielfrei in den Körper b eingeschliffen werden. Um ein Festsetzen bei längerem Gebrauch zu vermeiden, ist die Kante von a oben an der Keilfläche von c gut anzurunden; andernfalls drückt sie sich durch den Keil allmählich etwas heraus und verursacht unliebsame Störungen.

3.3.5.2. Innenspanndorn für Werkstücke mit abgesetztem, teils zylindrischem, teils kegeligem Hohlraum und mit Boden. Bei der Vorrichtung Bild 3.34, die einen Dorn zum Spannen von Hand darstellt, wird durch Anziehen der Spannmutter a gegen die Spannplatte b der Keilschieber c axial verschoben und drückt die drei Bolzen d_1 bis d_3 radial nach außen, wodurch das Werkstück an diesem Ende zugleich gemittet und gespannt wird.

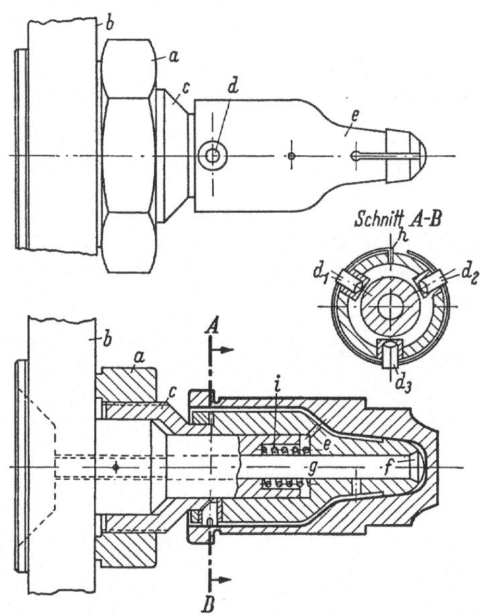

Bild 3.34. Innenspanndorn für Werkstücke mit abgesetztem, teils zylindrischem, teils kegeligem Hohlraum und mit Boden. a Spannmutter, b Spannplatte (mit Spanndorn), c Keilschieber; d_1 bis d_3 Spannbolzen, e Spannhülse, f Spreizkegel, g Zapfen, h Ringfeder, i Spannfeder

Gleichzeitig drückt der Keilschieber c aber auch gegen die auf dem Spanndorn b sowie auf dem am äußeren Ende mit dem Spreizkegel f versehenen Zapfen g geführte dreifach geschlitzte Spannhülse e, wodurch diese das Werkstück auch noch am inneren Grund spannt. Die Feder i hält die Spannhülse e am Spreizkegel f immer unter Spannung, so daß die Spannmutter a nur geringfügig gedreht werden muß, damit das Werkstück festgespannt wird. Die Ringfeder h unterstützt das Lösen des Werkstückes, indem sie die drei Bolzen d nach dem Lösen der Spannmutter nach innen drückt, und sichert die drei Bolzen bei abgenommenem Werkstück gegen Herausfallen.

3.3.5.3. Innenspanndorn für Kolben. Diese in Bild 3.35 dargestellte Vorrichtung ist für Druckluft- bzw. hydraulische Betätigung ([7],

Bilder 3.86, 3.87 und 3.109) konstruiert und dient zur Aufnahme von
kleinen Kolben zur Außenbearbeitung. Die innere Einmitteindrehung
und Stirnfläche des Kolbens müssen vorher bearbeitet sein.

Diese Vorrichtung besteht aus dem eigentlichen Spanndorn d, der
an seinem äußeren Ende mit den zwei Stiften c_1 und c_2 versehen ist zur
besseren Abstützung des Kolbens an der unbearbeiteten Bodenfläche.
In der Hohlbohrung dieses Spanndornes befindet sich die Zugstange a.
Wird sie in den Kolben hineingedrückt, so schiebt ihr kegeliges Ende
die vier Schiebekeile b_1 bis b_4 radial nach außen gegen die innere
Kolbenwand, so daß der Kolben hier festgespannt wird. Zum Einmitten
und zum gleichzeitigen Spannen des anderen Kolbenendes dient die
Spannmutter l. Sie wird bei e auf dem kegeligen Absatz des Spanndornes
d durch Verdrehen gespreizt und muß vor dem Lösen des Werkstückes
zuerst wieder zurückgedreht werden. Die Schiebekeile b sind durch die
Sicherungsstifte f_1 bis f_4 bei abgenommenem Werkstück gesichert. Die
Federn g_1 bis g_4 erleichtern das Lösen des Werkstückes.

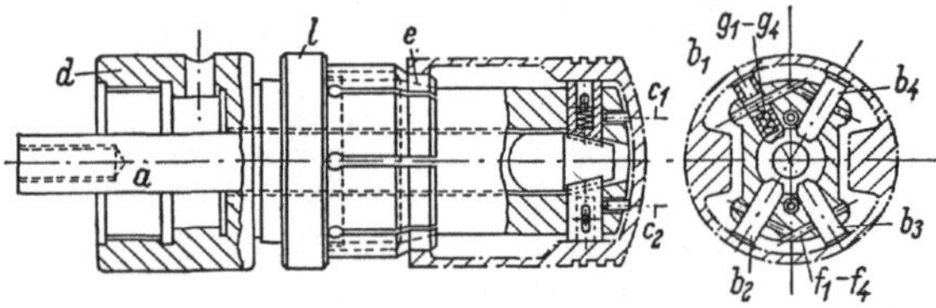

Bild 3.35. Spanndorn für Kolben. a Zugstange, b_1 bis b_4 Schiebekeile, c_1 und c_2 Stifte, d Spanndorn,
e kegeliger Absatz von d, f_1 bis f_4 Sicherungsstifte, g_1 bis g_4 Federn, l Spannmutter

Diese Vorrichtung setzt voraus, daß in den Kolben keine wesentlichen Kernversetzungen vorliegen, was bei dem heutigen Stand der
Gießtechnik und besonders, wenn es sich um Leichtmetall handelt,
auch gefordert werden kann.

3.3.6. Fliegende Dorne mit Spannbacken

Das Aufbringen der Werkstücke auf fliegende Dorne ist nicht immer
einfach, besonders dann nicht, wenn es sich um schwerere Teile handelt
und die Bohrung unterbrochen ist. Ein Beispiel dafür zeigt Bild 3.36.
Derartige Werkstücke klemmen sich auf dem Dorn und können dann
nur mühsam von der Stelle gebracht werden. Zur Vermeidung dieses
Übelstandes muß die Konstruktion geändert und *eine* Bohrung etwas
vergrößert werden. Das Auf- und Abspannen macht dann durchaus
keine Schwierigkeiten mehr. Ist eine Änderung aber nicht möglich, so
kann man für schwerere Teile auch unter ganz bestimmten Voraussetzungen fliegende Dorne nach Bild 3.37 verwenden. Das Werkstück
muß jedoch eine gleiche oder ähnliche Form haben wie hier gezeichnet,
also Wandungen, die sich durch ungleichmäßigen Druck in der Bohrung
nicht verziehen können. Außerdem sind sehr geringe Bohrungstoleranzen Bedingung.

30

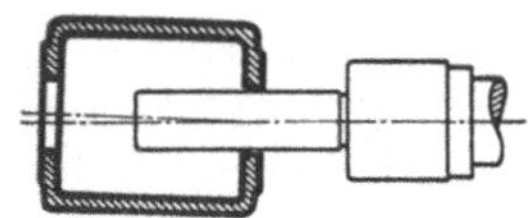

Bild 3.36. Werkstück, das sich schlecht auf einen Dorn aufbringen läßt

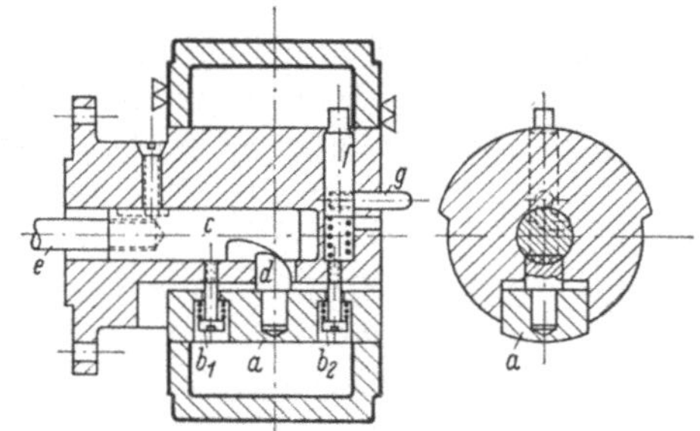

Bild 3.37. Fliegender Dorn mit beweglicher Spannbacke. *a* Spannbacke, wird durch Druckfedern b_1 und b_2 nach innen gedrückt (entspannt) und durch Keilstößel *c* der mit Zugstange *e* verbunden ist, über den Spannstift *d* nach außen gedrückt; *f* Mitnehmerstift, wird durch Griff *g* radial bewegt, *h* Werkstück, *i* Druckfeder

3.3.6.1. Fliegender Dorn mit einer beweglichen Spannbacke.

Ein solches in Bild 3.37 wiedergegebenes Beispiel entspricht den obigen Anforderungen. Der hier gezeigte eigentliche Dorn ist am größten Teil seines Umfanges freigearbeitet, so daß sich das Werkstück bequem hinaufschieben läßt. Es wird durch eine radial bewegliche Spannbacke festgespannt. Genau genommen wird durch einen derartigen Dorn das Werkstück nicht gemittet, sondern nur an einem Teil seines Bohrungsumfanges bestimmt. Das ist aber belanglos, wenn, wie im vorliegenden Fall, nur die Planflächen des Werkstückes, und zwar beide gleichzeitig bearbeitet werden. Im Dorn sitzt ein Mitnehmerstift *f*, der beim Aufbringen des Werkstückes zurückgeschoben wird, dann aber unter dem Druck der Druckfeder *i* in das Werkstück *h* hineingeschoben wird, um dieses an einem an ihm angesetzten Knaggen mitzunehmen. Die Spannbacke spannt das Werkstück dadurch, daß sie beim Anziehen der Zugstange *e* (möglicherweise durch Druckluft) mit dem mit dieser verbundenen Keilstößel *c* durch den mit einem keilförmigen Kopf versehenen Spannstift *d* nach außen gedrückt wird. Die Druckfedern b_1 und b_2 drücken die Spannbacke beim Entspannen wieder nach innen, so daß das Werkstück abgehoben werden kann, nachdem der Mitnehmerstift durch den Griff *g* aus dem Werkstück zurückgedrückt worden ist.

3.3.6.2. Fliegender Dorn mit axial beweglichen Spannbacken.

Bild 3.38 zeigt einen Spanndorn, der sich in der Praxis außerordentlich bewährt und allen bisher üblichen fliegenden Dornen infolge seiner einfachen

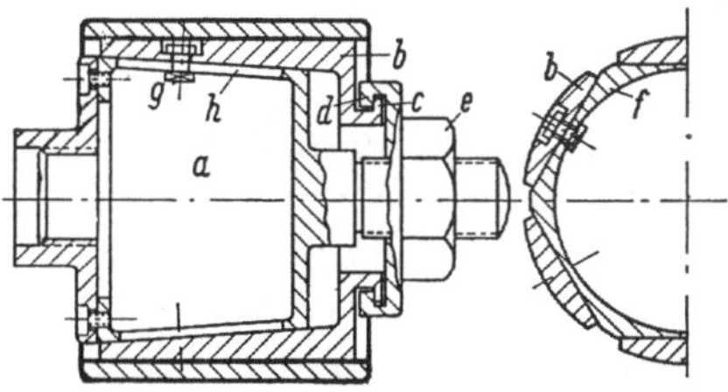

Bild 3.38. Fliegender Dorn mit sechs beweglichen Spannbacken. *a* Spanndorn, wird auf Arbeitsspindel der Drehmaschine geschraubt; *b* Spannbacken werden an ihrem Bund *c* durch Bund *d* der Spannmutter *e* bei Drehung derselben in Achsenrichtung auf den geneigten Gleitflächen *f* des Spanndornes *a* je nach Drehrichtung entweder aufwärts oder rückwärts gezogen; *g* Halteschrauben gleiten in den Nuten *h*

und sicheren Bedienung überlegen gezeigt hat. Er kann sowohl für kurze zylindrische Hohlkörper mit durchgehender Bohrung als auch mit unterbrochener, aber nicht abgesetzter Bohrung angewandt werden. Mit diesem Dorn wird das Werkstück gleichzeitig gemittet und gespannt.

Der eigentliche Spanndorn a wird auf die Arbeitsspindel der Drehmaschine geschraubt. Die sechs Spannbacken b fassen mit ihrem abgesetzt angedrehten Ansatz c hinter den Bund d der Spannmutter e. Durch diese Anordnung werden beim Drehen der Spannmutter die Spannbacken auf den schrägen Gleitflächen f des Spanndornes in Achsrichtung verschoben. Die Hammerschrauben g in den Schlitzen h des Spanndorns sollen ein seitliches Ausweichen der Spannbacken verhindern. Sie dürfen nur so weit angezogen werden, daß die Spannbacken noch auf dem Spanndorn gleiten können. Schon eine geringe Neigung der Gleitflächen gestattet einen ziemlich großen Spannbereich, so daß buchsenartige Werkstücke außen fertig auf Paßmaß gedreht oder geschliffen werden können, wenn sie innen mit erheblichen Toleranzen vorgedreht worden sind. Bei dünnwandigen Hohlkörpern sollten jedoch diese Toleranzen nicht allzu groß gewählt werden, weil ein größerer Unterschied der Durchmesser für Spanndorn und Werkstückbohrung in diesem Falle einen Verzug des Werkstückes bewirken würde. Die Spannbacken müssen selbstverständlich auf den kleinstmöglichen Werkstück-Innendurchmesser gedreht sein.

3.3.7. Backenfutter für Sonderfälle

Im allgemeinen reichen die handelsüblichen hand- und kraftbetätigten Zwei-, Drei- und Vierbackenfutter für die genügend genaue Bearbeitung allgemeiner Werkstücke aus, doch gibt es besondere Fälle, in denen die Form und Art der Werkstücke bzw. die Bearbeitungsweise bestimmte Sonderbacken oder gar ein Sonderfutter erfordern, wie nachfolgend in je einem Beispiel gezeigt.

3.3.7.1. Vierbackenfutter mit Pendelbacken für dünnwandige Werkstücke.
Um das leidige Verspannen dünnwandiger Werkstücke im Dreibackenfutter infolge der nur drei Spannstellen zu vermeiden, werden oft vorteilhaft ungehärtete Backen verwendet ([9] Bilder 81 und 83), die auf einen etwas kleineren Durchmesser, als dem zu spannenden Werkstückdurchmesser entspricht, aus- oder angedreht werden, um von Toleranzdifferenzen unabhängig zu sein. Am eingespannten Werkstück tragen dann die Spannbacken wegen ihres kleineren Bogens nur an den beiden Kanten. Obwohl sich die dadurch erreichte Verdoppelung der Spannstellen nicht in gleichmäßigen Abständen auf den Werkstückumfang verteilen läßt, so können solche Backen doch zumindest eine bedeutende Verbesserung bringen. Die Verwendung eines

32

Vierbackenfutters würde die Anzahl der Spannpunkte auf acht erhöhen.

Das ist aber nur möglich, wenn das Werkstück schon gleichmäßig rund ist, da sonst durch eine Überbestimmung erst recht ein Verspannen erzeugt würde.

An einem Dreibackenfutter, das mit besonderen Pendelbacken ausgerüstet ist, ergeben sich aber sechs Spannstellen mit gleichem Spanndruck, so daß hiermit an ungleichmäßig runden dünnwandigen Werkstücken auch Überbestimmung entsteht. An einem Vierbackenfutter wären dagegen die Spannstellen am Werkstück überbestimmt.

Anders ist es, wenn das betreffende Werkstück in seiner Achse in zwei Hälften geteilt ist, z.B. bei zweiteiligen Lagerschalen, die nach dem Vorschruppen der Bohrung bzw. nach dem Ausgießen mit Lagermetall zweckmäßig in einem Vierbackenfutter mit Pendelbacken fertiggedreht werden. Das Spannen in einem Dreibackenfutter bedeutet in diesem Fall zwar keine Überbestimmung, wäre aber wegen der unsymmetrischen Verteilung der Spannstellen an den Werkstückhälften nicht besonders zweckmäßig. Beide Hälften müssen in der Teilfächenebene gegeneinander verschiebbar sein, damit sie sich während des Spannens zwanglos in ihre Endlage einspielen können. Die Teilfuge muß dabei in der Mitte zwischen zwei Pendelbacken liegen, da sonst kein Spannungsausgleich stattfinden könnte.

Das Bild 3.39 zeigt ein gewöhnliches Vierbackenfutter *a* mit eigens hierfür von der Maschinenfabrik Eßlingen entwickelten, mit den Pendelstücken *b* versehenen Backen *c*. Zwecks Erfassung eines möglichst weiten Spannbereiches ist die Spreizung der Pendelstücke auf zwei Größenbereiche einstellbar. Beispielsweise bezieht sich der kleinere auf den Durchmesserbereich von 80 bis 130 mm und der größere auf einen solchen von 130 bis 180 mm, wobei die Verteilung der Spannpunkte in den Mittelwerten am günstigsten ist. Die Pendelstöcke sind gegenüber den Backen etwas vorgezogen, damit das Werkstück zum etwa notwendigen rückwärtigen Plandrehen zugänglich ist. Die Backen sind selbstverständlich randschichtgehärtet.

Die Pendelstöcke sind auf den kräftigen, unmittelbar an den Sonder-Spannbacken angedrehten Zapfen *d* gelagert. In ihrer Bohrungswand

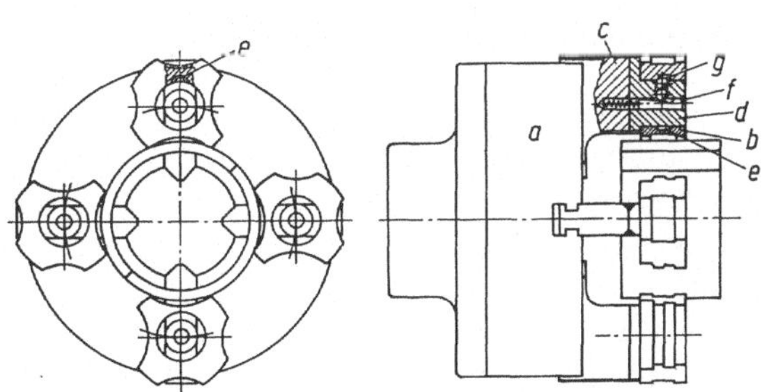

Bild 3.39. Pendelbackenfutter für dünnwandige Werkstücke. *a* Vierbackenfutter, *b* Pendelstücke, *c* Sonderbacken, *d* Zapfen, *e* Mulde, *f* Druckbolzen, *g* Kugel

befinden sich entsprechend der Spannstellenzahl vier Mulden *e*, in die eine im Zapfen *d* gelagerte, durch die Keilfläche eines federbelasteten Druckbolzens *f* gegen Zurückweichen gesicherte Kugel *g* eingreift, die sich gegen die hintere Muldenkante setzt und dadurch das Pendelstück an der Backe fest anlegt.

Durch Hineindrücken des Bolzens *f* wird die Kugel zurückgezogen und gibt das Pendelstück frei, so daß es für einen anderen Spannbereich geschwenkt bzw. abgenommen oder, da die Mulden axial in der Mitte der Pendelstücke liegen, umgekehrt aufgesetzt werden kann. Um ein Herausfallen von Kugel und Bolzen zu verhindern, ist der Lochrand um die Kugel leicht verstemmt. Die Muldenlänge gestattet nur eine ganz geringe, aber für das Einlegen des Werkstückes ausreichende Pendelbewegung.

3.3.7.2. Expansionsdorn mit Kugelspannung. Bei diesem Dorn handelt es sich im wesentlichen um eine Spannzange (Spreizdorn), die nicht mittels einer besonderen Spannpatrone, sondern durch eine Stahlkugel gespreizt wird. Mit ihm werden Werkstücke in ihrer Bohrung aufgenommen und von innen gespannt. Seine Wirkungsweise geht aus dem Bild 3.40 hervor. Die dreifach geschlitzte Spreizhülse *e* hat eine Bohrung mit kegeligem Absatz, in dem eine Stahlkugel *d* liegt. Beim Spannen des Dornes durch Anziehen der in der hohlen Drehmaschinenspindel liegenden Zugstange *b* mit Spanndorn *c* mittels Druckluft wird der geschlitzte Teil der Spreizhülse im Bereich der Kugel auseinandergedrückt, wodurch das aufgesetzte Werkstück festgespannt wird.

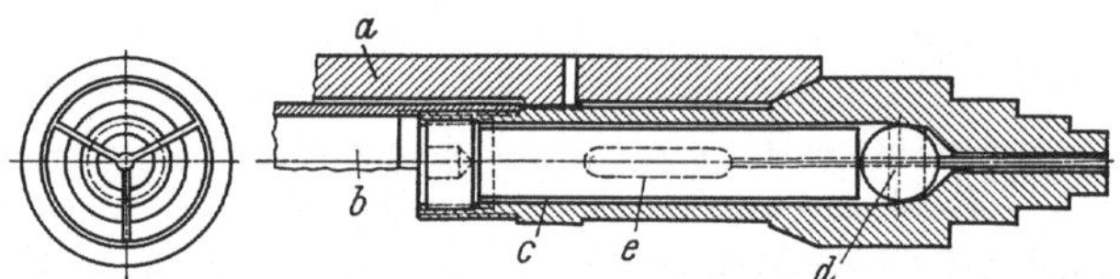

Bild 3.40. Druckluftbetätigter Expansionsdorn mit Kugelspannung. *d* Stahlkugel sitzt im kegeligen Absatz der Spreizhülse *e* und spreizt diese beim Spannen, so daß das Werkstück festgespannt wird. *a* Führungshülse, *b* Zugstange, *c* Spanndorn, *d* Stahlkugel, *e* dreifach geschlitzte Spreizhülse

3.3.8. Spanndorne und -futter für lösbaren Preßsitz

Für höchste Genauigkeitsansprüche ist es zweckmäßig, Spanndorne bzw. -futter mit einem lösbaren Preßsitz zu verwenden, denen die in manchen der vorstehenden Beispiele beschriebenen Mängel nicht anhaften. Mit ihnen ist es möglich, in engsten Toleranzbereichen zu arbeiten, weil sie das Werkstück unbedingt sicher und gleichmäßig spannen. Ihr Nachteil ist, daß die Werkstücke an ihren Aufnahmestellen schon sehr genau vorgearbeitet sein müssen.

3.3.8.1. Ringspann-Spanndorne und Spannfutter. Diese zeitgemäßen Spannvorrichtungen für die Rundbearbeitung von kleineren bis zu mittel-
großen Werkstücken verlangen allerdings noch keine so ganz genaue
Vorbearbeitung der Werkstück-Aufnahmestellen wie bei den nachfolgend beschriebenen Beispielen, was einer ihrer Vorteile ist. Für die
einwandfreie Einmittung sind Toleranzen des Spanndurchmessers bis
ISO-Qualität 11, d. h. von 0,1 bis 0,35 mm je nach Durchmessergrößen
innerhalb ihres Spannbereiches von 14 bis 200 mm zulässig. Trotzdem
erfüllt diese Art der Spannvorrichtungen für Rundbearbeitung alle
Forderungen, die heutzutage in der Serienfertigung an eine solche Vorrichtung für die Feinstbearbeitung gestellt werden. Sie mitten und
spannen das Werkstück selbsttätig, zuverlässig und sehr genau, wobei
Rundlauffehler unter 0,01 mm erreichbar sind.

Ihr eigentliches Ausricht- und Spannelement sind die *Ringspann-
Scheiben* (Bild 3.41). Dieses sind flachkegelige Ringe aus gehärtetem
Federstahl, die im Wechsel von innen und außen geschlitzt sind. Die
sich überlappenden Schlitze verleihen den Scheiben eine hohe Elastizität. Die charakteristische Schlitzung ermöglicht eine elastische Ver-
änderung des Kegelwinkels und damit des Durchmessers. Das ist die
Grundlage für die vorteilhaften Eigenschaften dieses Spannelements.

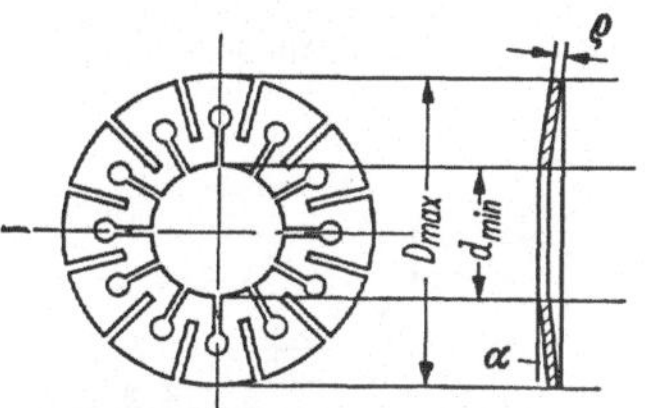

Bild 3.41. Ringspann-Scheibe (RINGSPANN GmbH, Bad
Homburg)

Da die Spannscheiben federn, ist ein schnelles Lösen der Werkstücke
beim Entspannen gewährleistet. Diese Eigenschaft des Federns ermöglicht es, in Fällen von Differentialspannung, die Werkstücke auch
dann noch sicher zu spannen, wenn ihre Aufnahmestelle einmal innerhalb der oben angegebenen Toleranzen kegelig ausgeführt sein sollte.
Durch die vielen Berührungspunkte am äußeren und inneren Umfang
wird eine sehr genaue Einmittung erzielt, weil die Scheiben innen und
außen konzentrisch geschliffen sind. An den Vorrichtungen dürfen die
Übergänge von den Stützdurchmessern zu den Anlageflächen keine
Ausrundungen, Fasen oder Freistiche aufweisen, sondern müssen
scharfkantig sein, was auch durch das Beilegen von scharfkantigen
Ringen erreicht werden kann. Bei der Konstruktion einer Ringspann-
Spannvorrichtung muß nachgerechnet werden, welche Bearbeitungskräfte und Drehmomente auftreten [13]. Die Höchstzahl der Scheiben
je Satz beträgt $n = 16$.

Die Ringspann-Vorrichtungen können nach dem Baukastenprinzip
sehr vielfältig durch einen raschen Austausch ihrer Einzelteile als

Spitzen- und Flanschdrehdorne und Spannfutter verwandt werden.
Die Ringspann-Scheiben gibt es in 40 abgestuften Größen für einen
Spannbereich von 14 bis 200 mm Durchmesser.

Bild 3.42 zeigt einen handbetätigten *Ringspann-Spitzenspanndorn*
(Innenspannung) für die Aufnahme eines langen Werkstückes mit einer
durchgehenden, nicht abgesetzten Bohrung, das an seinen beiden Enden
durch die Ringspann-Scheiben b_1 und b_2 dadurch gespannt wird, daß beim
Anziehen der Spannmutter c diese leicht kegeligen Scheiben sich auf a
und d abstützen und über die Spannbuchse d, die gehärteten Spannscheiben e_1, e_2, f_1 und f_2 sowie die Spannhülse g zusammengedrückt
werden, wodurch ihr Außendurchmesser vergrößert wird.

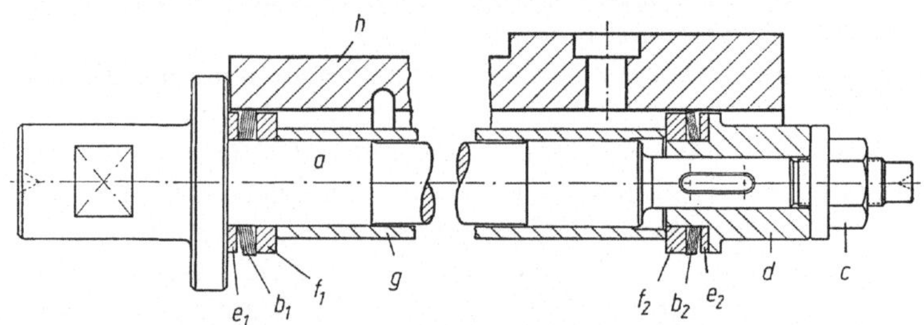

Bild 3.42. Handbetätigter Ringspann-Spitzendorn. *a* Spanndorn, b_1 und b_2 Ringspann-Scheiben,
c Spannmutter, *d* Spannbuchse, e_1, e_2, f_1 und f_2 Spannscheiben, gehärtet; *g* Spannhülse, *h* Werkstück

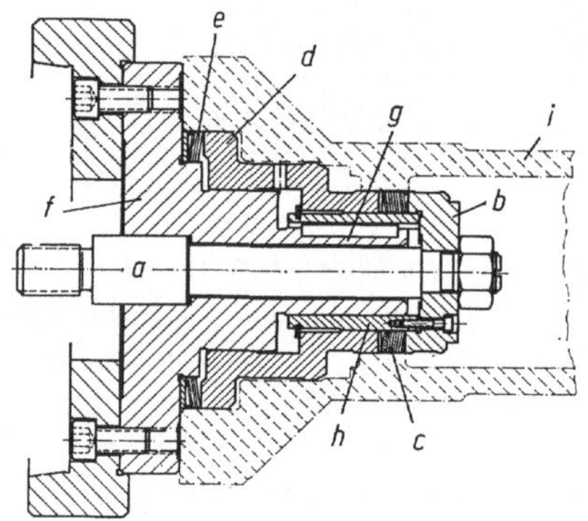

Bild 3.43. Kraftbetätigter Ringspann-Dorn. *a* Zugstange, *b* Spannkappe, *c* und *e* Ringspann-Scheiben,
d Spannbuchse, *g* Federkeil, *h* Führungsbuchse,
i Werkstück

An dem Beispiel Bild 3.43, einem druckluft- bzw. hydraulisch be-
tätigten fliegenden *Ringspann-Spanndorn* zeigt sich, wie vorteilhaft die
Ringspann-Scheibenblöcke gerade bei abgestuften Aufnahmedurch-
messern (hier für Innenspannung) sind. Druckluft oder Hydraulik
spannt über die Zugstange a und die Kappe b die kleinen Ringspann-
Scheiben c und weiter über die abgesetzte Spannbuchse d die größeren
Ringspann-Scheiben e flach. Hierbei stützen sich diese auf der, auf der
Spannbuchse sitzenden, durch Federkeil g gegen Verdrehen gesicherten
Führungsbuchse h und an der Spannbuchse selbst ab, so daß ihre
Außendurchmesser vergrößert werden und das Werkstück i gespannt

wird. Der Anschluß an die Kraftspanneinrichtung kann direkt oder über einen Zwischenflansch erfolgen. Hierbei darf die vorgeschriebene Betätigungskraft nicht überkritisch werden.

Bei dem in Bild 3.44 wiedergegebenen *Ringspann-Spannfutter* (Außenspannung) wird das Werkstück zum Fertigdrehen des Innendurchmessers von außen gespannt. Durch das Anziehen der Spannmutter c werden die Ringspann-Scheiben b zwischen den beiden gehärteten Scheiben d und e flachgedrückt, wodurch sie sich mit ihrem Außendurchmesser am Spannfutter a abstützen und so das Werkstück spannen.

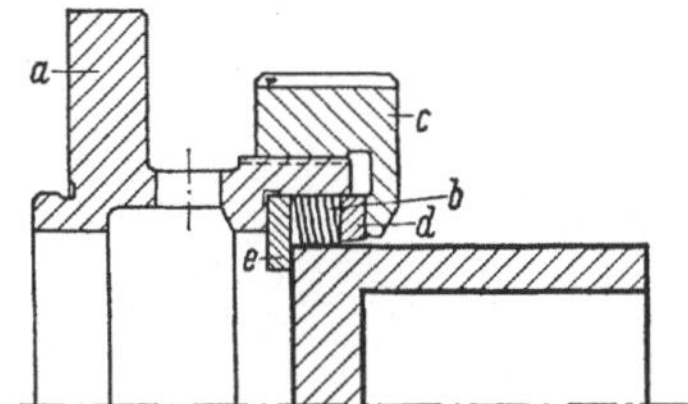

Bild 3.44. Ringspann-Futter. a Spannfutter, b Ringspann-Scheiben, c Spannmutter, d und e Spannscheiben, gehärtet

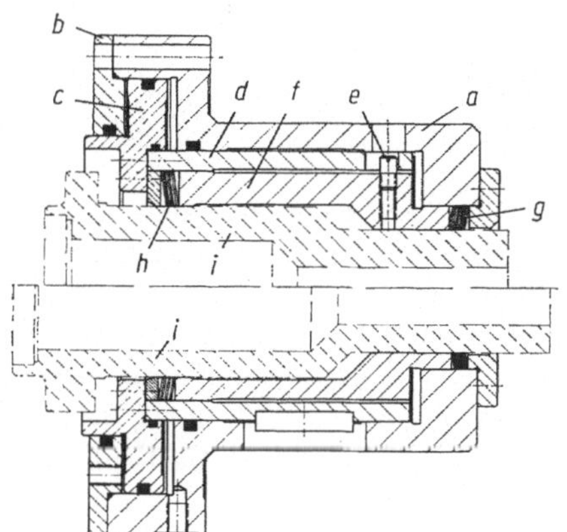

Bild 3.45. Hydraulisch spannendes Ringspann-Futter für Werkstücke mit abgesetztem Durchmesser. a Hydrozylinder, b Zylinderdeckel, c Kolben, d Führungsbuchse, e Mitnehmerstift, f Differential-Spannbuchse, g und h Ringspann-Scheiben, i Werkstück

Das Bild 3.45 stellt ein hydraulisch spannendes Ringspann-Futter für abgesetzte Werkstücke dar. Es wirkt im Prinzip wie das in Bild 3.44 gezeigte Futter, jedoch wird in diesem Fall das ziemlich schwere Werkstück durch eine unmittelbar an der Vorrichtung angebrachte doppeltwirkende, aus dem Zylinder a, dem Deckel b und dem Kolben c bestehendes Hydrauliksystem über die Führungsbuchse d, den Mitnehmerstift e, die Differential-Spannbuchse f und die Ringspann-Scheiben g und h gespannt.

Ein *Ringspann-Futter* für Zahnräder veranschaulicht das Bild 3.46. Es nimmt geradverzahnte Stirnräder bis zu einem Kopfkreisdurchmesser von 170 mm in ihrem Wälzkreis auf. Es besteht aus dem Flanschkörper a, in dem sich die Ringspann-Scheiben b beim Anziehen der Spannmutter c abstützen und so mit den vier oder acht in dem flexiblen

Käfig *d* sitzenden gehärteten und geschliffenen Stiften *e* das Zahnrad in seinem Wälzkreis einmitten und spannen, so daß sein Innendurchmesser genauestens laufend zur Verzahnung gehärteter Zahnräder nachgedreht bzw. geschliffen werden kann. Die Stifte sollten so bemessen sein, daß sie im Wälzkreis des Rades spannen.

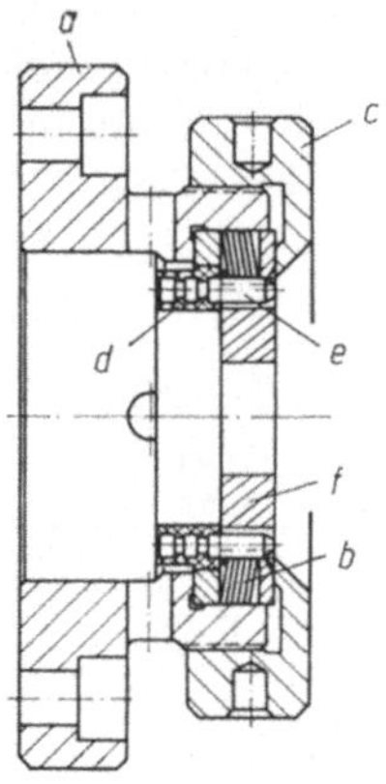

Bild 3.46. Ringspann-Futter zur Aufnahme und zum Spannen von Zahnrädern in ihrer Verzahnung. *a* Spannfutter, *b* Ringspann-Scheiben, *c* Spannmutter, *d* flexibler Spannstiftkäfig, *e* Spannstifte, *f* Werkstück

Bild 3.47. Ringspann-Flachdorn-Spannkörper

3.3.8.2. Flachspanndorne und -futter. Diese besonders robusten Spannelemente bauen kurz und sind zur Aufnahme in kurzen Spannversätzen an Werkstücken mit verhältnismäßig großen Durchmessern vorteilhaft anzuwenden. Sie sind ebenso wie die Ringspann-Scheiben (Bild 3.41) abwechselnd von außen nach innen und von innen nach außen geschlitzt (Bild 3.47) und arbeiten auch wie diese nach dem Prinzip der kegeligen Verformung innerhalb ihres hohen elastischen Bereiches. Bei schweren Werkstücken im rauhen Betrieb bieten sie eine lange Lebensdauer und haben den Vorteil, daß mit der gleichen Vorrichtung nach Austausch ihrer Spannscheiben innerhalb eines gewissen Durchmesserbereiches gleiche oder ähnliche Werkstücke unterschiedlicher Abmessungen gespannt werden können. Es gibt diese Spannscheiben abgestuft von 90 bis 375 mm Durchmesser für die Flachdorne und von 35 bis 350 mm Durchmesser für die Flachfutter [13]. Ihre Befestigung an der Maschinenspindel erfolgt zweckmäßig über einen Zwischenflansch.

Die Wirkungsweise dieser Spannscheiben ist wie folgt:

Wirkt auf den Innenrand des Flachdorn-Spannkörpers (Bild 3.48) eine Axialkraft F, dann wird dieser Körper kegelig verformt. Dabei vergrößert sich sein Außendurchmesser, und das Werkstück wird durch den Spannkörper in seiner Bohrung gemittet, radial festgespannt und schlagfrei gegen die Schulter der Vorrichtung gepreßt.

38

Umgekehrt arbeitet der Flachfutter-Spannkörper (Bild 3.49). Bei kegeliger Verformung dieses Spannkörpers durch eine auf seinen Innenrand wirkende Axialkraft F verkleinert sich der Innendurchmesser des verstärkten Außenrandes, wodurch das Werkstück an diesem Rand eingemittet, radial festgespannt und gegen die schlagfreie Schulter der Vorrichtung gedrückt wird.

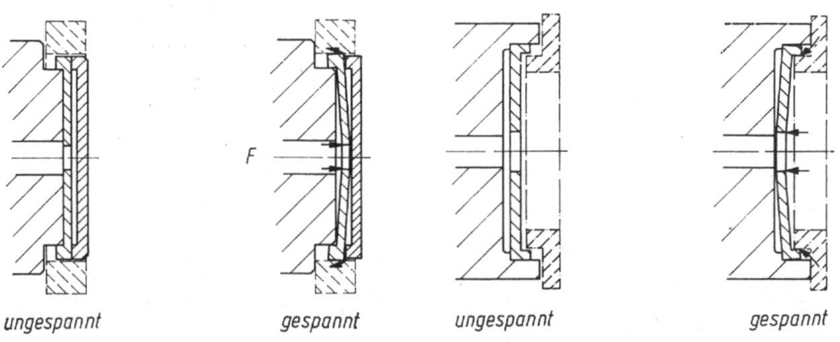

Bild 3.48. Schematische Darstellung der Wirkungsweise eines Flachdorn-Spannkörpers (System RINGSPANN)

Bild 3.49. Schematische Darstellung der Wirkungsweise eines Flachfutter-Spannkörpers (System RINGSPANN)

Bild 3.50 zeigt das Beipiel eines Flachspanndornes (Innenpannung). Der von der Kraftspanneinrichtung der Drehmaschine betätigte Druckbolzen a drückt mit seiner Schulter b den elastischen Spannkörper c kegelig, wodurch sich sein Außendurchmesser d vergrößert und das Werkstück e in seiner Bohrung e eingemittet, festgespannt und gegen die Vorrichtungsschulter f gepreßt wird. Die mit den Distanzstücken g an dem Vorrichtungskörper h befestigte Haltescheibe i hält den Spannkörper in seiner vorbestimmten axialen Lage.

Bild 3.51 zeigt das ebenfalls einfache Beispiel eines Flachspannfutters. Durch den Zug der Kraftspanneinrichtung der Drehmaschine über den

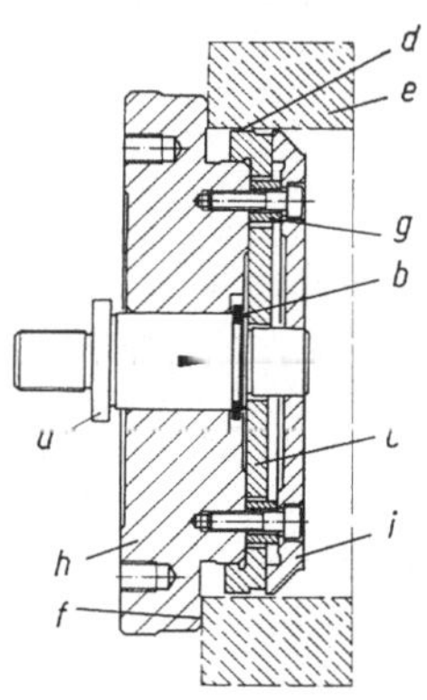

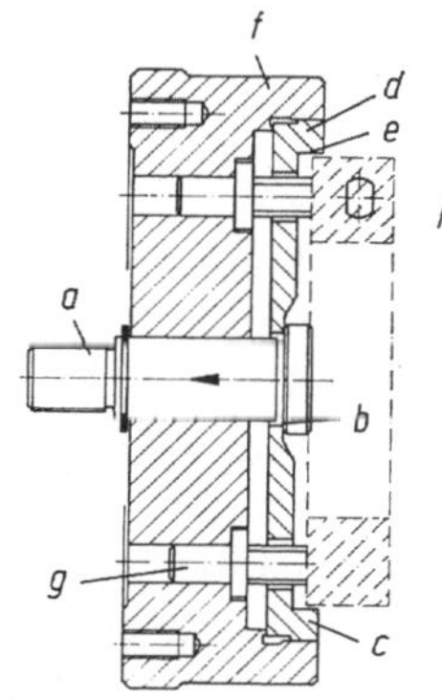

Bild 3.50. Flachspanndorn. a Druckbolzen mit Spannschulter b; c Spannkörper mit Außendurchmesser d; e Werkstück, f Schulter von Vorrichtung h; g Distanzstücke, i Haltescheibe

Bild 3.51. Flachspannfutter. a Zugdorn mit Spannschulter b; c Spannkörper mit Rand d und Spanndurchmesser e; f Vorrichtungskörper, g Anlagebolzen, h Werkstück

Zugbolzen *a* wird durch dessen Bundschulter *b* der Spannkörper *c* kegelig verformt. Hierdurch wird sein verstärkter Rand *d* und damit dessen Innendurchmesser *e* verkleinert, so daß dieser das Werkstück mittet, spannt und gegen die in dem Vorrichtungskörper *f* sitzenden 4 bis 8 Anlagebolzen *g* drückt.

Die Wirkungsweise des in Bild 3.52 dargestellten Flachdornes ist von besonderer Art. Seine Betätigung erfolgt hier mittels eines Innensechskantschlüssels über die Innensechskantschraube *a* und die Stahlkugel *b* auf den Druckbolzen *c*. Dieser Spanndorn ist wegen seiner Betätigung von Hand in der spanabhebenden Rundbearbeitung im allgemeinen weniger gut geeignet. Er kommt daher nur bei geringen Werkstückzahlen in Betracht. Er läßt sich aber für das Einmitten und Mitnehmen von langen rohrartigen Werkstücken bei Ausrichten der Bearbeitung auf Drehmaschinen zwischen den Spitzen besonders gut gebrauchen. Am vorteilhaftesten eignet er sich aber als Mitnehmer, so z. B. zur Verbindung von Dieselmotoren mit Wasserwirbelbremsen auf Prüfständen oder beim Einlauf von Getrieben und dgl.

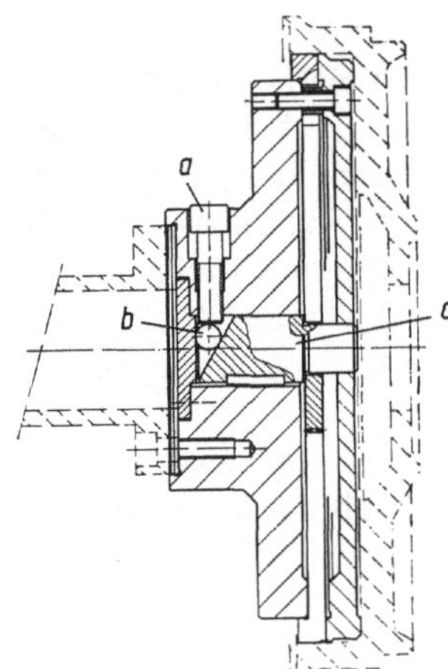

Bild 3.52. Flachspann-Spanndorn mit Kugelspannung.
a Innensechskantschraube, *b* Stahlkugel, *c* Druckbolzen

3.3.8.3. Korbfutter sind mit einem nach dem gleichen Prinzip wie bei den Ringspann-Scheiben und den Spannkörpern der Flachspannfutter abwechselnd von außen nach innen und umgekehrt geschlitzten, elastisch federndem Spannelement, dem sogenannten Korbfutter-Spannkörper ausgerüstet. Sie werden dort angewendet, wo das Werkstück tiefer in das Futter hineinragt. Ihre Wirkungsweise ist die gleiche wie das im Bild 3.49 gezeigte Schema für die Spannkörper von Flachspannfuttern.

Ein einfaches in Bild 3.53 gezeigtes Beispiel veranschaulicht die Einfachheit ihrer Handhabung. Der im Spannfutter *a* untergebrachte Spannkörper *b* wird durch die Spannschulter *c* des durch die an der

40

Drehmaschine angebrachten Kraftspanneinrichtung angezogenen Zugbolzens d kegelig verformt. Dabei wird der Innendurchmesser e des Spannkörper-Außenrandes verkleinert und dadurch das Werkstück f — hier ein Kegelrad — entweder, wie in der oberen Bildhälfte direkt an einem Rezeß g, oder wie in der unteren Bildhälfte gezeigt, gegen einen Anschlagring h mittig gespannt. Das Kegelrad ist hier zum Bearbeiten seiner kegeligen Außenseite und der äußeren Nabenstirnfläche aufgespannt. Die hintere Seite einschließlich Nabenstirnseite und Nabenbohrung müssen bereits bearbeitet sein.

Das gezeigte Futter kann auch zum Verzahnen des Kegelrades verwandt werden.

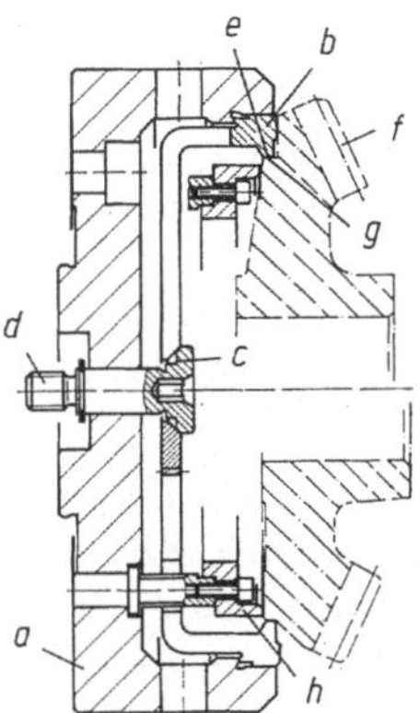

Bild 3.53. Korbspannfutter (System RINGSPANN) a Spannfutter, b Spannkörper, c Spannschulter an Zugbolzen d; e Spannkörper-Innendurchmesser, f Werkstück mit Rezeß g (obere Hälfte) h Anlagering (untere Hälfte)

3.3.8.4. Membran-Spanndorne und -futter zeichnen sich durch hohe Spanngenauigkeit und geringes Eigengewicht aus und sind deshalb auch besonders zur Aufnahme an Wuchtmaschinen geeignet. Ihre Spannwirkung beruht auf der Elastizität einer dünnen im Spannfutter angebrachten, nicht geschlitzten und unter der Spannwirkung kegelig verformbaren Scheibe, die wie eine Membran wirkt.

Bild 3.54 zeigt eine Membran-Spannvorrichtung, deren Membran a an jeder Seite mit einem Spannrezeß a_1 bzw. a_2 versehen ist, und die deshalb sowohl als Spanndorn (Innenspannung) als auch als Spannfutter (Außenspannung) — hier zum Nachformdrehen von Triebwerksteilen — eingesetzt werden kann. Je nach Drehrichtung der Spannschraube b verformt sich die Membran kegelig so, daß ihre Rezesse a_1 oder a_2 das Werkstück entweder von außen oder von innen spannen. Im Bild wird von außen mit dem Rezeß a_1 eingemittet und gespannt. Zum Spannen von innen muß die Membran umgedreht und mit dem Rezeß a_2 gemittet und gespannt werden. Hierzu ist der Flansch c der Membran mit der doppelten Anzahl Schraubenlöcher d versehen, die abwechselnd von der einen und der anderen Flanschseite her eingesenkt sind.

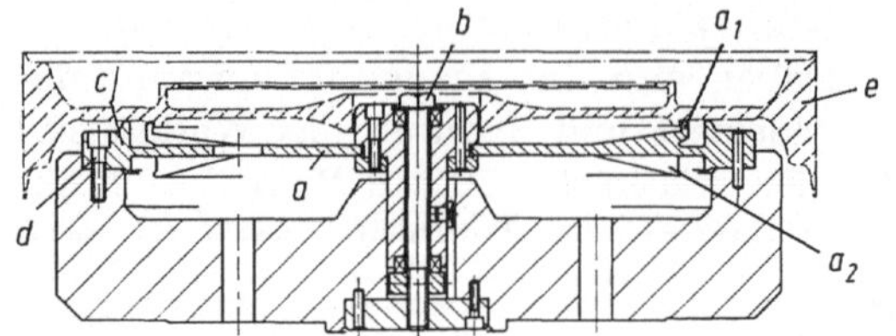

Bild 3.54. Membran-Spannvorrichtung, eingerichtet für Außen- und Innenspannung. Membran mit Ausmitteindrehungen a_1, a_2; b Spannschraube, c Membranflansch mit Schraubenlöchern d; e Werkstück

3.3.8.5. Mechanisch spannende Dehndorne und -futter. Der Ausführung und Anwendung nach unterscheidet man auch hier die Außen- und Innenspannung. Voraussetzung für ihre Verwendung ist, daß die Werkstücke enge Toleranzen für Bohrungen bzw. Außendurchmesser haben. Die hohe Rundlaufgenauigkeit der Dehndorne wird bei der Verwendung als fliegende Dorne oft durch mehr oder weniger ungenaue Aufnahme in der Maschine aufgehoben. Deshalb sollte bei höheren Ansprüchen bei fliegender Bearbeitung nur die Ausführung als Flanschdrehdorn Verwendung finden. Hierbei muß die Zentrierung etwas Spiel (0,05 bis 0,1 mm) haben, damit der Dorn nach der Meßuhr ausgerichtet werden kann.

a) Rollkupplungen: Mit der in Fachkreisen heute allgemein bekannten sogenannten Rollkupplung war eine Rundbearbeitungsvorrichtung geschaffen worden, die allen in der Praxis hinsichtlich Genauigkeit, Einfachheit und Sicherheit in der Bedienung gestellten Anforderungen bestens entspricht.

Bild 3.55 zeigt eine Ausführung als fliegenden Flanschspanndorn für Innenspannung. In diesem Beispiel werden hochwertige *Zahnräder* in der bereits fertig bearbeiteten Bohrung aufgenommen. Hierbei kommt es auf besondere Genauigkeit an, um die unerwünschten Rundlauffehler in der Verzahnung klein zu halten. Der Kraftaufwand beim Spannen ist gering, denn der Rollwiderstand ist erheblich geringer als der Gleitwiderstand. Dabei kann der Anpreßdruck des Dornes a so weit gesteigert werden, daß Drehmomente bis zur Belastungsgrenze des Dornes a übertragen werden können. Durch die elastische Dehnung ändert sich der Durchmesser um ungefähr $2\,D/1000$ (worin $D =$ Spanndurchmesser). Die Einmittgenauigkeit kann innerhalb $\pm\,0.005$ mm gehalten werden. Die kleinsten zu spannenden Durchmesser (innen und außen) betragen etwa 10 bis 12 mm.

Aus dem weiten Rahmen des Anwendungsgebietes, das nicht nur jede Art von Rundbearbeitung, sondern jede Art von Bearbeitung und

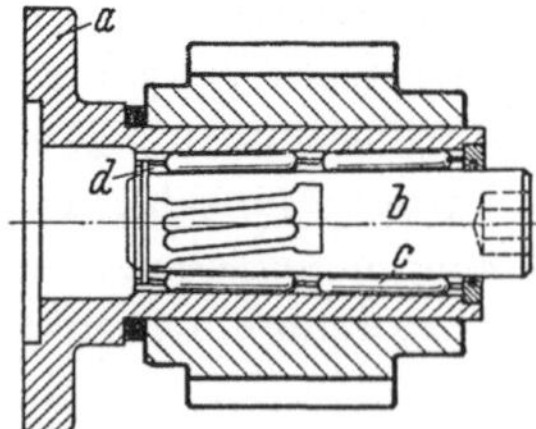

Bild 3.55. Mechanisch spannender Dehndorn für Innenspannung (Bauart: Stieber-Rollkupplung G.m.b.H., München). a Dorn für Werkstückaufnahme, b Spannkegel mit gleicher Kegelverjüngung (1:30 bis 1:50) wie Bohrung des Dornes a, wandert infolge der im Rollkäfig d geschränkt geführten Rollen c bei Rechtsdrehung von b axial nach links, wodurch Dorn a innerhalb seines Spannungsbereiches elastisch verformt und an das Werk angepreßt wird

jede Vorrichtung umfaßt, bei der es auf genaues Mitten ankommt,
bringt Bild 3.56 das Beispiel einer *Außenspannung*. Es handelt sich
hierbei um eine Schleifvorrichtung, auf der die Rastennuten d genau
parallel zur Achse des Werkstückes geschliffen werden sollen. Zu diesem
Zweck wird das Werkstück bei a an einem vorher geschliffenen Außen-
absatz und an der anderen Seite bei b durch einen im Reitstock geführten Innenkegel mit Rollkupplungen gemittet. Eine Bestimmung
in der Längsrichtung ist bei diesem Arbeitsgang nicht erforderlich. Die
Genauigkeit der Einmittung ist durch die doppelte Anwendung der
mechanischen Dehnspannung gewährleistet.

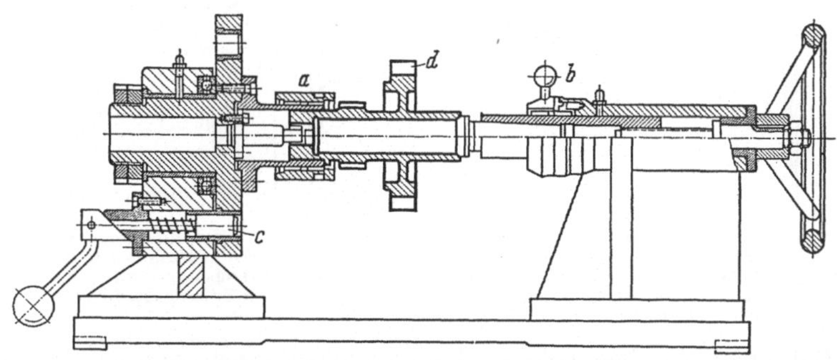

Bild 3.56. Schleifvorrichtung mit zwei Stieber-Außenspannungen. *a* Außenspannung für Werkstück,
b Außenspannung für Reitstockpinole, *c* Teilvorrichtung

b) Emuge-Spanndorne und -futter: Auch die sogenannten *Emuge-
Spannzeuge* der Bauart „Spieth" müssen als mechanisch spannende
Dehndorne und -futter angesehen werden. Ihre Spannelemente sind die
sogenannten Spieth-Spannhülsen. Das sind buchsenartige, innen und
außen mit geringen Durchmesser-Toleranzen gedrehte Körper, die von
innen und außen wechselseitig mit Ausnehmungen versehen sind,
wodurch sie die gewünschte elastische Verformbarkeit und damit die
erforderliche Spannfähigkeit erhalten. Die Grundvorrichtung kann als
Spanndorn für Innen- oder als Spannfutter für Außenspannung ausgebildet werden, und zwar, wie die anderen Dehndorne, als fliegender
oder Spitzen-Spanndorn oder auch als Flansch-Drehdorn und -futter.
Dadurch, daß diese Spieth-Spannhülsen mit einem geringen Spiel
zwischen Werkstück und Spanndorn oder -futter axial unter Spannung
gebracht werden, erfahren sie eine elastische Radialdehnung, so daß der
Außendurchmesser kreisförmig vergrößert und der Innendurchmesser
kreisförmig verkleinert werden. Hierdurch wird das Spiel außen und
innen an den Spannhülsen aufgehoben und so das Werkstück kraft-
schlüssig und mittig zur Drehachse gespannt. Da die Dehnung stets
im elastischen Verformungsbereich liegt, stellt sich das Spiel sofort
wieder her, sobald die axiale Spannung aufgehoben wird.

Mit dieser Art elastischer Dehndorne läßt sich eine hohe Rundlaufgenauigkeit erzielen. Als nutzbarer Spannbereich ist für kleinere Maße

Qualität 7 und für größere 8 vorgesehen. Für gröbere Fertigung gibt
es auch besondere Spieth-Spannhülsen für Toleranzen bis zur Qualität
11. Innen-Spannhülsen können ab 14 mm $\varnothing$, Außen-Spannhülsen ab
6 mm $\varnothing$ benutzt werden. Wer über eine größere Auswahl von verschiedenen Spieth-Spannhülsen verfügt, kann sich die Spannvorrichtung jeweils nach dem Baukastensystem zusammenbauen.

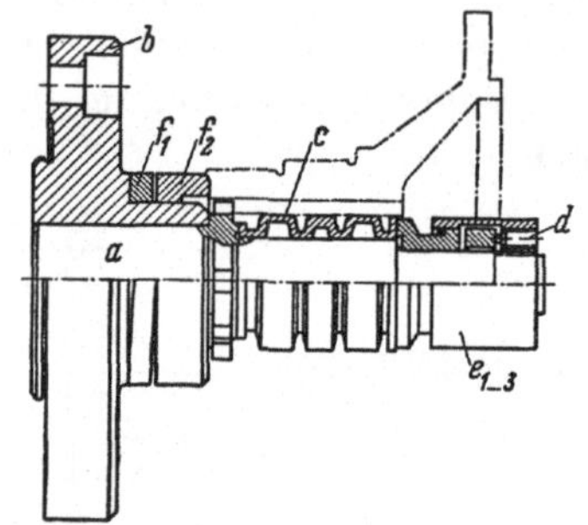 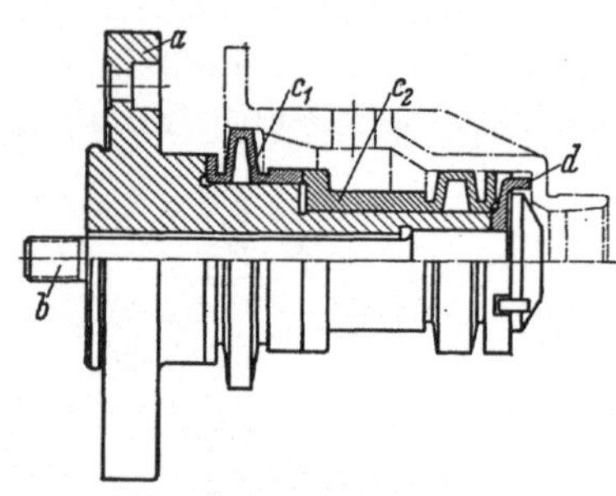

Bild 3.57. Emuge-Spanndorn mit Spieth-Hülse: *a* Spanndorn, *b* aufgeschrumpfter Flansch, *c* zylindrische Spannhülse, *d* Spannschraube, e_1 bis e_3 Kraftübertragungselemente, f_1 und f_2 Kippscheibenpaar

Bild 3.58. Emuge-Differential-Flanschdrehdorn *a* Drehdorn, *b* Spannbolzen, zu verbinden mit Druckluftkolben; c_1 und c_2 Spannhülsen, *d* Zwischenscheibe

Bild 3.57 zeigt einen solchen Spanndorn für *Innenspannung*, auf dem
das Werkstück gleichzeitig durch Anschlag längsbestimmt wird. Entsprechend der mit Vielkeilprofil versehenen Werkstückbohrung besitzt
der Aufnahmedorn *a*, auf dem zwecks Mitnahme ein aufgeschrumpfter
Flansch *b* sitzt, einen mit entsprechendem Vielkeilprofil versehenen
Bund, auf dem das Werkstück geführt wird. Gemittet wird es durch die
zylindrische Spannhülse *c* von dreifacher Normlänge. Durch die
Schraube *d* wird über die Kraftübertragungselemente *e* der Spannvor-
gang eingeleitet. Da in diesem Fall der Flanschabstand von der Naben-
fläche des Werkstückes wegen Tolerierung eingehalten werden soll,
und da angenommen werden muß, daß die Anschlagfläche nicht völlig
schlagfrei zur Bohrung läuft, ist zum Ausgleich der Taumelfehler das
Kippscheibenpaar f_1 und f_2 vorgesehen, so daß eine Verspannung vermieden wird.

In Bild 3.58 ist ein sogenannter *Differential-Flanschdorn* für Schnell-
spannung dargestellt. Es sind eng tolerierte Längenmaße zu der tiefliegenden Schulterfläche am Werkstück einzuhalten. In dem Flansch-
drehdorn *a*, der die Spannhülsen *c* trägt, wird der Spannbolzen *b* geführt. Er wird von einem Druckluftkolben durch die Maschinenspindel
hindurch betätigt. Der längsbestimmende Anschlag an der tiefliegenden
Schulter des Werkstückes erfolgt durch die Zwischenscheibe *d*.

Bild 3.59 zeigt ein handbetätigtes Emuge-Spannfutter für Außenspannung, an dem die Spannhülsen *a* durch Anziehen der Spannmutter
b nach innen und außen gedrückt werden und dadurch das Werkstück *c*
spannen.

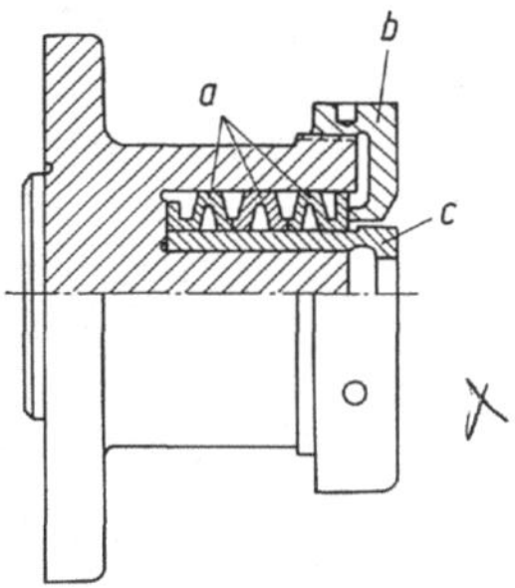

Bild 3.59. Handbetätigtes Emuge-Spannfutter, *a* Spannhülsen,
b Spannmutter, *c* Werkstück

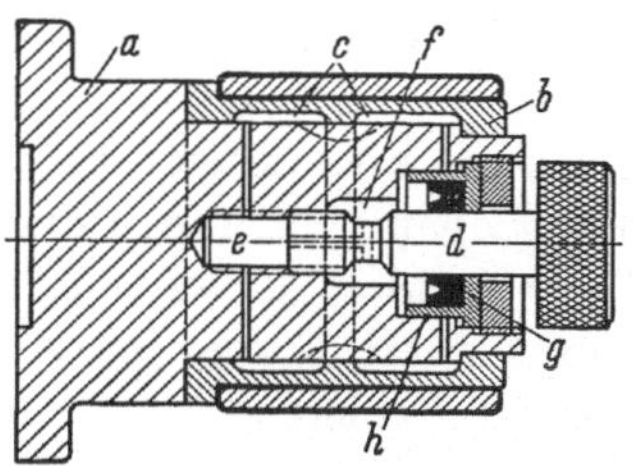

Bild 3.60. Hydraulisch spannender Dehndorn. *a* Dorn-
körper mit aufgezogener Spannhülse *b*, *c* Druckkammern, *d* Druckkolben, *e* Gewindebohrung, *f* Druckraum, *g* Dichtung, *h* Dichtungsraum

3.3.8.6. Hydraulisch spannende Dehndorne und -futter. Sie stellen die Ver-
wirklichung einer Spannvorrichtung für Rundbearbeitung dar, die
höchsten Genauigkeitsansprüchen genügt. Ihre radiale Dehnung wird
hydraulisch erzeugt.

Wie aus dem Beispiel Bild 3.60 zu ersehen ist, besitzt die auf den
Spanndorn *a* aufgepreßte oder -geschrumpfte Spannhülse *b* je nach
ihrer Spannlänge mehrere Druckkammern *c*, zwischen denen sich Lagerstellen befinden, die die Spannhülse *b* auf dem Dorn mitten. Die einzelnen Druckkammern sind miteinander und durch Bohrungen auch mit
dem Druckerzeuger verbunden. Die Hohlräume sind mit einer Druckflüssigkeit gefüllt. Durch Rechtsdrehen des Druckkolbens *d* wird er in
den Druckraum *f* hineinbewegt und die Druckflüssigkeit zusammen-
gepreßt. Bei einem bestimmten Druck werden die Wandungen der Spannhülse gleichmäßig elastisch verformt und gegen das aufgesetzte Werkstück gepreßt. Für das Spannen und Lösen des Werkstückes sind je
nach der Toleranz der Bohrung $1/_2$ bis $1^1/_2$ Umdrehungen des Druckkolbens erforderlich.

Der Spanndruck ist durch Hubbegrenzung des Druckkolbens einstellbar, so daß eine Verformung über die Elastizitätsgrenze hinaus vermieden werden kann. Da die gesamte Spannfläche als Druck- bzw.
Mitnahmefläche genutzt wird, können bereits mit geringen spezifischen
Drücken große Drehmomente übertragen werden. Doch werden die
hydraulischen Spanndorne in der Praxis in erster Linie für Feinstarbei-
ten benutzt. So handelt es sich bei dem gegebenen Beispiel darum,
Buchsen, die innen bereits auf Sollmaß geschliffen worden sind, ausgehend von der fertigen Bohrung außen auf Sollmaß zu schleifen. Für
solche Arbeiten ist die hydraulische Spannvorrichtung ebenso wie die
Stieber-Rollkupplung vorzüglich geeignet, weil die gleichmäßige und
vollkommene Auflage auch bei größeren Toleranzen ein genaues Bestimmen bewirkt. Die sonst in der Praxis bekanntlich kaum zu erfüllende
Forderung an hochbeanspruchten Muttern und mutterähnlichen Werkstücken Gewinde, Außendurchmesser und Planflächen gleichmittig

laufend auszuführen, läßt sich mit einem eigens hierfür gefertigten hydraulischen Dehndorn ohne Schwierigkeiten erfüllen.

Auch das Anwendungsgebiet der hydraulischen Dehndorne und -futter ist sehr umfangreich. Es können Werkstücke mit sehr großen Durchmessern und Längen bis zu mehreren Metern mit mehreren verschieden großen Bohrungen und weit auseinanderliegenden Spannstellen ohne besonders schwierige Bauweise des Dornes bzw. des Futters gespannt werden. Ferner ist es möglich, durch eine entsprechende Anordnung der Druckkammern mehrere Werkstücke mit Toleranzunterschieden in der Bohrung zu spannen. Der Druckerzeuger kann mittig wie auch seitlich angeordnet werden.

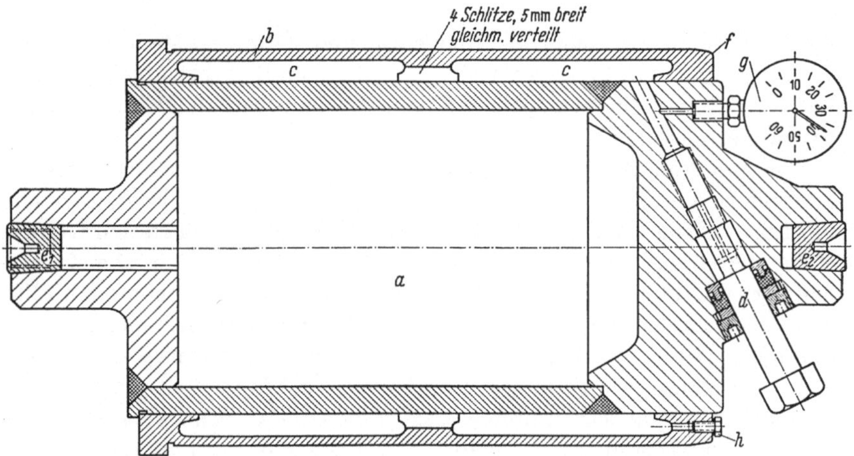

Bild 3.61. Hydraulisch spannender Spitzendrehdorn. *a* Spanndorn mit aufgeschrumpfter Spannbuchse *b*, deren Druckkammern *c* mit einer Druckflüssigkeit gefüllt sind und durch Druckerzeuger *d* unter Druck gesetzt werden; e_1 und e_2 gehärtete Zentrierpfropfen, *f* Anfasung, *g* Manometer, *h* Entlüftungsschraube

Das Bild 3.61 zeigt z. B. einen hydraulischen Spitzenspanndorn für das Außenschleifen von Zylinderbuchsen (Innendurchmesser 200 mm) mit schräg seitlich angeordnetem Druckerzeuger *d*. Bemerkenswert ist die leichte geschweißte Ausführung des eigentlichen Spanndorns *a*, der zur Vermeidung frühzeitiger Abnutzung und damit zusammenhängender Gefährdung des einwandfreien Rundlaufs mit den gehärteten Zentrierungen e_1 und e_2 versehen ist. Die mit den Druckkammern *c* versehene Spannhülse *b* ist zur leichteren Aufbringung der Werkstücke mit der Anfasung *f* versehen. Zur Druckkontrolle ist ein Manometer *g* angebracht. Die Schraube *h* dient zur Entlüftung der Druckkammern beim Einbringen der Druckflüssigkeit.

Bild 3.62 veranschaulicht ein hydraulisches Spannfutter für Außenspannung, das in der gleichen Weise wirkt, wie der in Bild 3.61 gezeigte Dehndorn für Innenspannung.

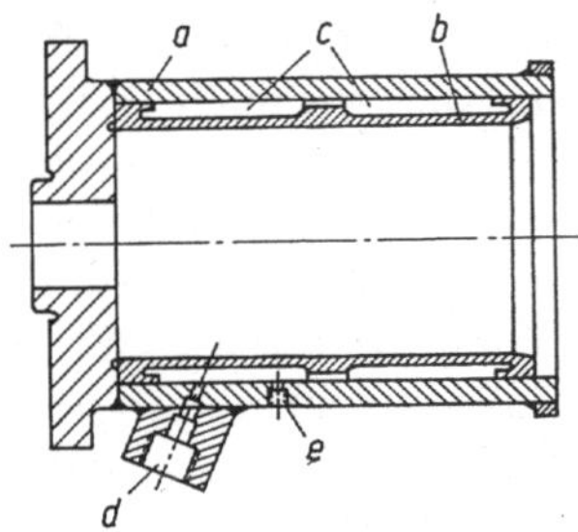

Bild 3.62. Schema eines hydraulischen Dehnfutters. *a* Futterkörper, *b* Spannhülse, deren Druckkammern *c* mit einer Druckflüssigkeit gefüllt sind; *d* Anschluß für Druckerzeuger (s. Bild 3.61.), *e* Anschluß für Manometer

Es ist bemerkenswert, daß mit einer Druckschraube mehrere Durchmesser gleichzeitig gespannt werden [2]. Vor allem zeigt sich die Überlegenheit der hydraulischen Spannung aber in der Aufnahme von Werkstücken, die keine kreisrunde Bohrung besitzen. Es können Werkstücke mit jedem beliebig geformten Profil, wie beispielsweise solche mit dem neuerdings immer mehr angewandten Polygonprofil (*K*-Profil), einwandfrei mittig aufgenommen werden. Der hydraulisch zu spannende Dehndorn ermöglicht also Gestaltungen, die bisher wegen Fertigungsschwierigkeiten nicht ausgeführt werden konnten; er erweitert damit den Kreis der Spannelemente ganz bedeutend. Ganz besondere Vorzüge sind seine außerordentlich leichte, einfache und sichere Bedienbarkeit.

3.3.9. Achsenspannfutter

Achsenspannfutter sind Rundbearbeitungs-Vorrichtungen, mit denen die Werkstücke nicht radial, wie in bisher gezeigten Beispielen, sondern in Achsrichtung gespannt werden.

Die Bilder 3.63 und 3.64 bringen je ein Beispiel, in dem für den Aufbau einer solchen Spannvorrichtung als wesentliches Element ein Dreibackenfutter als Gemeinvorrichtung verwandt wird. Diese Vorrich-

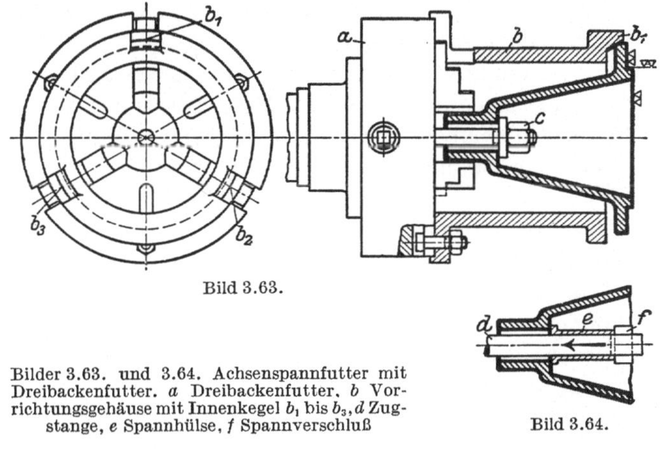

Bild 3.63.

Bilder 3.63. und 3.64. Achsenspannfutter mit Dreibackenfutter. *a* Dreibackenfutter, *b* Vorrichtungsgehäuse mit Innenkegel b_1 bis b_3, *d* Zugstange, *e* Spannhülse, *f* Spannverschluß

Bild 3.64.

tung kann also noch nicht als reines Achsenspannfutter angesehen werden, weil sie auch radial (mittig) spannt. Auf ein gewöhnliches Dreibackenfutter a ist ein topfförmiger Vorrichtungskörper b aufgeschraubt, der drei Durchbrüche für die Stufenbacken hat. Das Werkstück wird am vorderen Ende in einem Innenkegel b_1 bis b_3 (an drei Stellen ausgespart) und am hinteren Ende im Dreibackenfutter gemittet. Axial gespannt wird es zunächst durch eine Mutter c und zuletzt an der Werkstücknabe durch das Futter. An Stelle der Schraube kann natürlich auch ein Druckluftspanner treten. Der Spannverschluß f ist hierbei aus praktischen Gründen wie in Bild 3.64 auszubilden. Da jedoch auch hiermit durch das jedesmalige Einsetzen und Herausnehmen der Spannbuchse e und des Riegels f beim Auf- und Abspannen des Werkstückes noch eine ständige Handarbeit zu leisten ist, ist diese Vorrichtung für eine Massen- oder auch nur Reihenfertigung nicht gerade gut geeignet.

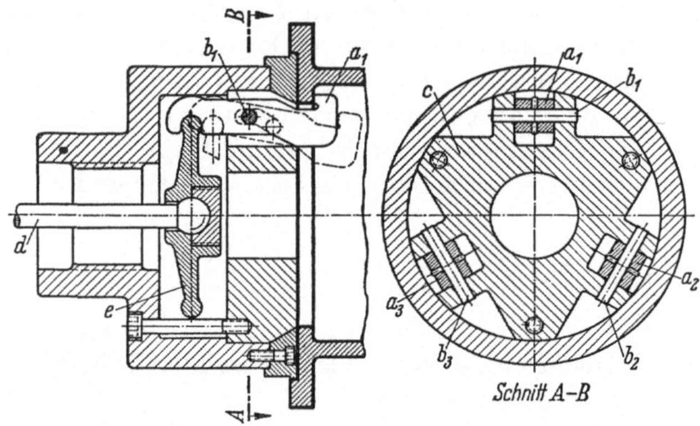

Bild 3.65. Achsenspannfutter für Innenspannung. a_1 bis a_3 Spannpratzen mit Bolzen b_1 bis b_3 fest verbunden, die in Schlitzen des Spannkörpers c geführt werden; d Zugstange durch Druckverteiler e mit Spannpratzen verbunden, bewegt diese in die Endrichtung

Für die Bearbeitung des Werkstückes in dieser Vorrichtung ist es selbstverständlich Voraussetzung, daß seine Nabenbohrung mit Bearbeitungszugabe eingegossen oder vorher vorgebohrt wird.

In Bild 3.65 ist ein Achsenspannfutter für Innen- und in Bild 3.66 ein solches für Außenspannung gezeigt. Drei mittels der Spanneinrichtung der Drehmaschine über die Zugstange d (Bild 3.65) und den Druckverteiler e betätigte Spannpratzen a_1 bis a_3 spannen das Werkstück selbsttätig fest. Es kann dabei mit einer Hand gehalten werden, während die andere Hand das Druckluftventil betätigt. Die Spannpratzen sind mit den in den Schlitzen des Spannkörpers c gelagerten Bolzen b_1 bis b_3 fest verbunden.

In der Vorrichtung Bild 3.66 bewirken die drei unter Federdruck stehenden Druckbolzen b_1 bis b_3 ein Herausschwenken der Spannpratzen a_1 bis a_3 und damit ein Lösen des Werkstückes, wenn die Zugstange c mit dem Druckverteiler d nach rechts geschoben wird.

48

Mit dem in Bild 3.67 wiedergegebenen Achsenspannfutter wird das Werkstück nicht wie sonst üblich gegen einen mittenden Ansatz gespannt, sondern gegen einen Anlagering h, der eine etwas größere Bohrung haben muß als das auszuschleifende Werkstück. Dieses wird in diesem Falle nach seiner Bohrung ausgerichtet, da weder Außen-

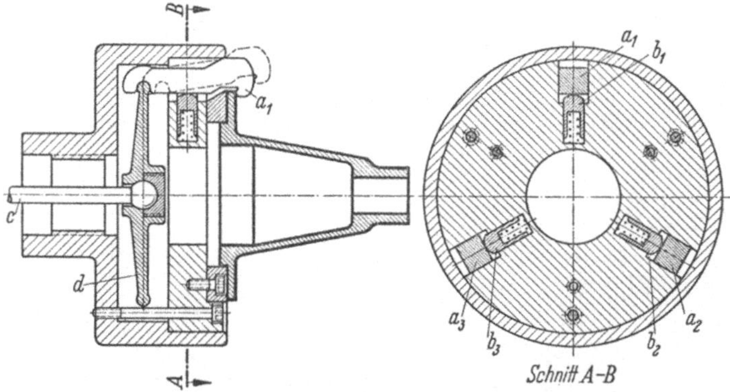

Bild 3.66. Achsenspannfutter für Außenspannung. a_1 bis a_3 Spannpratzen, werden durch die unter Druck der Federn stehenden Druckbolzen b_1 bis b_3 nach außen gedrückt; c Zugstange durch Druckverteiler d mit den Pratzen verbunden, bewegt diese in die Endlagen

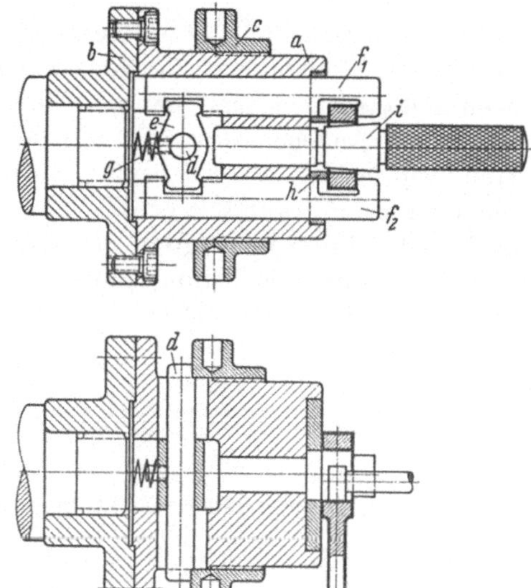

Bild 3.67. Achsenspannfutter zum Schleifen. a Vorrichtungskörper, mit Spindelschleppscheibe b fest verbunden; c Spannmutter auf a aufgeschraubt; d Druckbolzen, durch c bewegt; e Spannhebel, auf d schwenkbar; f_1 und f_2 Spannfinger, durch e achsrecht bewegt; g Druckfeder, drückt d, e und f zurück; h Anlagering, i Einmittdorn, wird nach dem Aufspannen entfernt

noch Innendurchmesser genau genug vorgearbeitet sind. Das geschieht dadurch, daß vor dem Festspannen ein mittender Kegeldorn i in Werkstück und Vorrichtungskörper so weit eingeführt wird, bis der Kegel im Werkstück Widerstand findet. Nach dem Festspannen wird der Dorn wieder entfernt. Das Festspannen geht wie folgt vor sich: Beim Anziehen nimmt Spannmutter c beim Anliegen an Druckbolzen d diesen und den an ihm angelenkten Spannhebel e mit. Dieser in entsprechende Aussparungen der im Vorrichtungskörper a geführten Spannfinger f_1 und f_2 eingreifende Hebel zieht dabei die beiden Spannfinger mit gegen das Werkstück und spannt es achsrecht. Beim Zurückdrehen der Spannmutter drückt die Druckfeder g Hebel mit Druckbolzen und Spannfinger zurück in die Ausgangsstellung.

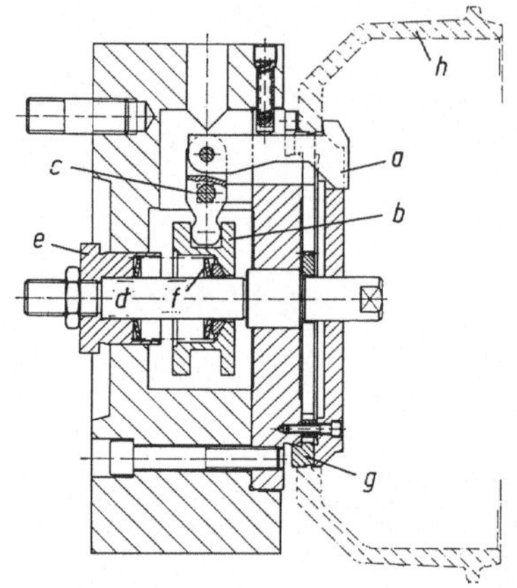

Bild 3.68. Achsenspannfutter zum Innenspannen in Verbindung mit einem radial spannenden Flachkörper. a drei Spannpratzen mit angelenkten, in Kulissenstein b eingelassenen Hebeln c; d Druckstange mit aufgeschraubter Spannbuchse e; f vorgespannte Tellerfeder, g Flachdornkörper, h Werkstück

Bild 3.68 veranschaulicht ein Achsenspannfutter zum Innenspannen in Verbindung mit einem Flachdornkörper (s. Bild 3.48) zum Innenmitten und gleichzeitigem Spannen. Um in dem hier gezeigten Beispiel ein sicheres Anliegen des unhandlichen Werkstückes h zu gewährleisten, wurde hier zusätzlich zum Spannkörper g, der hier in erster Linie eine Einmittaufgabe erfüllt, eine Achsenspanneinrichtung geschaffen, die durch Betätigung der Kraftspanneinrichtung der Drehmaschine über die Druckstange d, den Kulissenstein b mit den in diesen eingelassenen Hebeln c die drei an diesen angelenkten Pratzen a anzieht und damit das Werkstück achsrecht spannt. Dabei drückt die Schulter der Druckstange d den Flachkörper g kegelig, so daß er das Werkstück mittet und noch zusätzlich radial spannt.

3.3.10. Schwenkbare Spannvorrichtungen für Einzelrundbearbeitung

Derartige Vorrichtungen sind oft recht schwierig zu konstruieren, da man in jeder der einzelnen Arbeitsstellungen weit hervorstehende Teile unbedingt vermeiden muß. Die Bedienung muß auch einfach sein. Nachfolgend sind einige Konstruktionen gezeigt, die den gestellten Bedingungen mehr oder weniger gut genügen.

3.3.10.1. Schwenkbare Rundbearbeitung—Vorrichtung für Handbetätigung.

Bild 3.69 zeigt eine solche Vorrichtung. Bemerkenswert ist an der Spannvorrichtung selbst die eigenartige Mittung des Werkstückes und

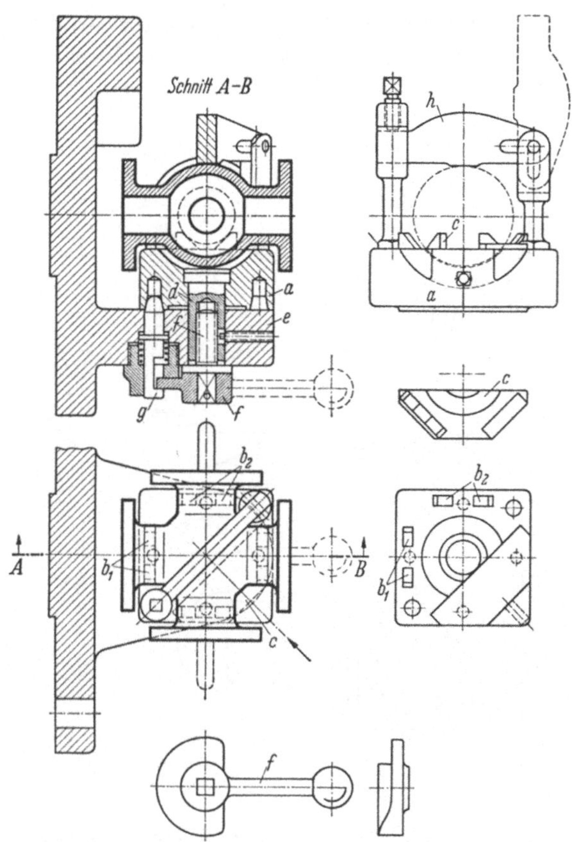

Bild 3.69. Schwenkbare Rundbearbeitung-Spannvorrichtung für Handbetätigung. *a* schwenkbarer Aufnahmekörper trägt als Stütz- und Einmittmittel die beiden prismatischen Knaggen b_1 und b_2 und die Wippe *c*, die zusammen eine Dreipunktauflage ergeben; *d* Spannbolzen, verbindet *a* mit Vorrichtungskörper *e*; *f* Griffschraube mit Kurvenflansch, dient zum festen Verspannen von *a* mit *e* und zum Bewegen des Feststellbolzens *g*; *h* Spannbügel

die Unterstützung an drei Punkten, von denen einer durch Wippe zerlegt ist, so daß das Werkstück tatsächlich auf vier Punkten (drei Prismen und eine gewöhnliche Stütze) gleichmäßig aufliegt. Das Lösen des Schwenkkörpers und Herausziehen des Feststellers, um zu schwenken, das Wiederfeststellen und Festspannen des Schwenkkörpers auf dem Unterteil nach erfolgter Umschaltung, geschieht in einem Zuge und kann daher als sehr einfach bezeichnet werden. Nicht schön ist bei der Vorrichtung der hervorstehende Handhebel, der eine Unfallgefahr ist. Wird er beseitigt, so ist der Arbeiter gezwungen, jedesmal einen Schlüssel zur Hand zunehmen.

3.3.10.2. Schwenkbare Rundbearbeitung — Vorrichtung für Druckluftbetätigung. Bei dieser in Bild 3.70 wiedergegebenen Vorrichtung fällt der oben erwähnte Übelstand fort. Außergewöhnlich ist hierbei die

Feststelleinrichtung durch ein Druckstück, das auf gerade Flächen des Drehzapfens wirkt und dadurch nicht nur eine bestimmte Drehstellung sichert, sondern auch Oberteil mit Unterteil festspannt.

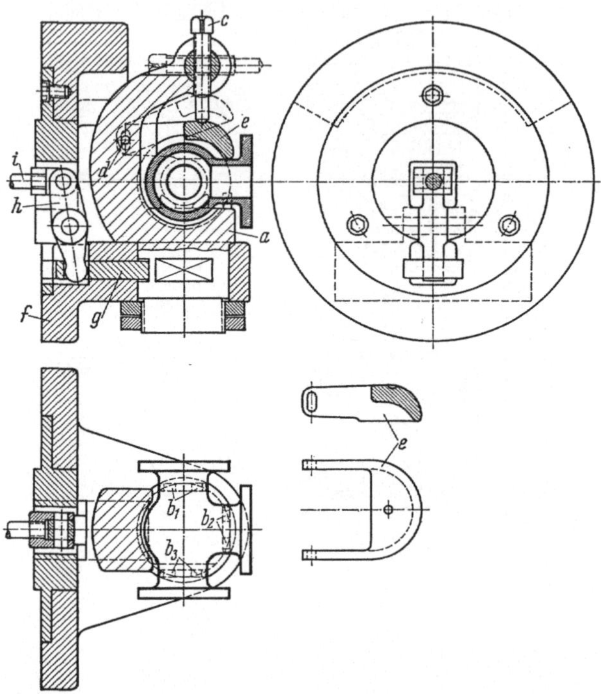

Bild 3.70. Schwenkbare Rundbearbeitung-Spannvorrichtung mit Druckluftfeststellung. *a* schwenkbarer Aufnahmekörper trägt zum Stützen und Einmitten die drei prismatischen Knaggen b_1 bis b_3 (Dreipunktauflage), die schwenkbare Spannschraube *c* und den bei *d* angelenkten Dreipunktverteiler *e*; *f* Vorrichtungskörper, trägt den Spannschieber *g*, der durch Hebel *h* und Zugstange *i* bewegt wird und *a* mit *f* in bestimmten Stellungen festspannt

3.3.10.3. Ergänzungsteil (Bild 3.71.) für ein anderes Werkstück für die schwenkbare Rundbearbeitung — Vorrichtung Bild 3.70.

Mit demselben Unterteil wie in Bild 3.70 kann auch der für ein anderes Werkstück entworfene obere Teil Bild 3.71 verbunden werden, womit gezeigt wird, daß bei nicht genügenden Stückzahlen das Unterteil für mehrere Werkstücke gleicher oder ähnlicher Art und Größe verwendet werden kann.

3.3.10.4. Schwenkbare Rundbearbeitung — Vorrichtung für Ventilgehäuse.

Bild 3.72 zeigt eine solche Vorrichtung in geschweißter Ausführung, die so einfach wie möglich konstruiert, aber doch zweckentsprechend ist. Der an der Planscheibe der Revolverdrehmaschine zu mittende und zu befestigende Vorrichtungskörper *a* trägt den um einen Zapfen schwenkbaren Aufnahmeteil *b*. Das Werkstück wird bei hochgeklappten Spannbügeln *g* und *h* in die an den Aufnahmekörper angeschweißten Prismenstücke *d* und *e* und auf die in einem ebenfalls auf den Aufnahmekörper

52

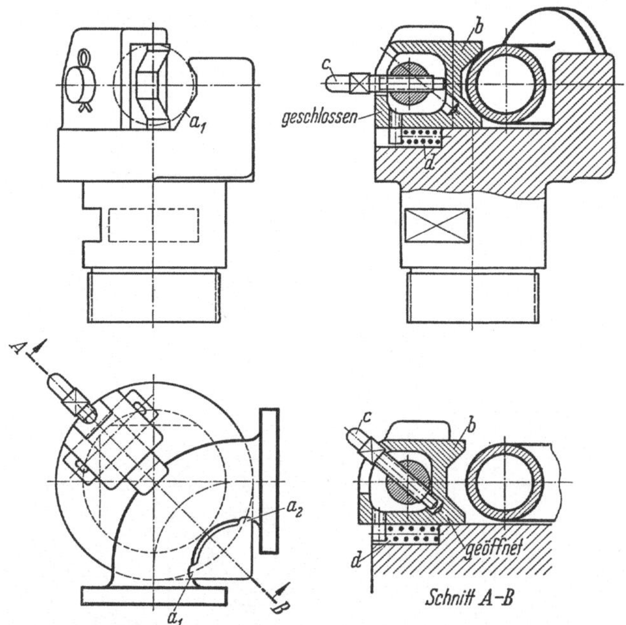

Bild 3.71. Ergänzungsteil zur Vorrichtung Bild 3.70. a_1 und a_2 prismatische Knaggen unterstützen das Werkstück (Zweipunktauflage) und mitten es mit Hilfe des prismatischen Druckstücks b; c schwenkbare Spannschraube, bewegt in waagerechter Lage das Druckstück vor und gibt es in schräger Lage frei, so daß es durch Feder d zurückbewegt werden kann

geschweißten Klotz f_1 eingesetzte Wippe f gelegt (Dreipunktauflage) und so gestützt und gemittet. Sodann wird das Werkstück mit den an den Augbolzen i und k angelenkten Spannbügeln g und h durch die an den Gelenkbolzen n und o angelenkten Augspannschrauben l und m festgespannt. Zum Schwenken in die vier verschiedenen Arbeitslagen muß jeweils der Drehzapfen c gelöst und nach Einrasten des ebenso wie der Spannbolzen einfach gehaltenen Feststellers p in eines der im Aufnahmekörper dafür vorgesehenen, mit gehärteten Führungsbuchsen versehenen Stellungslöcher q_1 bis q_4 wieder festgespannt werden. Für das unbedingt notwendige Auswuchten dieser Vorrichtung ist auf den Vorrichtungskörper das Ausgleichgewicht r geschweißt. An entsprechend der jeweiligen Lage angeschweißten Klötzen sind die gehärteten Meßplättchen t_1 bis t_4 hart aufgelötet, nach denen jeweils der Drehmeißel einzustellen ist.

3.3.11. Rundbearbeitung — Spannvorrichtungen für besonders typische Werkstücke

3.3.11.1. Körnermitnehmerscheibe für die Bearbeitung scheibenartiger Werkstücke. Glatte Scheiben ohne jeden Durchbruch, die entweder nur außen oder teilweise auch seitlich bearbeitet werden sollen, spannt

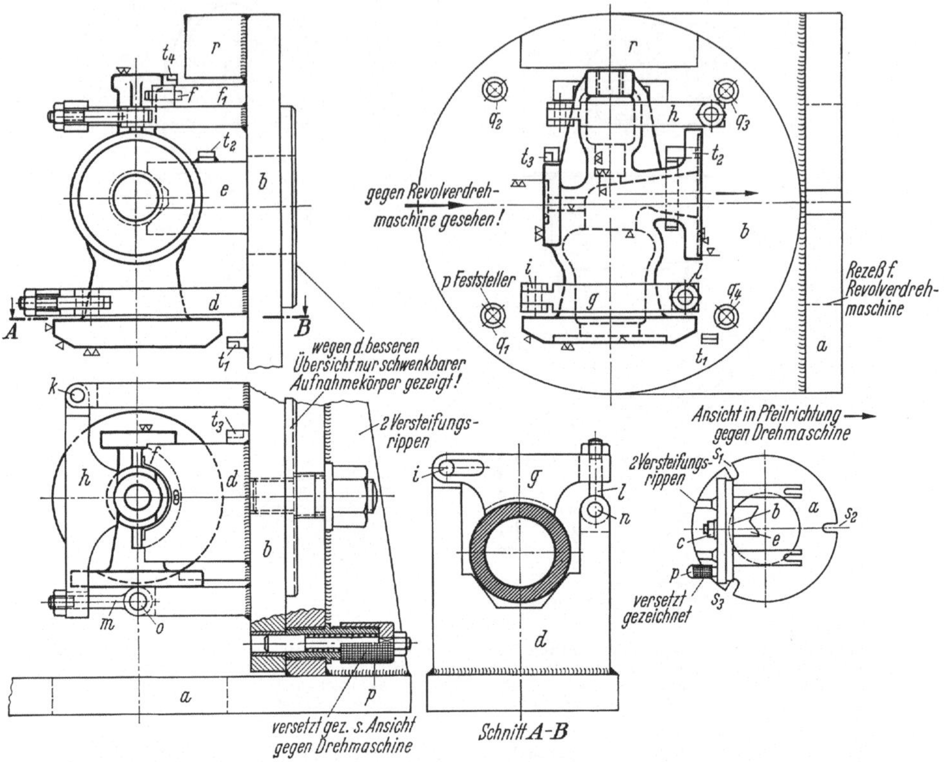

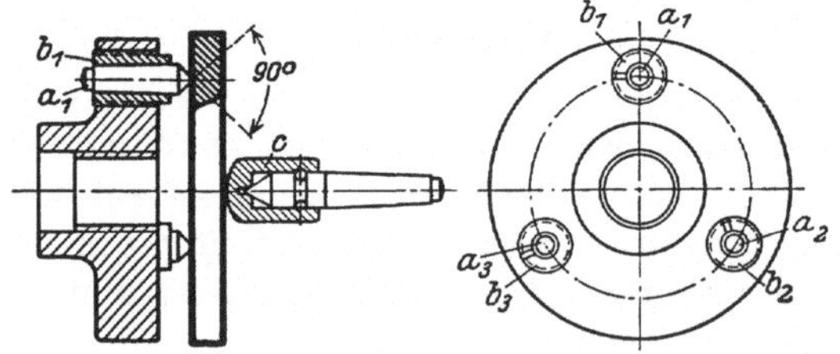

Bild 3.72. Schwenkbare Rundbearbeitung-Spannvorrichtung. a Vorrichtungskörper, b um Zapfen schwenkbarer Aufnahmekörper, Prismenstücke d und e sowie Wippe f stützen, mitten und bestimmen Werkstück. g und h an Bolzen i und k angelenkte Spannbügel, l und m Augspannschrauben, um Gelenkbolzen n und o schwenkbar, p Feststeller, q_1 bis q_4 gehärtete Justierbuchsen, r Ausgleichgewicht, s_1 bis s_3 Spannschlitze, t_1 bis t_4 Maßklötzchen zum Einstellen der Drehmeißel

Bild 3.73. Körnermitnehmerscheibe. a_1 bis a_3 Körnerspitzen mit Kegelschaft, durch die geschlitzten Gewindebuchsen b_1 bis b_3 mit dem Futterkörper a verbunden; c umlaufendes Druckstück

man wie in Bild 3.73 gegen drei im Dreieck angeordnete Zentrierspitzen von 90° a_1 bis a_3 durch ein umlaufendes, in der Reitstockpinole befestigtes Druckstück c.

Die für das Mitten erforderlichen Körner werden durch eine besondere Ankörnvorrichtung angebracht. Die Zentrierspitzen sind in den Gewindebuchsen b_1 bis b_3 verstellbar und können daher nach dem Nachschleifen neu eingestellt werden.

3.3.11.2. Spannvorrichtungen für das Verzahnen von Rädern. Für das Verzahnen im Abwälzverfahren, das bekanntlich bei drehender Bewegung des Werkstückes an Abwälzfräs- oder Stoßmaschinen vor sich geht, wenn auch mit viel geringerer Umfangsgeschwindigkeit als bei allen anderen Werkzeugmaschinen, bedarf es ebenfalls wie bei jeder anderen Art Rundbearbeitung gewisser Hilfseinrichtungen zum genauen Mitten, zum sicheren Spannen und zum Mitnehmen des Werkstückes auf der Maschine.

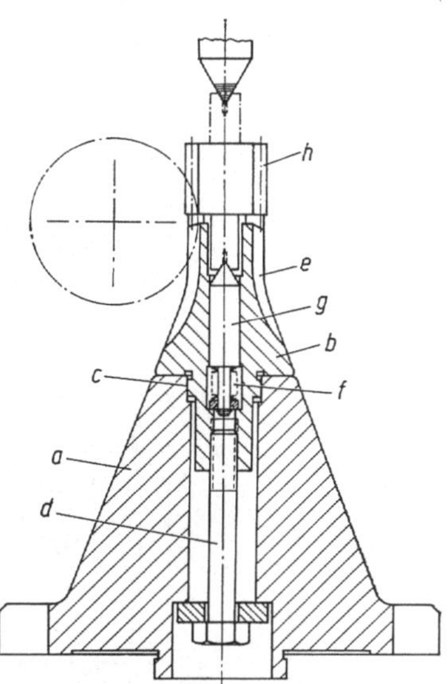

Bild 3.74. Spannvorrichtung zum Verzahnen von Ritzeln. *a* Untersatz, *b* Aufsatz, durch Ansatz *c* in *a* gemittet und durch Spannschraube *d* mit *a* fest verbunden; *e* Verzahnung an *b*, *f* Druckfeder für federnde Spitze *g*, *h* Werkstück

In Bild 3.74 nimmt die Spannvorrichtung ein Ritzel mit beiderseitigen Lagerzapfen zum Verzahnen auf. Der auf dem Vorrichtungs-Untersatz *a* sitzende Aufsatz *b* ist in diesem durch Rezeß *c* gemittet. Durch die Spannschraube *d* sind beide Teile fest miteinander verbunden. Da der Fußkreisdurchmesser der Ritzelverzahnung nicht viel größer ist als der Lagerzapfen-Durchmesser des Ritzels, bleibt nur wenig Platz zum Unterstützen. Deshalb ist der Aufsatz von vornherein mit einer der Ritzelverzahnung entsprechenden Verzahnung *e* versehen, deren Zähne an ihrem oberen Ende als Schneiden ausgebildet sind, die das Werkstück stützen und mitnehmen. Das Einmitten erfolgt durch die unter Druck der Feder *f* federnde Spitze *g*. Die Spannkraft wird durch das Gegenhalten der Maschine über die Zentrierspitze aufgebracht.

Bild 3.75 stellt einen mechanisch-hydraulisch betätigten Spanndorn zur Aufnahme zweier schwerer Geradzahnräder dar, die in ihrer Bohrung mit einer *Evolventen-Keilverzahnung* versehen sind. Das Spannen erfolgt hier mechanisch durch die vorgespannten Tellerfedern *a*, nachdem der Hydraulikkolben *b* bei Beaufschlagung von unten über die auf ihm angebrachte Spannscheibe *c* und den in diese eingeschraubte

in der Bohrung des entsprechend den Zahnradbohrungen außen mit
Evolventen-Keilverzahnung versehenen Aufnahmedorns d geführte
Spindel e die zum Abnehmen geschlitzte Spannkappe k zum Aufspannen der Zahnräder hochgehoben hat. In der gleichen Weise wird nach
dem Verzahnen hydraulisch entspannt (gegen den Federdruck), so daß
nach Abnahme der Spannkappe die Zahnräder abgenommen werden
können.

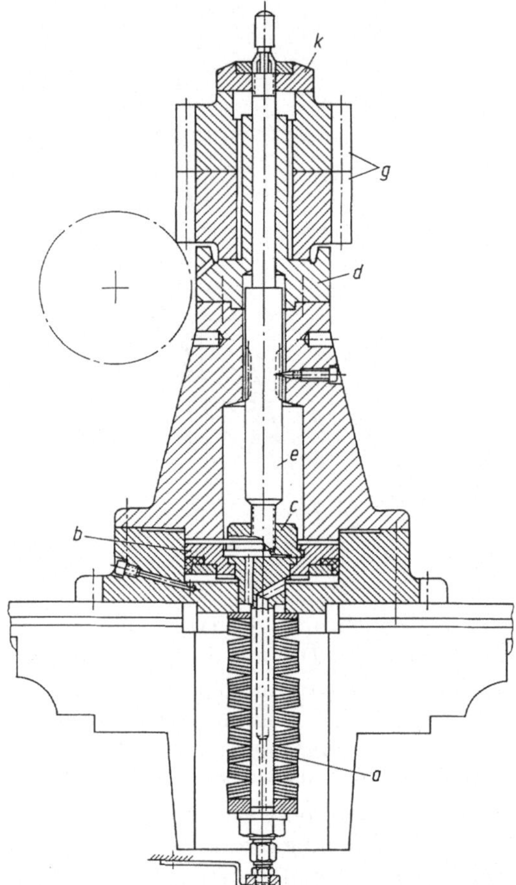

Bild 3.75. Mechanisch-hydraulisch
betätigter Spanndorn für Zahnräder (System Pfauter) a Vorgespannte Tellerfedern, b Hydraulikkolben, c Spannscheibe, d Aufnahmedorn, e Spindel, f Spannkappe,
g Werkstücke

Das Beispiel Bild 3.76 stellt eine Rundbearbeitung-Spannvorrichtung zum Aufspannen und Mitten großer, schwerer Zahnräder auf einer
Abwälzfräsmaschine dar. Der Vorrichtungsgrundkörper a ist hier auf
dem Oberteil einer hydraulischen Universal-Spannvorrichtung b gemittet und befestigt. Dieser Grundkörper trägt eine je nach Zahnradgröße austauschbare Spannplatte c, die sehr steif sein muß. Diese muß
bis möglichst nahe an die Verzahnung heranreichen, damit der Rad-

körper hier unterstützt wird, Falls z.B. nur an der Radnabe gespannt wird, würde der Radkörper ohne Zweifel durchfedern und sich dadurch eine schlechte Zahnflanken-Oberfläche ergeben. Auf dem Grundkörper ist ein Einmittkörper d mittig befestigt, auf dem wiederum eine je nach Bohrungsgröße des Werkstückes bemessene Führungsbuchse e mittig sitzt, mit der das Werkstück mit etwas Spiel vorgemittet wird. Vor dem Festspannen muß, zumindest bei Genauigkeitsverzahnungen, das Rad durch Abfahren mit einer Meßuhr an den Kontrollkanten k gemittet werden. Gespannt wird hydraulisch über die Kolbenstange f und die mit dieser durch Gewindemuffe g verbundene Zugstange h über die abnehmbare Bajonettmutter i und die ebenfalls nahe an der Verzahnung spannende Spannhaube l.

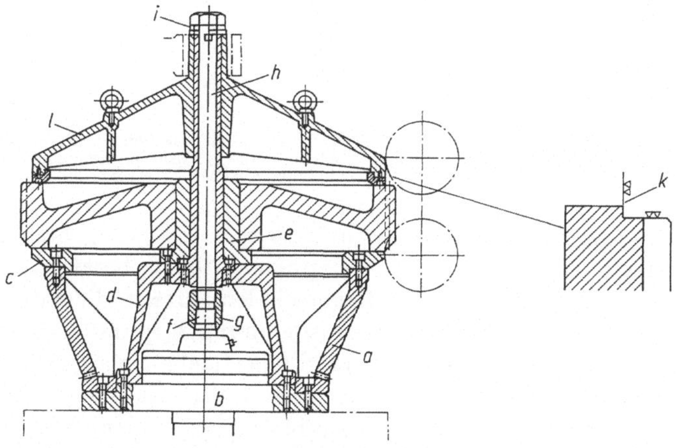

Bild 3.76. Rundbearbeitung-Spannvorrichtung für große, schwere Zahnräder. a Vorrichtungsgrundkörper, b hydraulische Universal-Spannvorrichtung, c Spannplatte, d Einmittkörper, e Führungsbuchse, f Kolbenstange, g Gewindemuffe, h Zugstange, i Bajonettmutter, k Kontrollkanten, l Spannhaube

3.3.11.3. Spannvorrichtung zum Drehen zweiteiliger Lagerschalen.

Bei zweiteiligen Lagerschalen muß die Teilfuge genau in Achsenebene liegen. Deshalb ist es nicht ganz einfach, sie gemeinsam zu bearbeiten. Man versucht zwar je nach den Gepflogenheiten des einzelnen Betriebes mit bestimmten Hilfsmitteln und durch besondere, langwierige Ausrichtmethoden diese Forderung mehr oder weniger gut zu erfüllen. Zur Erzielung einer besseren Genauigkeit wird es vielfach noch vorgezogen, die Lagerschalenhälften einzeln auf besonders hierfür konstruierten Vorrichtungen zu bearbeiten ([9], Abschn. M.).

Das Bild 3.77 zeigt nun eine in der Praxis bewährte Vorrichtung, mit der zwei Lagerschalenhälften gemeinsam bearbeitet werden können. Sie hat einen Spannbereich von 100 bis 180 mm Durchmesser. Durch den Vorrichtungsflansch a ist sie für jede normale Drehmaschine geeignet. An der Vorder- und an der Rückseite ihres Kopfes b sind je zwei

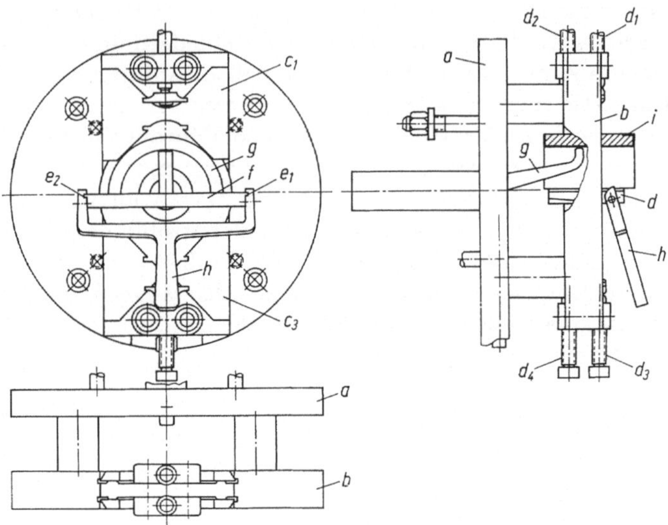

Bild 3.77. Spannvorrichtung zum Drehen zweiteiliger Lagerschalen. *a* Vorrichtungsflansch, *b* Vorrichtungskopf, c_1 bis c_4 Spannbacken, d_1 bis d_4 Spindeln, e_1 und e_2 Ausnehmungen am Vorrichtungskopf *b*, *f* Ausrichtplatte, *g* Klemmhebel, *h* Hebel, *i* Werkstück

sich radial gegenüberliegende Spannbacken c_1 bis c_4 angebracht. Jede Spannbacke wird durch ihre eigene Spindel d_1 bis d_4 betätigt.

Vor dem Einlegen der ersten Lagerschalenhälfte in die Vorrichtung wird in Achsrichtung in die zwei Ausnehmungen e_1 und e_2 des Kopfes eine Ausrichtplatte *f* eingesetzt, deren Oberfläche genau in der Drehachsenebene liegt. Dann wird zunächst eine Schalenhälfte auf die Platte gesetzt und durch die beiden Spannbacken c_1 und c_2 festgespannt. Nach dem Schwenken der Vorrichtung um 180° wird die Schalenhälfte durch einen in der hohlen Drehmaschinenspindel versenkbaren Klemmhebel *g* von innen her mit einer am Vorrichtungsflansch sitzenden Druckschraube gegen die Spannbacken gedrückt und in ihrer Lage festgehalten. Sodann wird die Ausrichtplatte mittels des daran angelenkten Hebels *h* gelöst und herausgenommen. Dann wird die zweite Schalenhälfte auf die erste vom Hebel *g* festgehaltene aufgesetzt und mit den Spannbacken c_3 und c_4 festgespannt. Nach dem Lösen und Zurückschwenken dieses Hebels können die Schalenhälften gemeinsam innen ausgedreht werden.

Um Verspannungen zu vermeiden, sollte zum Anziehen der Spannbacken ein Drehmomentschlüssel benutzt werden.

3.3.11.4. Drehvorrichtung mit Spannbrücke für Stehlager (Bild 3.78). Das Lager wird nach der Aufnahme auf den Vorrichtungskörper *a* durch einen um Bolzen *b* schwenkbaren, mit den zwei prismaartig wirkenden Spannwülsten c_1 und c_2 versehenen Spannbügel *c* nach Einschwenken des um Gelenkbolzen *d* drehbar angeordneten Spannklobens

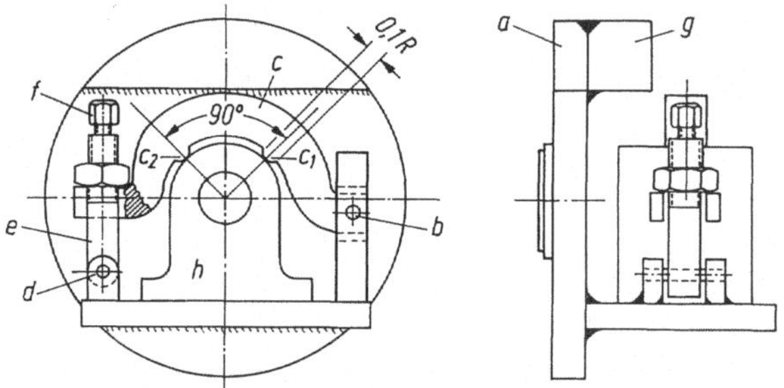

Bild 3.78. Drehvorrichtung für Stehlager. a Vorrichtungskörper, b Bolzen, c Spannbügel mit Spannwülsten c_1 und c_2; d Gelenkbolzen, e Spannkloben, f Spannschraube, g Ausgleichgewicht, h Werkstück

e durch Anziehen der Spannschraube f gespannt. Zwecks Ausgleichs der Unwucht ist ein entsprechendes Gewicht g an den Flansch der Vorrichtung geschweißt.

3.3.11.5. Spanndorn für Motorradzylinder.

Kleine Reihen von Motorradzylindern lassen sich auf einer üblichen, hochtourigen Spitzen-Drehmaschine mit dem sehr einfachen Spanndorn a (Bild 3.79) noch wirtschaftlich vorbearbeiten. Der Drehmeißel m arbeitet links vom Werkstück und braucht deshalb beim Werkstückwechsel nicht ausgefahren zu werden. Die Abstandstoleranz zwischen Oberkante Auspuffkanal k und unterem Zylinderflansch wird durch den Anschlag n des Dornes am inneren Kanaleintritt erreicht. Gemittet wird der Spanndorn an der vorgegossenen Zylinderbohrung mit der auf ihm sitzenden unter Druck der Feder c stehenden Kegelhülse b, und gespannt wird durch die mitlaufende Reitstockpinole p.

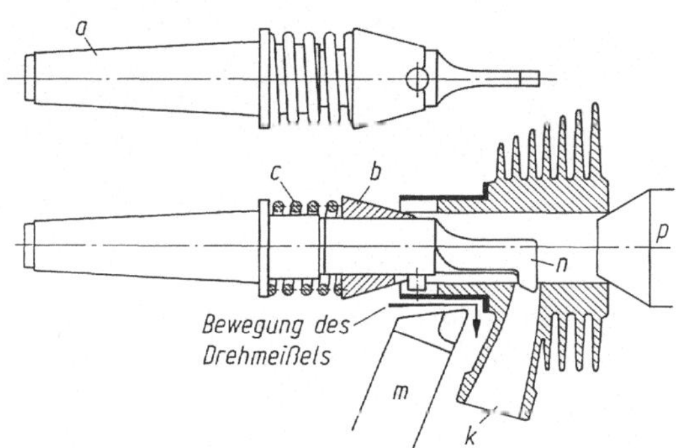

Bild 3.79. Spanndorn für Motorradzylinder. a Spanndorn, b Kegelhülse, c Druckfeder, k Auspuffkanal am Werkstück; m Drehmeißel, n Anschlag

3.3.12. Spannvorrichtungen für Reihenrundbearbeitung

Solche Vorrichtungen werden vornehmlich für Fräsarbeiten eingesetzt, weil hierbei die Umlaufzeiten verhältnismäßig gering sind, so daß die einzelnen Spanneinheiten beim Umlaufen im Betrieb beladen werden können und die sonst dafür benötigten Nebenzeiten gänzlich fortfallen. Die dafür erforderliche mehr oder minder große Zahl von

Spanneinheiten verteuert aber diese Arbeitsweise so sehr, daß sie nur für große Stückzahlen in Betracht kommt. Dann aber kann sie sehr vorteilhaft sein.

Bild 3.80 zeigt eine derartige Vorrichtung, mit der wirtschaftlich gearbeitet werden kann. Die dargestellte Vorrichtung ist zum Einfräsen der Schlitze in Ankerbolzen eingerichtet. Sie ist für 20 Werkstücke gebaut und kann ohne Stillstand der Maschine an der dem Fräser gegenüberliegenden Seite bei stetigem Fräsen nach Abspannen der gefrästen Ankerbolzen laufend mit neuen beladen werden. Zu diesem Zweck wird die Vorrichtung auf einer Fräsmaschine mit Rundtisch mittig aufgespannt, damit die Schlitze gleiche Tiefe erhalten. Hierfür ist in dem Grundkörper a ein gehärteter Einmittzapfen b eingesetzt.

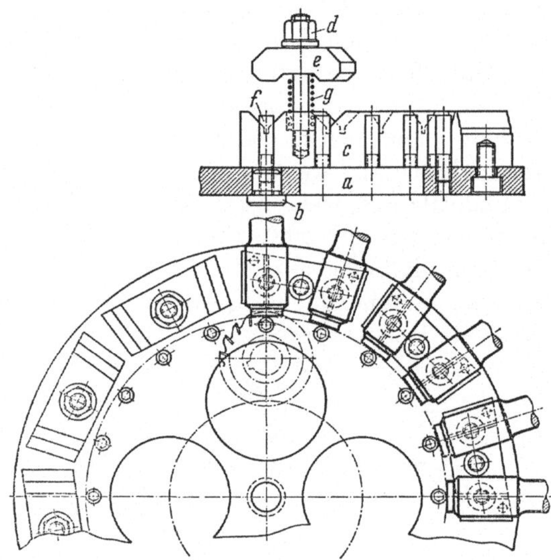

Bild 3.80. Spannvorrichtung für Reihenrundbearbeitung. a Vorrichtungskörper, b Einmittzapfen, c Prismenstücke, d Spannschrauben, e Spanneisen, f Anschlagstifte, g Federn

Bild 3.81 zeigt eine solche Spannvorrichtung für das Fräsen der Maulöffnungen an Stangengabeln. Diese kommen meist in größeren Stückzahlen vor, so daß sich hierfür die Verwendung einer Spannvorrichtung für Reihenrundbearbeitung lohnt. Die Spanneinheiten müssen hierbei beim Aufspannen auf dem Rundtisch der Fräsmaschine mit ihrer inneren Ausdrehung h an einer auf dem Rundtisch befestigten Einmittscheibe i angesetzt werden. Diese Scheibe muß die entsprechenden Ausnehmungen für das Einsetzen der Spanneinheiten haben.

Die Bedienung ist außerordentlich einfach. Das Werkstück wird auf den Spann- und Einmittzapfen a gesetzt und durch Drehen an dem Vierkant e mittels Steckschlüssel durch die Abflachung d_1 und d_2 der Kröpfwelle b und die Zwischenstücke f_1 und f_2 mit den Bolzen c_1 und c_2,

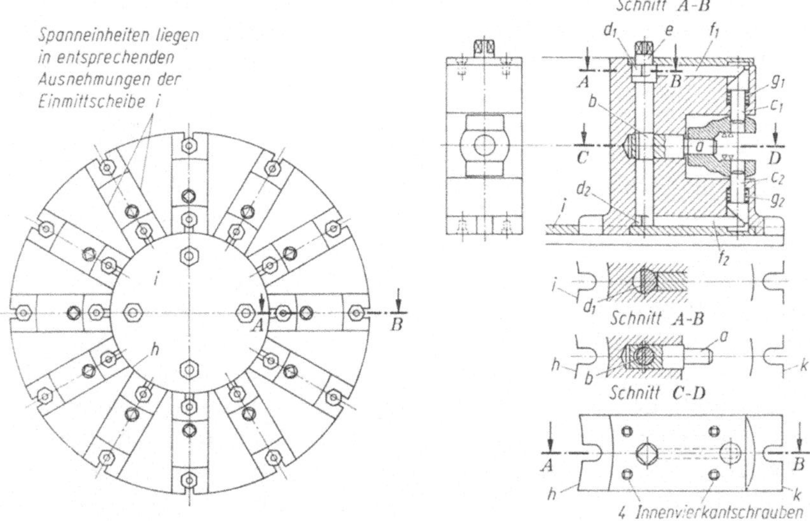

Bild 3.81. Spannvorrichtung für Reihenrundbearbeitung von Stangengabeln. a Spann- und Einmittzapfen wird durch Kröpfwelle b bewegt; c_1 und c_2 richtungsbestimmende Aufnahmezapfen, werden durch die Abflachungen d_1 und d_2 der Welle und die Zwischenstücke f_1 und f_2 bewegt; Federn g_1 und g_2 drücken Aufnahmezapfen beim Entspannen zurück; h Innendurchmesser, i Einmittscheibe auf Drehtisch

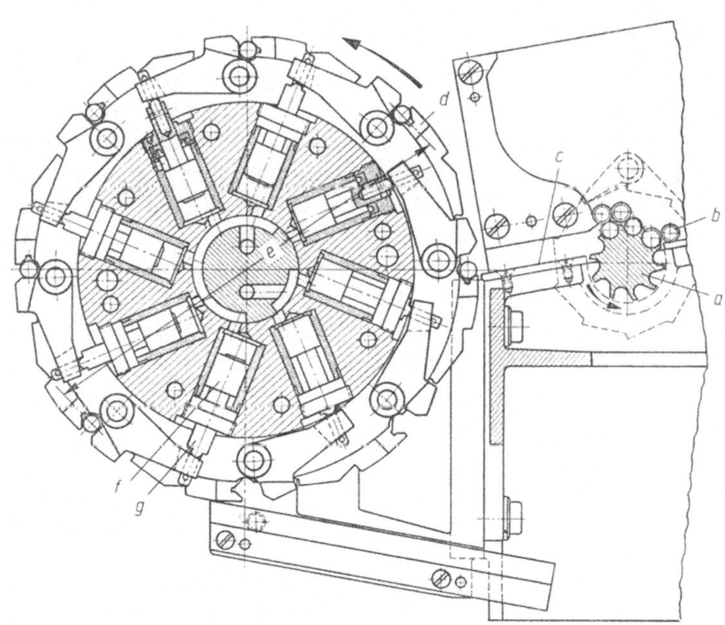

Bild 3.82. Hydraulisch betätigte umlaufende Spanntrommel mit Einlegevorrichtung. a Förderritzel, b Werkstück (Achse), c geneigtliegende Einlegeschiene, d Spannbacken, e Teilkreisdurchmesser der gespannten Werkstücke, f Hydraulikzylinder, g Druckabsätze der Hydraulikkolben

die dabei durch die Keilwirkung vorgeschoben werden, richtungbe-
stimmt und durch den Bolzen a festgespannt. Durch weiteres Drehen
der Welle b wird sie durch deren Kröpfung vorgedrückt. Bei entgegen-
gesetztem Drehen am Vierkant wird die Spannung an der Gabel wieder
aufgehoben. Dabei drücken die Federn g_1 und g_2 die Bolzen c_1 und c_2
so weit zurück, daß das Werkstück herausgenommen werden kann.

Das Bild 3.82 zeigt eine hydraulisch betätigte umlaufende Spanntrommel mit Einlegevorrichtung für eine vollautomatische Sonder-
fräsmaschine für Fräsarbeiten an kleineren Achsen.

Das Förderritzel a der Einlegevorrichtung gibt im Arbeitstakt jeweils ein Werkstück b frei, das auf der geneigten Ebene c in die ge-
öffneten Spannbacken d rollt. Mittels seitlich angebrachter Anschlag-
bolzen werden die Werkstücke in ihrer Längslage festgelegt und bestimmt und mit den als Prismen ausgebildeten Backen genau im Teil-
kreis e gespannt. Das Spannen der Backen erfolgt durch die hydraulisch
betätigten Zylinder f mittels der an den Hydraulikkolben angedrehten
Druckabsätze g. Der Ölzu- und -ablauf wird, wie auf dem Bild ersichtlich, über die Drehbewegung der Trommel selbsttätig gesteuert.

3.4. Grundsätzliches über Spannvorrichtungen für Langbearbeitung

3.4.1. Anforderungen

Die Spannvorrichtungen für Langbearbeitung stehen während des
Betriebes entweder gänzlich still oder sie bewegen sich nur langsam hin
und her. Das Gewicht spielt hierbei keine Rolle. Da diese Vorrichtungen
im Gegensatz zu denen für Rundbearbeitung in einer bestimmten gleichbleibenden Richtung stehen, ist bei der Konstruktion darauf zu achten,
daß sie auch von einer bequemen und unfallsicheren Seite der Maschine
bedient werden können. Weil das nicht immer beachtet wird, sind
dabei oft allerlei Körperverrenkungen nötig.

Zwecks raschen und sicheren Ausrichtens der Spannvorrichtungen
zur Längsachse des Arbeitstisches der Werkzeugmaschine sollten die
Grundflächen der eigentlichen Spannkörper so ausgebildet werden, daß
die Vorrichtungen in den Längsnuten des Tisches geführt werden
können. Das sollte aber nicht etwa durch am Vorrichtungskörper ange-
arbeitete oder eingepaßte Leisten geschehen. Das ist sehr teuer und nur
schwer mit der erforderlichen Genauigkeit auszuführen. Es ist viel einfacher und ergibt eine größere Genauigkeit, statt dessen zwei gehärtete
und geschliffene Führungsscheiben vorzusehen, die in entsprechend am
Vorrichtungskörper an der Koordinaten-Bohrmaschine gebohrte Löcher
eingelassen sind ([7], Abschn. 3.12.2), wie das in einigen hier im Abschnitt 3.5 gegebenen Beispielen veranschaulicht ist.

62

3.4.2. Schwenkbare Einzelspannvorrichtungen für Langbearbeitung

Bohr- und Fräswerke sind meist mit Dreh- oder Schwenktischen ausgestattet, so daß man einzeln zu bearbeitende Werkstücke erforderlichenfalls, ohne umzuspannen, von mehreren Seiten bearbeiten kann, indem man die Tische herumschwenkt. Da diese Tische aber stets für die größten vorkommenden Werkstücke gebaut und schwer und unhandlich zu bedienen sind, ist es sehr unwirtschaftlich, sie bei kleinen Werkstücken zu benutzen. Das trifft besonders zu, wenn die Bearbeitungszeiten sehr kurz sind. Es ist dann ein unbilliges Verlangen, den schweren Tisch in kurzen Zeitabständen fortgesetzt zu schwenken. Eine derartige schwere körperliche Belastung darf auf die Dauer keinem Arbeiter zugemutet werden. Außerdem geht auch Zeit dabei verloren. Es sind daher in solchen Fällen die sowieso erforderlichen Spannvorrichtungen schwenkbar auszubilden. In Bild 3.83 ist die Anordnung auf einem Doppelfräswerk schematisch dargestellt. Die Schwenkachse c muß möglichst gleich weit von den zu bearbeitenden Flächen liegen.

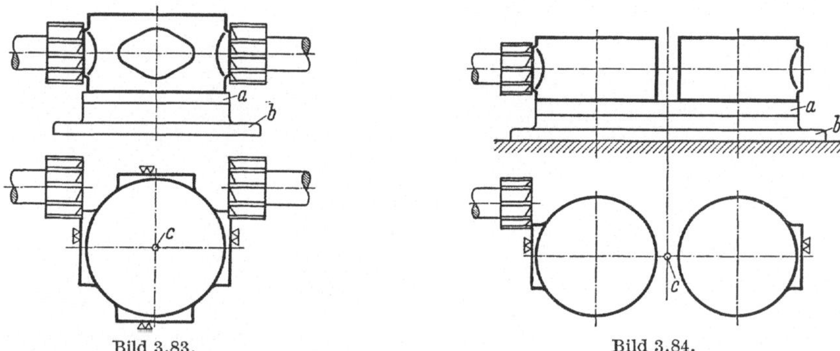

Bild 3.83.   Bild 3.84.

Bilder 3.83. und 3.84. Schema schwenkbarer Spannvorrichtungen. a Schwenkkörper, b Unterteil, feststehend; c Schwenkachse

Statt eine Vorrichtung schwenkbar auszuführen, kann man sie auch auf einen leichten, handelsüblichen, einfach zu handhabenden Schwenktisch (*Gemeinvorrichtung* s. Bild 3.85) setzen. Was man nun im Einzelfall vorzieht, hängt von den Gegebenheiten, wie der Ausführungsform der Vorrichtung, der Werkstückzahl und den Arbeitsunterschieden ab.

3.4.3. Schwenkbare Doppelspannvorrichtungen für Langbearbeitung

Sind auf Bohr- und Fräswerken Werkstücke nur an einer Seite zu bearbeiten, so kann man, um die Nebenzeiten wesentlich zu kürzen, die Spannvorrichtungen so einrichten, daß man sie während des Betriebes bedienen kann. Sie werden zu dem Zweck doppelt und um eine gemeinsame Achse schwenkbar ausgeführt, so daß beide Vorrichtungen abwechselnd in Arbeitsstellung gebracht werden können. Die Nebenzeit zum Spannen fällt dadurch gänzlich fort. Bild 3.84 zeigt eine derartige Anordnung schematisch.

Dasselbe kann man erreichen, wenn man zwei gleiche Einzelvorrichtungen auf einen leichten Schwenktisch z. B. wie er in Bild 3.85 dargestellt ist, einander gegenüberliegend aufspannt. Auch hier bestimmen die jeweilige Ausführungsform von Werkstück und Vorrichtung sowie die Arbeitsart und -zeit die zu treffende Wahl, ob nun eine Einzelvorrichtung, eine schwenkbare Doppelspannvorrichtung oder das Arbeiten auf einem Schwenktisch mit Einzelvorrichtung vorzuziehen ist. So kann es durchaus möglich sein, daß man bei einseitigen kurzzeitigen Fräsarbeiten, z. B. beim Anfräsen einer Fläche oder beim Einfräsen einer Nut am besten mit einer Einzelfräsvorrichtung auskommt, wie sie im Abschnitt 3.5.1 in einigen Beispielen wiedergegeben ist.

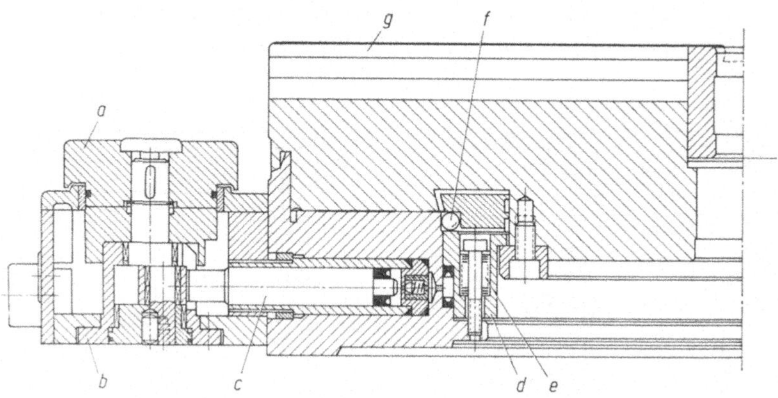

Bild 3.85. Hydromechanischer Schwenktisch (System Peiseler). Bei Entspannen von Hebel *a* wird über Exzenter *b* der Kolben *c* in den Druckraum und damit Öl unter den als Kolben wirkenden Federring *d* gedrückt; *e* Tellerfederpakete, in *d* sitzend, drücken diesen nach oben unter Kugelkranz *f*, wobei Planscheibe *g* angehoben wird

3.4.4. Verwendung von Schwenktischen bei der Langbearbeitung

Das Bild 3.85 zeigt einen solchen, in den vorstehenden Abschnitten 3.4.2 und 3.4.3 erwähnten handelsüblichen Schwenktisch mit mechanisch-hydraulischer Betätigung.

Aber auch für größere und schwerere Werkstücke kann es bei größeren Stückzahlen nützlich sein, trotz der Schwenkbarkeit des Maschinentisches einen zusätzlichen Schwenktisch einzusetzen, weil er leichter zu schwenken ist als der Maschinentisch.

An dem im Beispiel Bild 3.85 gezeigten hydromechanischen Schwenktisch erfolgen das Umlegen des Spannhebels *a* auf „Entspannen" und das dabei durch Exzenter *b* bewirkte Hineindrücken des Kolbens *c* in den Druckraum mechanisch, Hierdurch wird Öl unter den als großen

64

Kolben dienenden Federring d gedrückt und dadurch über den Kugelkranz f die Tischplatte g zum Schwenken leicht angehoben. Dadurch gleiten die Auflageflächen beim Schwenken nicht aufeinander, so daß sie nicht beschädigt werden können und ihre Planparallelität erhalten bleibt.

3.4.5. Spannvorrichtungen für Mehrfachlangbearbeitung

Auf Hobel- und besonders auf Fräsmaschinen kann man dadurch, daß man mehrere Werkzeuge parallel nebeneinander anordnet, mehrere Werkstücke gleichzeitig bearbeiten. Ehe man daher für sperrige Teile, die nicht hintereinander in Reihen bearbeitet werden können, Einzelspannvorrichtungen anfertigt, ist zu untersuchen, ob sich dieses Verfahren nicht anwenden läßt. Auf Gleichlauf-Fräsmaschinen kann man auch noch die Nebenzeiten zum Spannen einsparen, indem man zwei einfache oder mehrfache Vorrichtungen anfertigt und je eine vor und hinter dem Fräsersatz anordnet. Die Fräser arbeiten dann sowohl beim Vor- als auch beim Rücklauf des Tisches. Bild 3.86 zeigt diese Anordnung für je zwei sperrige Werkstücke.

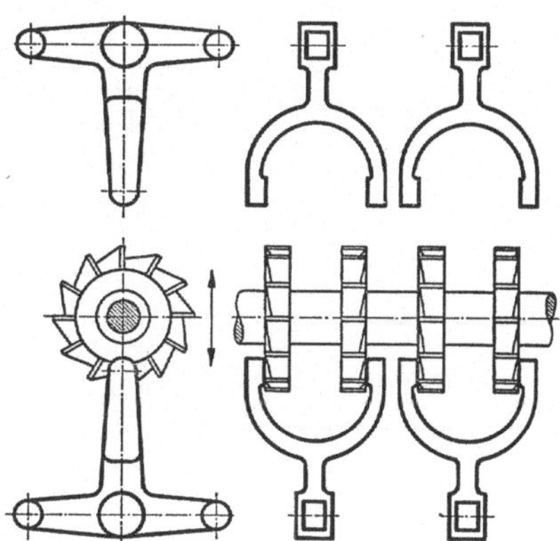

Bild 3.86. Schema für das Arbeiten mit Mehrfachlangbearbeitung-Vorrichtungen

3.4.6. Spannvorrichtungen für Reihenlangbearbeitung

Beim Langbearbeiten benötigt der Hobelmeißel zu jedem einzelnen Span eine gewisse Leerzeit zum Ein- und Auslauf. Beim Fräsen sind diese Leerzeiten meist noch größer. Sie fallen um so stärker ins Gewicht, je tiefer und kürzer der Schnitt ist. Am günstigsten wird die Maschine also dann ausgenutzt werden, wenn die Werkstücklänge gleich der Arbeitslänge des Maschinentisches ist. Es ist daher selbstverständlich, kleinere Werkstücke nicht einzeln, sondern in Reihen hintereinander aufzuspannen, damit die Tischlänge voll genutzt wird.

Bei der Konstruktion der dabei benötigten Vorrichtungen ist zu beachten, daß die einzelnen Werkstücke mit den zu bearbeitenden Stellen recht nahe aneinandergebracht werden. Das ist nicht immer möglich, besonders bei sperrigen Teilen. Die Zwischenräume werden unter Umständen so groß, daß ein erheblicher Leerlauf entsteht und die Vorteile der Reihenspannung nicht mehr zur Geltung kommen. In solchen Grenzfällen ist daher zu untersuchen, ob die *Einzelbearbeitung* nicht wirtschaftlicher ist. Natürlich müssen dabei auch die Mehrkosten für die weit teureren Reihenspannvorrichtungen gegenüber denen für Einzelspannung in Rechnung gesetzt werden.

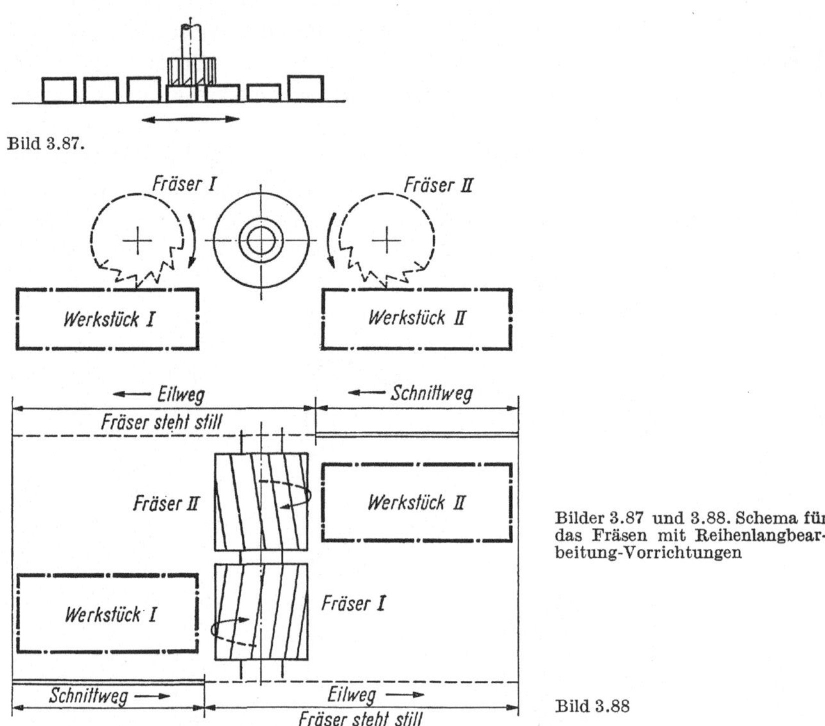

Bild 3.87.

Bilder 3.87 und 3.88. Schema für das Fräsen mit Reihenlangbearbeitung-Vorrichtungen

Bild 3.88

Diese Reihenspannvorrichtungen werden im allgemeinen nur beim Fräsen glatter Flächen mit Stirnfräsern während des Betriebes beschickt, so daß ähnlich wie bei den Reihenspannvorrichtungen für Rundbearbeitung stetig, jedoch hin- und hergehend, gearbeitet werden kann (Bild 3.87). Beim Hobeln können die Vorrichtungen keinesfalls während der Arbeit bedient werden, beim Fräsen mit Walzen-, Scheiben- und Formfräsern dagegen wohl nach besonderem Verfahren, wie es Bild 3.88 erläutert: es wird von der Mitte des Maschinentisches abwechselnd nach beiden Richtungen mit je einem rechts oder links schneidenden Fräser gearbeitet, die beide nebeneinander sitzen. Die Maschine muß natürlich vor- und rückwärts umschaltbar sein. Es werden entweder zwei einzelne Vorrichtungen gemäß dem Bild auf dem Maschinentisch befestigt oder eine entsprechende Gesamtvorrichtung, mit der die Werkstücke in zwei getrennten Gruppen eingespannt werden. Es wird in der Weise gearbeitet, daß abwechselnd auf einer Tischhälfte gespannt und gleichzeitig auf der zweiten Hälfte gefräst wird, so daß sich die Maschinenleistung erheblich erhöht.

3.4.7. Spannvorrichtungen für Reihenlangbearbeitung mit Blockspannung ohne und mit Ladekäfig

Wenn es die Form und Größe der Werkstücke gestattet, reiht man diese ohne Zwischenräume in der Spannvorrichtung aneinander und bildet dadurch einen starren Block, der eine weit höhere Schnittkraft aufnehmen kann als das einzelne Stück. Der Vorschub kann unter Umständen vervielfacht werden. Die Blockspannung ist für die wirtschaftliche Bearbeitung daher am günstigsten, und es sollte schon bei der Konstruktion einschlägiger Teile darauf weitestgehend Rücksicht genommen werden. Bild 3.89 zeigt das Wesen der Blockspannung.

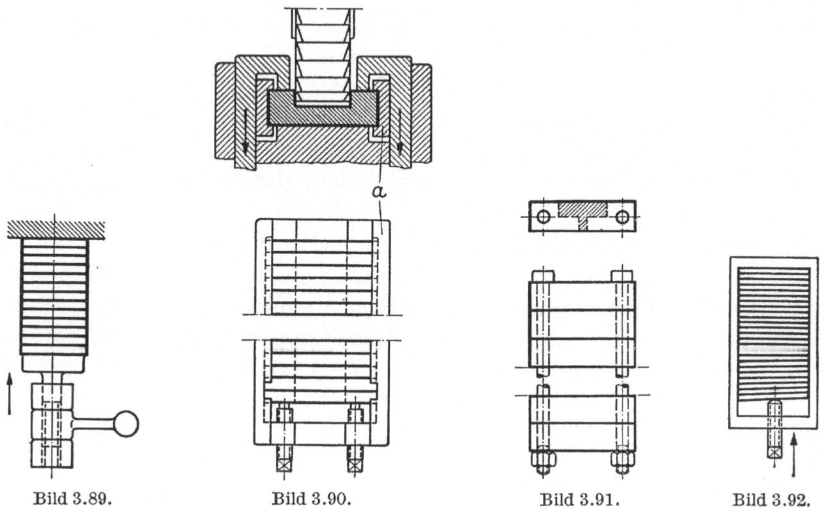

Bilder 3.89. bis 3.92. Blockspannung

Für die Blockreihenspannung lassen sich auch oft gewöhnliche Maschinenschraubstöcke verwenden, indem man sie mit entsprechenden Einrichtungen zum Bestimmen der Werkstücke versieht (s. Abschn. 3.5.6).

Bei der Blockreihenspannung kann man auch durch sogenannte *Ladekäfige* die Nebenzeiten zum Auf- und Abspannen erheblich verkürzen. Dieses Verfahren kommt aber nur bei kleineren Massenteilen aus blankgezogenem oder entsprechend vorbearbeitetem Werkstoff in Frage. Die Einrichtung ist wirtschaftlich und auch sehr praktisch, denn die einzelnen Werkstücke werden während der Maschinenlaufzeit aneinandergereiht abseits auf besonderen Ladetischen.

Es wird in folgender Weise gearbeitet: Zu der eigentlichen, fest auf der Maschine aufgespannten Vorrichtung gehören zum abwechselnden Arbeiten mindestens zwei Ladekäfige, die so leicht wie möglich gebaut sind und etwa der Arbeitslänge des Maschinentisches bzw. der Vorrichtung entsprechen. In diesen Käfigen werden abseits von der Maschine die Werkstücke aneinandergereiht und leicht zusammengespannt. Der so gebildete Block wird jetzt wie ein Einzelteil in die Spannvorrichtung eingeführt und dort festgespannt. Die beladenen Käfige dürfen natürlich nicht zu schwer werden, damit sie ohne große Mühe noch frei hantiert werden können.

In Bild 3.90 ist ein beladener Käfig in der Draufsicht allein und im Querschnitt eingespannt gezeigt. In Bild 3.91 ist noch eine andere Form eines Ladekäfigs wiedergegeben, wobei die mit zwei Löchern versehenen Werkstücke auf Dorne aufgezogen und durch gewöhnliche Muttern zusammengespannt werden. Wie in der Abbildung ersichtlich, sind die Stücke in doppelter Länge zugeschnitten und werden beim Fräsen in zwei Teile geteilt; die schraffierte Fläche deutet den Abfall an.

Bei der Blockspannung im allgemeinen und im besonderen beim Spannen mit Ladekäfig besteht der *Nachteil*, daß sich die Fehler in den Werkstücken summieren können und an den Enden des Blocks die Teile nicht mehr genau parallel zueinander liegen. Es sind daher möglichst immer zwei Spannelemente vorzusehen, damit durch verschieden starke Spannkraft die Parallelität wiederhergestellt werden kann. Die schematische Skizze Bild 3.92 zeigt übertrieben die Fehler, die beim Spannen mit einer Schraube entstehen können. Das beste ist es, wenn, wie an einem Parallelschraubstock, eine Spannbacke in einer Geradführung parallel vorgedrückt wird. Beim Ladekäfig ist diese Ausführung wegen des zu großen Gewichts nicht anwendbar.

3.4.8. Spannvorrichtungen für Reihenlangbearbeitung mit unabhängiger Spannung

Kann die Blockspannung infolge ungeeigneter Form der Werkstücke nicht angewendet werden, so muß die Spannvorrichtung eine Reihe unabhängig voneinander arbeitender Spanneinheiten erhalten, in

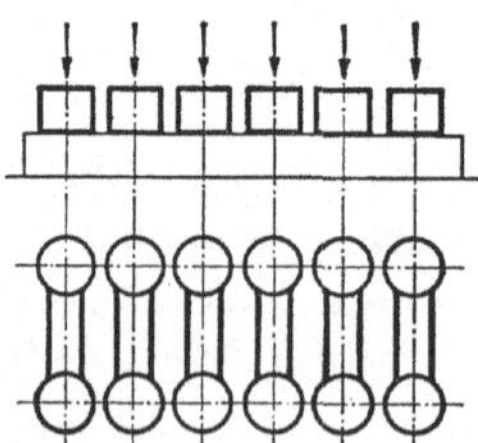

Bild 3.93. Schema der unabhängigen Blockspannung

denen die Teile einzeln oder auch paarweise aufgenommen werden.
In Bild 3.93 ist das Schema einer derartigen Anordnung wiedergegeben.

3.5. Beispiele von Spannvorrichtungen für Langbearbeitung

3.5.1. Einzelspannvorrichtungen für Langbearbeitung

Wie im Abschnitt 3.4.3 erwähnt, kann es durchaus sinnvoll sein, gewisse Langbearbeitungen auch in einfachen Einzelspannvorrichtungen
auszuführen, so besonders wenn ein Werkstück bei kurzer Arbeitszeit
nur von einer Seite bearbeitet zu werden braucht, wenn es sich um
kleinere Werkstückzahlen handelt, und wenn die Spannzeit kaum
länger ist als die Zeit zum Schwenken einer Schwenkvorrichtung.

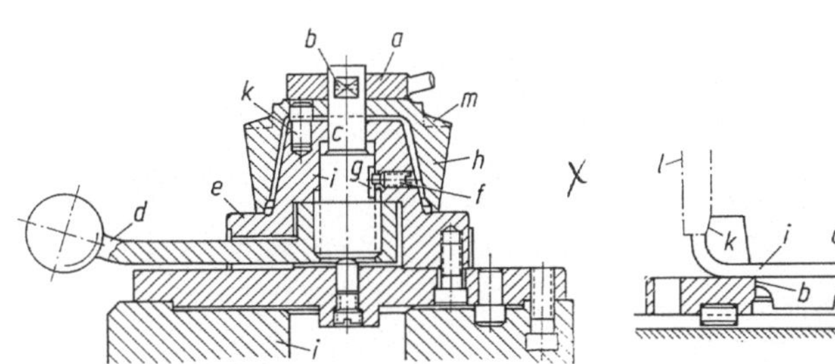

Bild 3.94. Einzellangspannvorrichtung mit Hebelspannung. *a* Spannscheibe, *b* Nasenkeil, *c* Spannbolzen, *d* Handhebel, bis 90° schwenkbar; *e* Aufnahmekörper, *f* Zapfenschraube, *g* Nut, *h* Werkstück, *i* Teilkopf, *k* Fixierstift

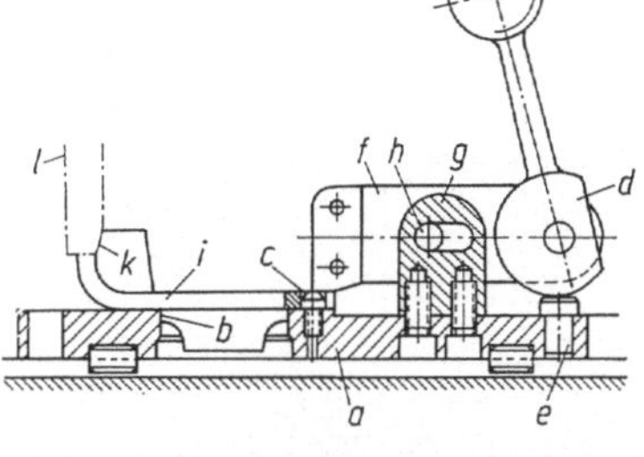

Bild 3.95. Einzellangspannvorrichtung mit
Exzenterspannung. *a* Grundplatte mit Einmitteindrehung *b*; *c* Zapfen, *d* Spannexzenter, *e* Bolzen, gehärtet; *f* gabelartige Spannpratze, *g* Bock, *h* Zapfen, *i* Werkstück,
k Absatz im Werkstück

Im Beispiel Bild 3.94 liegt noch ein anderer Grund für die Verwendung einer Einzelspannvorrichtung vor. Obwohl an dem Werkstück
(Schwungkörper für einen Regler) sogar sechs Nuten *m* einzufräsen
sind, muß in diesem Fall wegen der Aufnahme der Vorrichtung auf
einen *Teilkopf i* mit einer Einzelspannvorrichtung gearbeitet werden.

Nach Aufnahme des Werkstückes *h* auf die Vorrichtung, wobei es
auf dem Spannbolzen *c* gemittet und durch den Stift *k* in seiner Lage
bestimmt wird, wird es durch die Spannscheibe *a* und den Nasenkeil *b*
auf dem Spannbolzen verriegelt. Alsdann wird der mit Flachgewinde
30 × 6 mm (Selbsthemmung) versehene, durch Zapfenschraube *f* in
seiner Nut *g* gegen Verdrehen gesicherte Spannbolzen *c* mit dem bis
90° schwenkbaren Handhebel *d* angezogen, wodurch das Werkstück *h*
gegen den Flansch des Aufnahmekörpers *e* gespannt wird.

Im Beispiel Bild 3.95 ist am Werkstück *i* nur der kurze Absatz *k*
anzufräsen, wofür sich eine Schwenkvorrichtung für zwei Werkstücke

nicht lohnt, weil hier die Spannzeit kaum höher liegt als die Zeit für das Schwenken der Vorrichtung.

Das Werkstück wird beim Aufspannen auf die Vorrichtungsgrundplatte a in der Einmitteindrehung b und durch den Zapfen c bestimmt. Gespannt wird mittels Spannexzenter d, der sich auf Bolzen e abstützt, über die Spannpratze f, die am Bock g auf dem Zapfen h verschiebbar angeordnet ist, so daß das Werkstück i leicht aufzusetzen und wieder abzunehmen ist.

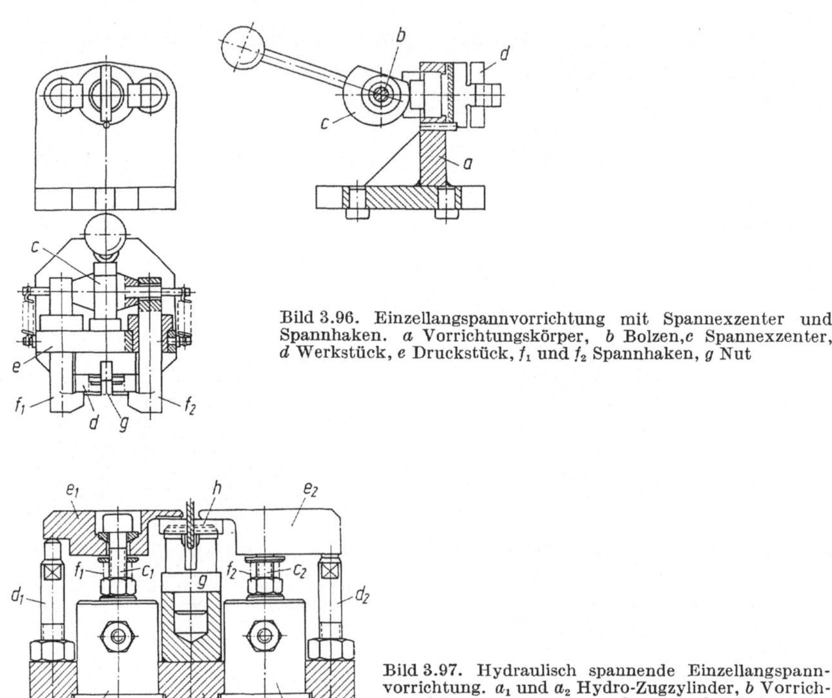

Bild 3.96. Einzellangspannvorrichtung mit Spannexzenter und Spannhaken. a Vorrichtungskörper, b Bolzen, c Spannexzenter, d Werkstück, e Druckstück, f_1 und f_2 Spannhaken, g Nut

Bild 3.97. Hydraulisch spannende Einzellangspannvorrichtung. a_1 und a_2 Hydro-Zugzylinder, b Vorrichtungskörper c_1 und c_2 Zugzapfen, d_1 und d_2 Stehbolzen, f_1 und f_2 Druckfedern, g Aufsatz, h Werkstück

Der gleiche Grund für die Verwendung einer Einzelspannvorrichtung: nämlich nur ein kurzer, einseitiger Fräsgang (das Einfräsen der Nut g in die Scheibe d) trifft auch für das Beispiel Bild 3.96 zu. Hier wird ebenfalls mittels eines am Vorrichtungskörper a durch Bolzen b angelenkten Spannexzenters c das Werkstück d über ein Druckstück e gegen die Spannhaken f_1 und f_2 gespannt.

Im Beispiel Bild 3.97 ist wegen der größeren Werkstückzahl eine Einzelspannvorrichtung zum hydraulischen Spannen vorgesehen. Das Werkstück h, das mit einem Scheibenfräser in zwei Teile geschnitten werden soll, wird durch zwei im Vorrichtungskörper b sitzende Hydro-Zugzylinder a_1 und a_2 über die Zapfen c_1 und c_2 und die von diesen angezogenen, sich dabei auf den Stehbolzen d_1 und d_2 abstützenden Spann-

70

pratzen e_1 und e_2 gespannt. Beim Entspannen drücken die Federn f_1 und f_2 die Spannpratzen nach oben, so daß das im Aufsatz g gemittete Werkstück nach dem Wegschwenken der Spannpratzen herausgenommen werden kann. Bei dieser Vorrichtung ist die Spannzeit geringer als die für das Schwenken einer Schwenkvorrichtung benötigte Zeit.

3.5.2. Doppelspannvorrichtungen für Langbearbeitung

In manchen Fällen, so vor allem bei langen Werkstücken mit langen Arbeitswegen kann eine Doppelspannvorrichtung eine ganz bedeutende Arbeitszeiteinsparung und eine kürzere Maschinenbelegungszeit erbringen.

Das beweist ganz eindeutig das Beispiel Bild 3.98. Die hier gezeigte Vorrichtung dient zum Fräsen von Stabmaterial mit einem Querschnitt von 30 × 50 mm.

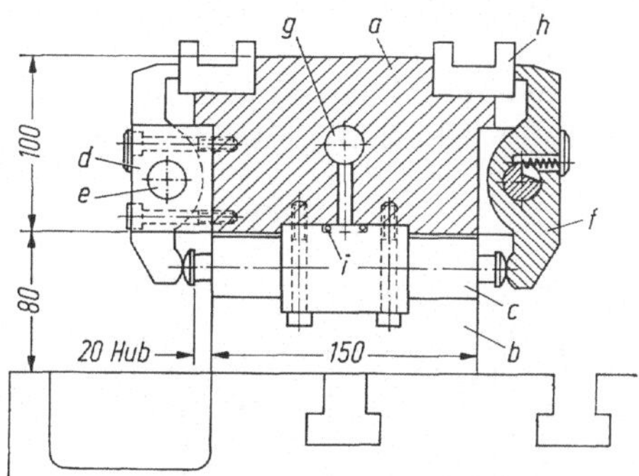

Bild 3.98. Hydraulisch wirkende Doppelspannvorrichtung für Langbearbeitung. a Grundkörper, b Träger, c Spannzylinder, hydraulisch wirkend; d Halteböcke, e Bolzen, f Spannpratzen, g Ölzuführungsbohrung, h Werkstücke

In dem Grundkörper a, der die gleiche Länge haben muß wie die zu bearbeitenden Stäbe (je nach der geforderten Länge und der Länge der zur Verfügung stehenden Langfräsmaschine bis zu 4000 mm) sind zwei Stäbe aufgespannt. Dieser Grundkörper ist in Abständen von 200 mm durch einen Träger b unterstützt, d. h. bei einer angenommenen Werkstücklänge von 2000 mm durch 10 solcher Träger, die mit dem Grundkörper auf dem Maschinentisch befestigt sind. Zu beiden Seiten der Träger sitzt je ein doppeltwirkender hydraulischer Spannzylinder c, der die über den, in dem am Grundkörper angeschraubten Halteböcke d sitzenden Bolzen e angelenkte Spannpratze f gegen das Werkstück h drückt und es damit spannt.

Es werden also in diesem Falle insgesamt 40 Spannzylinder und 80 Spannpratzen benötigt. Jeder Hydraulikkolben hat im Spannzylinder einen Hub von 20 mm. Der Betriebsdruck beträgt 160 bar. Das Drucköl wird den Hydrozylindern durch eine im Grundkörper befindliche, von beiden Seiten gebohrte Bohrung g von 20 mm Ø zugeführt. Die Trennfugen zwischen den Anschlußbohrungen und den Spannzylindern sind durch je einen O-Ring i abgedichtet.

Für die Erzeugung des Drucköles muß am Ende der Maschine eine
entsprechende Hydraulikeinrichtung, bestehend aus Motor, Pumpe,
Hydraulikbehälter, Ventilen, Schaltern und sonstigen Instrumenten
angebracht sein ([7], Bild 3.109). Trotz dieser hohen Aufwendungen
macht sich eine solche Vorrichtung bei großen Stückzahlen, die immer
wieder anfallen, sehr schnell bezahlt, besonders dann, wenn man zwei
solche Vorrichtungen nebeneinander auf dem Maschinentisch aufspannt und statt an zwei, gleichzeitig an vier Werkstücken mit vier
Fräsern arbeitet.

3.5.3. Schwenkbare Doppelspannvorrichtung

Diese Vorrichtung wird in Bild 3.99 nicht allein deswegen gezeigt,
weil es sich um ein häufig vorkommendes Werkstück handelt, sondern
wegen der besonderen Art der Spannung. Schubstangen gehören zu
den sperrigen Teilen, die recht häufig durch nicht sachgemäßes Aufspannen verspannt werden. Das hat aber viel Scherereien und Nacharbeiten zur Folge. *Falsch* ist das Spannen der Schubstange in Pfeilrichtung Bild 3.100, wenn sie gebohrt werden soll, weil es unrunde

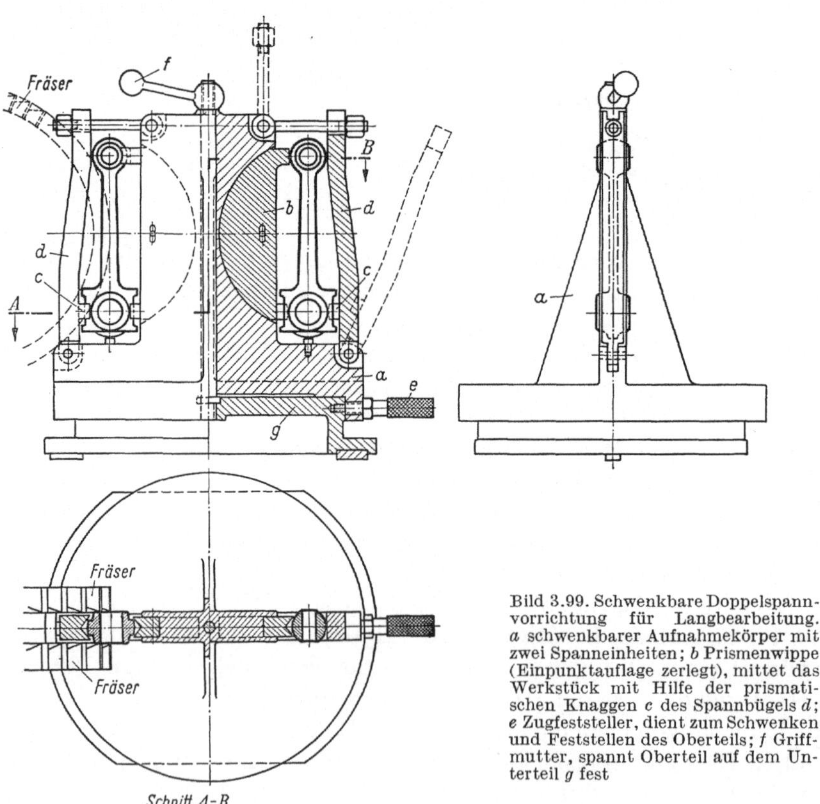

Bild 3.99. Schwenkbare Doppelspannvorrichtung für Langbearbeitung.
a schwenkbarer Aufnahmekörper mit
zwei Spanneinheiten; *b* Prismenwippe
(Einpunktauflage zerlegt), mittet das
Werkstück mit Hilfe der prismatischen Knaggen *c* des Spannbügels *d*;
e Zugfeststeller, dient zum Schwenken
und Feststellen des Oberteils; *f* Griff-
mutter, spannt Oberteil auf dem Unterteil *g* fest

Löcher ergibt. Noch falscher ist in Bild 3.101 gespannt, weil es nicht parallele Löcher ergibt. *Richtig* ist es, die Stange wie in Bild 3.102 zu spannen und die Köpfe dabei richtig zu stützen. Sind diese seitlich noch unbearbeitet, so würde die Bohrspannvorrichtung sehr teuer werden, denn es müßte ein Auflagepunkt zerlegt und auch Kraftverteiler müßten angewandt werden. Vorteilhafter ist es daher, die Köpfe zuerst seitlich zu bearbeiten, um ebene Auflageflächen zu schaffen, wodurch sich die Vorrichtung bedeutend vereinfacht. Bedingung für eine einwandfreie Bohrarbeit ist dann jedoch, daß die Auflageflächen tatsächlich auch eben und die Köpfe gleich stark sind; denn alle Fehler, die sich hierin zeigen, die an und für sich belanglos sein mögen, wirken sich beim Bohren aus und ergeben Fehlstücke (nicht parallele Löcher) infolge Verspannens. Es hängt also alles von der ersten Arbeitsstufe, der seitlichen Bearbeitung, ab. Die kann aber nur bei einer richtig konstruierten Spannvorrichtung gelingen. Eine solche zeigt Bild 3.99. Sie ist als schwenkbare Mehrspannvorrichtung ausgebildet.

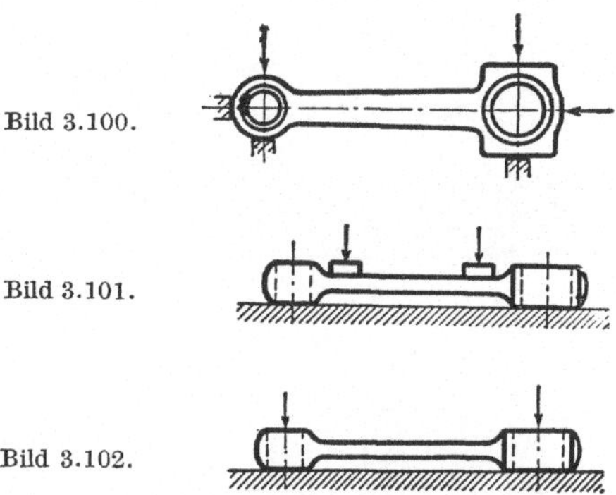

Bild 3.100.

Bild 3.101.

Bild 3.102.

Bild 3.100. Falsche Spannung, die unrunde Bohrungen ergibt.

Bild 3.101. Falsche Spannung, die nichtparallele Bohrungen ergibt

Bild 3.102. Richtige Spannung

Zur Unterstützung ist die theoretische Einpunktauflage durch Prismenwippe gewählt worden, wodurch ermöglicht wird, die Stange an einer gut zugänglichen Stelle durch nur eine Schraube so festzuspannen, daß sie gleichzeitig von beiden Seiten gefräst werden kann. Ein Verspannen in der Längsrichtung, das zu Fehlstücken beim Bohren führen könnte, ist hierbei ausgeschlossen. Beachtenswert ist auch die eigenartige Mittung.

3.5.4. Reihenspannung mit gruppenweiser Blockspannung

Diese Art der Aufspannung dient im Beispiel Bild 3.103 zum Aufschneiden und gleichzeitigen Abflächen von Schubstangenköpfen mittels Satzfräser. Die fertig gebohrten Stangen können von beiden

Enden der Vorrichtung in zwei voneinander unabhängigen Gruppen
gespannt werden. Damit sie anstandslos auf die Aufnahmedorne geschoben werden können, ist ein Dorn auf elliptischen Querschnitt ab-
gearbeitet, so daß Längenunterschiede der Stangen unwirksam werden.

Ein weiteres Beispiel bringt Bild 3.104. Diese Vorrichtung dient dem
gleichen Zweck wie die in Bild 3.80 wiedergegebenen Spannvorrichtung: nämlich zum Einfräsen von Schlitzen in Ankerbolzen. Statt der

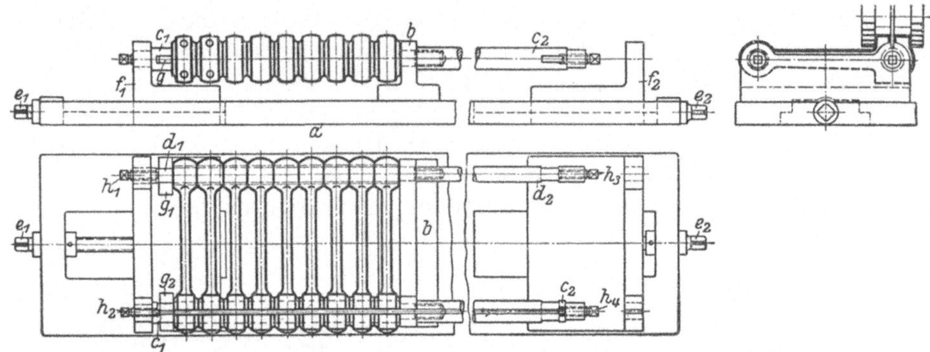

Bild 3.103. Reihenspannvorrichtung mit gruppenweiser Blockspannung. a Grundplatte, trägt fest
den Mittelblock b mit den Aufnahmedornen c_1, c_2 (runder Querschnitt) und d_1, d_2 (elliptischer Querschnitt), ferner die beiden in Geradführungen durch Spindeln e_1, e_2 beweglichen Stützböcke f_1, f_2;
Druckstücke g_1, g_2, werden mittels Spannschrauben h_1 bis h_4 gegen die Werkstücke gedrückt

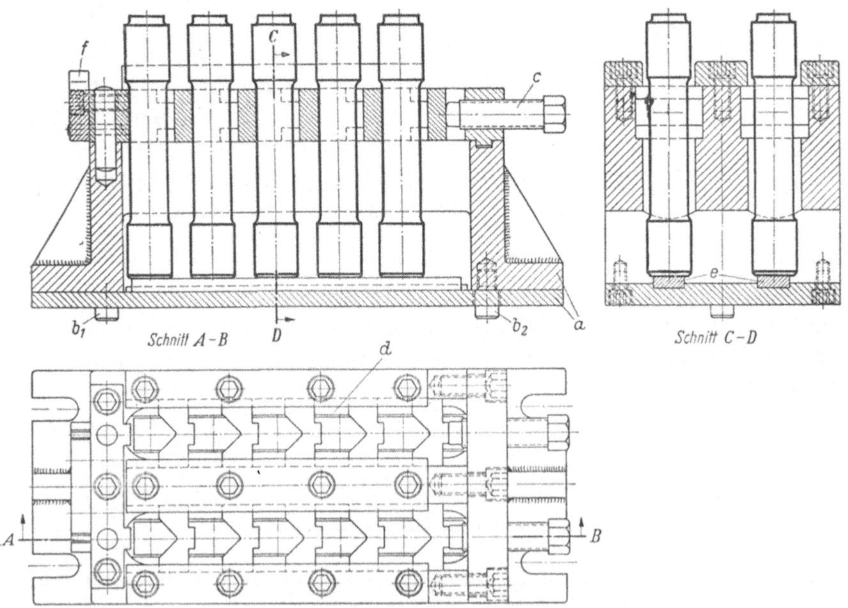

Bild 3.104. Reihenspannvorrichtung zum Fräsen der Schlitze in Ankerbolzen. a Vorrichtungskörper;
b Einmittzapfen; c Spannschrauben; d Prismenstücke; e Anschläge; f Einstellehre

dort vorgezogenen Reihenrundbearbeitung wird hier die Reihenlang-
bearbeitung gewählt. Der Vorrichtungskörper a, der durch die gehärteten Zapfen b_1 und b_2 am Maschinentisch einer Fräsmaschine aufgenommen wird, kann 10 Werkstücke aufnehmen, die mittels der beiden
Spannschrauben c von den Prismenstücken d gespannt werden. Es sind
die entfernungbestimmenden Anschläge e vorgesehen. Eine Lehre f
dient zum Einstellen der Schlitzfräser. Für diese Vorrichtung fällt
zwar eine Nebenzeit zum Spannen an, jedoch ist die eigentliche Arbeitszeit kürzer als bei der Reihenrundbearbeitung, weil mit 2 Fräsern
zugleich gefräst wird.

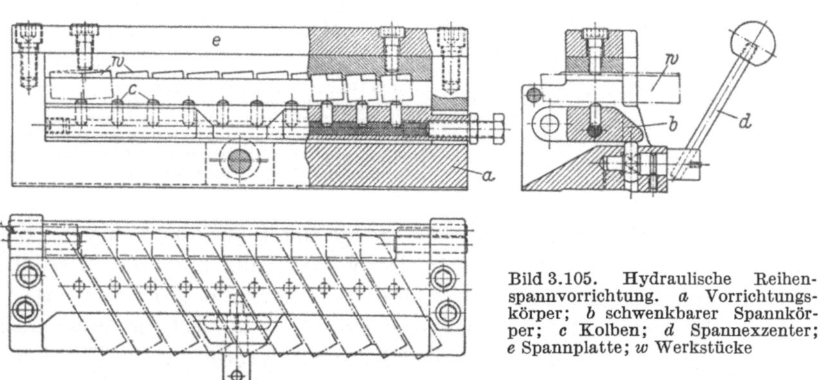

Bild 3.105. Hydraulische Reihenspannvorrichtung. a Vorrichtungskörper; b schwenkbarer Spannkörper; c Kolben; d Spannexzenter;
e Spannplatte; w Werkstücke

Eine *hydraulische* Reihenspannvorrichtung wird in Bild 3.105 dargestellt. Die hydraulische Spannung ist dann anzuwenden, wenn die
Lösung der Aufgabe mit rein mechanischen Bauelementen zu ver-
wickelt wird oder wenn mittels der Hydraulik eine Zeitersparnis in der
Handhabung erreicht werden soll. Die gezeigte Vorrichtung ist zum
Schleifen von Drehmeißeln entwickelt worden. Es werden 10 Werkstücke w in dem Vorrichtungsrundkörper a gleichzeitig dadurch gespannt, daß die in dem schwenkbaren Spannkörper b sitzenden Kolben c kommunizierend die Spannkraft auf die Werkstücke übertragen.
Der Spannkörper wird durch den Exzenter d bewegt. Zwar werden in
diesem Fall die Werkstücke gegen die Regel nach oben gegen die
Spannplatte e gedrückt, so daß gegen die Spannkraft gearbeitet wird.
In Anbetracht der geringen beim Schleifen auftretenden Schnittkraft ist das aber bedeutungslos. Als Übertragungsmittel für die Spannkraft wird die plastische Masse Weichmipolam PVC 5319[1] verwandt.

In Bild 3.106 ist eine weitere Reihenspannvorrichtung mit Mipolamspannung dargestellt, in der die Teilflächen von Lagerschalenhälften
geschliffen, gehobelt oder mittels Walzenfräser gefräst werden sollen.
Um so wenig Werkstoff wie möglich abzuarbeiten, müssen die zu be-

---

[1] Hersteller: Dynamit Nobel AG, Troisdorf.

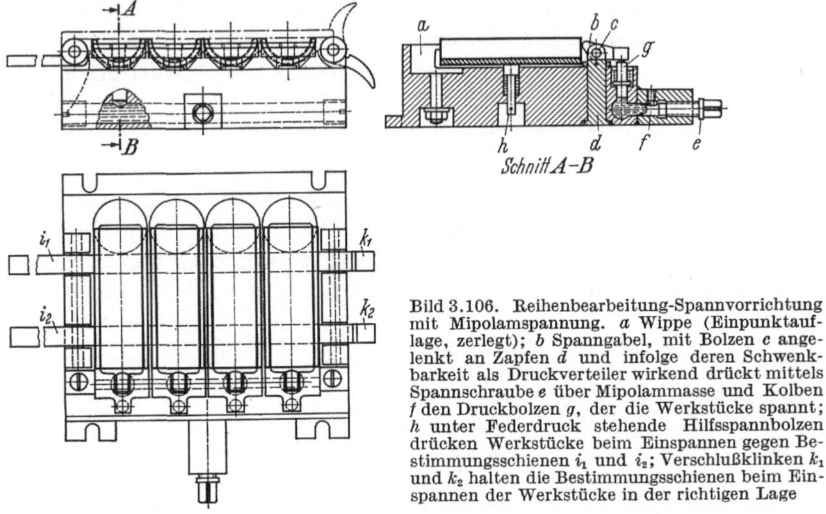

Bild 3.106. Reihenbearbeitung-Spannvorrichtung mit Mipolamspannung. *a* Wippe (Einpunktauflage, zerlegt); *b* Spanngabel, mit Bolzen *c* angelenkt an Zapfen *d* und infolge deren Schwenkbarkeit als Druckverteiler wirkend drückt mittels Spannschraube *e* über Mipolammasse und Kolben *f* den Druckbolzen *g*, der die Werkstücke spannt; *h* unter Federdruck stehende Hilfsspannbolzen drücken Werkstücke beim Einspannen gegen Bestimmungsschienen i_1 und i_2; Verschlußklinken k_1 und k_2 halten die Bestimmungsschienen beim Einspannen der Werkstücke in der richtigen Lage

arbeitenden Teilflächen möglichst genau in einer Ebene liegen. Sie müssen also an diesen Flächen in der Vorrichtung bestimmt werden. In den Bildern 3.107 und 3.108 sind die Lagerschalenhälften falsch und richtig bestimmt. Zum besseren Verständnis sind die Fehler an den einzelnen Werkstücken übertrieben groß dargestellt. In Wirklichkeit werden sie aber so gering sein, daß sie bei der Bearbeitung mit Schneidmeißel oder Fräser zwar nicht zur Geltung kommen, wohl aber wegen der geringeren Werkstoffabnahme beim Schleifen. Da das Schleifen hier die vorteilhafteste Bearbeitungsart ist, weil sie die geringste Bearbeitungszugabe und auch Werkstoffabnahme erfordert, ist diese Vorrichtung besonders im Hinblick auf diese Bearbeitungsart konstruiert.

Die Vorrichtung hat je nach der damit zu erzielenden Wirtschaftlichkeit eine dementsprechende Anzahl von Spanneinheiten, bestehend aus je einer Wippe *a*, einer Spanngabel *b*, die mit Bolzen *c* am drehbaren Zapfen *d* angelenkt ist und dadurch als Druckverteiler wirkt, und schließlich den Druckbolzen *g*. Alle diese Spanneinheiten werden von einer Stelle aus, nämlich über die Spannschraube *e* und den Druckkolben *f* hydraulisch ebenfalls durch die plastische Mipolammasse ge-

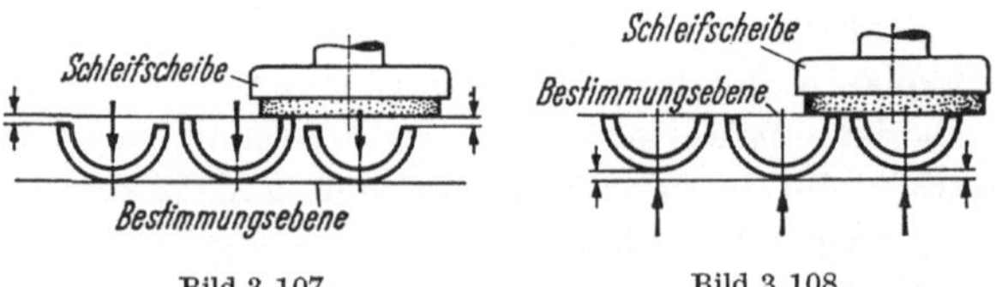

Bild 3.107.

Bild 3.108.

Bild 3.107. Zum Schleifen falsch bestimmte Lagerschalen

Bild 3.108. Zum Schleifen richtig bestimmte Lagerschalen

76

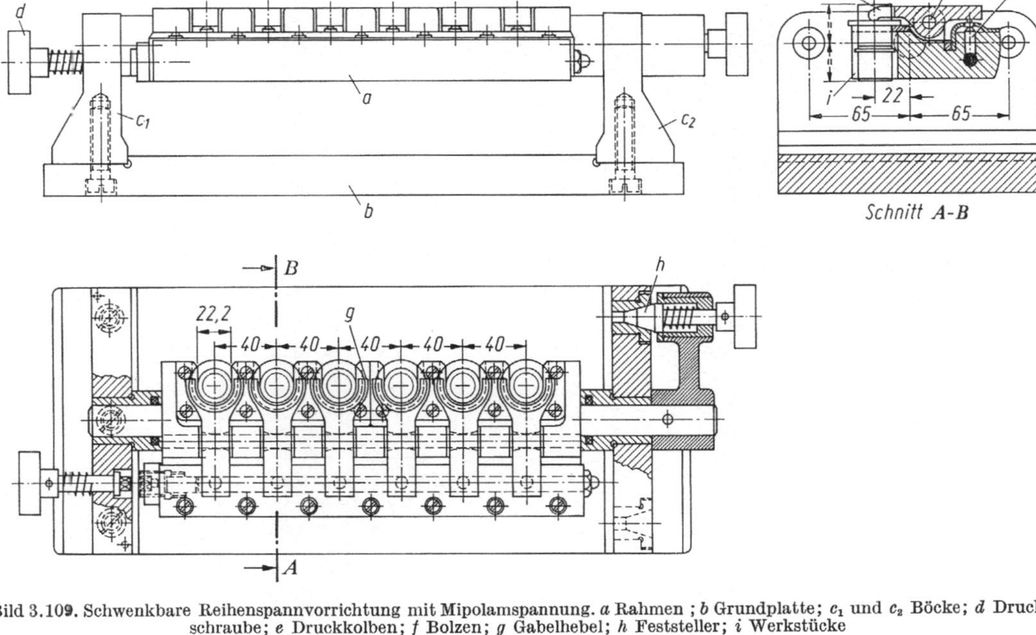

Bild 3.109. Schwenkbare Reihenspannvorrichtung mit Mipolamspannung. a Rahmen ; b Grundplatte; c_1 und c_2 Böcke; d Druck-schraube; e Druckkolben; f Bolzen; g Gabelhebel; h Feststeller; i Werkstücke

spannt. Da die Schalenhälften beim Einlegen in die prismaartigen Vertiefungen des Vorrichtungskörpers zunächst nur eine ungefähr richtige Lage erhalten, müssen ihre Teilflächen vor dem Festspannen noch dadurch genau bestimmt werden, daß jede Schale durch einen unter Federdruck stehenden Hilfsspannbolzen h mit ihrer oberen Fläche gegen zwei Schienen i_1 und i_2 gedrückt wird. Durch Fortklappen der während des Spannens mittels der Verschlußklinken k_1 und k_2 festgehaltenen Schienen werden die zu bearbeitenden Flächen freigelegt.

Das Bild 3.109 bringt eine schwenkbare Reihenspannvorrichtung mit Mipolamspannung für gehärtete Buchsen mit einem Mittelbund. An diesen Buchsen sollen die Stirnflächen mit genauen Abstandsmaßen vom Mittelbund geschliffen werden.

Die Vorrichtung besteht aus dem Rahmen a und den zwei auf Grundplatte b aufgebauten Böcken c_1 und c_2, in denen der Rahmen so kippbar gelagert ist, daß er genau um 180° gedreht werden kann. Die sechs Werkstücke werden gleichzeitig durch das Anziehen der Druckschraube d über die Mipolammasse dadurch gespannt, daß diese die Kolben e die durch Bolzen f am Rahmen angelenkten Gabelhebel g gegen die Bunde der Werkstücke drücken. Auf diese Weise sind mit einem Handgriff alle sechs Werkstücke gleichzeitig festgespannt.

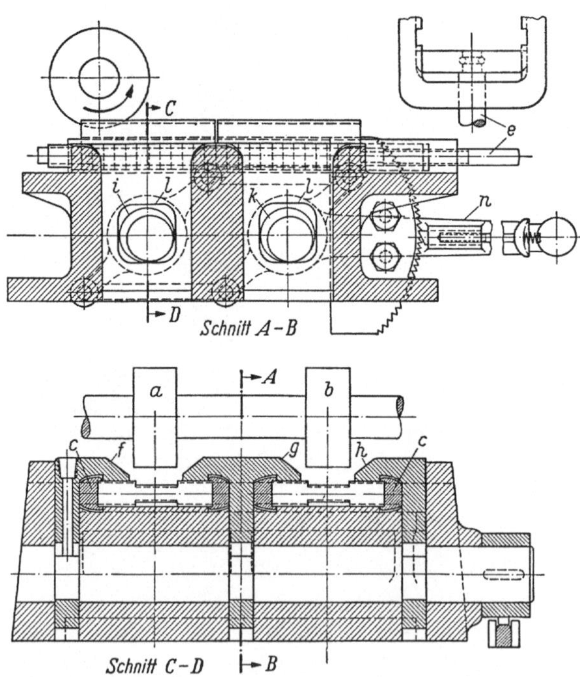

Bild 3.110. Reihenspannvorrichtung mit Ladekäfigen. f, g, h Spannbacken, werden in den Durchbrüchen l durch Kröpfscheibenwellen i und k bewegt; c Ladekäfige; n Spannhebel mit Feststellklinke; e Spannschraube, drückt Werkstücke im Ladekäfig zusammen

Nachdem der Rahmen durch den Feststeller h festgesetzt ist, können die Stirnflächen der Buchsen an der einen Seite fertig geschliffen werden. Nach dem Lösen des Feststellers kann der Rahmen um 180° gedreht werden, so daß dann die Stirnflächen der anderen Seite geschliffen werden können.

Der Feststeller ist hier entgegen aller Regel ([7] Abschn. 3.8.1) nicht zylindrisch, sondern kegelig ausgeführt, damit der Rahmen beim Schleifen einwandfrei festsitzt und nicht vibriert. Das würde der Fall sein, wenn der Bolzen mit einer gewissen Toleranz zum Einführen zylindrisch wäre. Der Feststellerbolzen ist einsatz-, die Buchse nitriergehärtet.

3.5.5. Reihenspannvorrichtung mit Ladekäfig

Das Bild 3.110 zeigt eine solche Vorrichtung auf der gleichzeitig zwei Reihen Werkstücke aus blank gezogenem Stahl von den Fräsern a und b gefräst werden. Dabei sind zwei Satz von je zwei Stück Ladekäfigen erforderlich. Bei der Vorrichtung ist die Kröpfscheiben- (Exzenter-) Spannung angewendet. Zur Sicherung der Kröpfscheiben gegen eine unerwünschte Lockerung sind Sperreinrichtungen vorgesehen.

3.5.6. Maschinenschraubstock (Gemeinvorrichtung) als Reihenspannung

Für geeignete glatte Teile mit parallelen Flächen kann man Maschinenschraubstöcke je nach Anzahl der Werkstücke als hand-, druckluft-

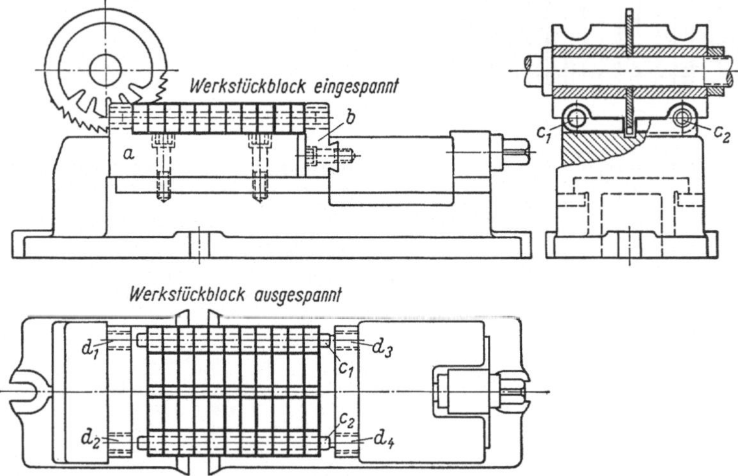

Bild 3.111. Maschinenschraubstock als Reihenspannvorrichtung mit Blockspannung. a Sonderbacke mit Auflagesohle, auf dem Schraubstockunterteil befestigt; b Sonderbacke, an beweglicher Spannbacke befestigt; c_1 und c_2 Aufnahmedorne, werden an beiden Enden in Führungsbuchsen d_1 bis d_4 der Sonderbacken a und b geführt

oder hydromechanisch betätigte Reihenspannvorrichtungen mit Blockspannungen ausbauen. Für kleinere Werkstücke ist es dann besonders vorteilhaft, mit Ladekäfigen zu arbeiten (s. Abschn. 3.4.7.).

Im Beispiel Bild 3.111 werden die Werkstücke aus blank gezogenem Stahl auf doppelte Länge mit entsprechender Zugabe abgeschnitten, in Bohrvorrichtung gebohrt und gerieben und auf zwei Dorne aufgereiht. Diese läßt man an beiden Enden etwas vorstehen, so daß sie beim Einspannen des Werkstückblockes im Schraubstock durch Löcher in den Sonderbacken geführt werden. Mittels Satzfräser werden zwei Reihen Werkstücke gleichzeitig fertiggefräst und voneinander getrennt.

Müssen für andere Werkstücke richtige Ladekäfige angefertigt werden, so kann man diese entweder an den Stirnflächen in Sonderbacken einlassen und dadurch bestimmen, oder auch wie in Bild 3.112 mit Paßbolzen versehen, die wie im vorigen Beispiel in den Backen geführt werden. Dieses Verfahren ist einfach und gut und erspart bisweilen sogar die Sonderbacken, indem die Führungslöcher in die gewöhnlichen Spannbacken eingebohrt werden.

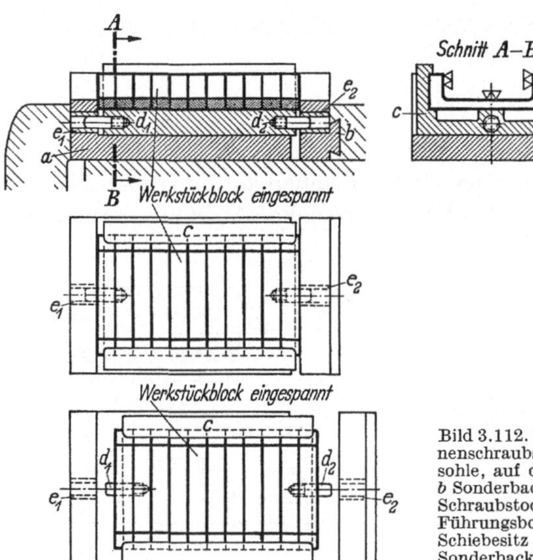

Bild 3.112. Spannen mit Ladekäfig im Maschinenschraubstock. a Sonderbacke mit Auflagesohle, auf dem Schraubstockunterteil befestigt; b Sonderbacke an beweglicher Spannbacke des Schraubstocks befestigt; c Ladekäfig; d_1 und d_2 Führungsbolzen sitzen fest in c und werden mit Schiebesitz in Führungsbuchsen e_1 und e_2 der Sonderbacken a und b geführt

4. Bohrspannvorrichtungen

4.1. Bohren ohne und mit Vorrichtung

Wie schon im Vorwort zu diesem Band erwähnt, hat die Entwicklung der Koordinaten-Bohrmaschinen und der NC-Technik im Laufe der Zeit dazu geführt, daß so manche besonders dafür geeignete Werkstücke ohne Vorrichtung auf diesen Maschinen ebenso genau und austauschbar gebohrt wurden wie mit Vorrichtungen auf gewöhnlichen Bohrmaschinen und Schwenk-Bohrmaschinen. Die Entscheidung, ob nun das Bohren ohne Vorrichtung auf einer solchen neuzeitlichen Maschine oder mit Vorrichtung auf den gewöhnlichen Maschinen vorzuziehen ist, hängt im wesentlichen von der Werkstückzahl ab. Sie wird aber auch von der Frage bestimmt, in welchem Maße solche hochwertigen Maschinen dem Betrieb zur Verfügung stehen, wie ausgelastet der Maschinenpark ist, und ob bestimmte Engpaßmaschinen zu entlasten sind. Es ist ebenso eine Frage, wieviel Zeit für die etwaige Anfertigung einer Vorrichtung zur Verfügung steht.

Sicher ist, daß in der Reihen- und Massenfertigung, bei kleineren Werkstücken und einfacheren Bohrarbeiten, wie z. B. dem Bohren von Löchern in Ring- und Gehäuseflansche u. dgl. das Bohren in und mit Vorrichtungen zu bevorzugen ist, wohingegen bei größeren und schwierigeren Werkstücken mit Lagerbohrungen, abgesetzten Bohrungen und Planarbeiten usw. wohl das Bohren ohne Vorrichtung auf Koordinaten- oder NC-Bohrmaschinen vorzuziehen ist.

In Zweifelsfällen ist eine Entscheidung hinsichtlich der Kosten leicht zu fällen. Werden die Fertigungskosten ohne Vorrichtung (Koordinaten- oder NC-Bohrmaschine) denen einer Fertigung mit Vorrichtung (Säulen- oder Schwenk-Bohrmaschine) gegenübergestellt, so ergibt sich folgende Gleichung:

$$(t_{r1} + xt_{e1})\,(L_{m1} + FGK_1) = (t_{r2} + xt_{e2})\,(L_{m2} + FGK_2) + K_v$$

Hierin bedeuten:

t_r = Rüstzeit in min,
t_e = Zeit je Einheit in min,
L_m = Lohnsatz in DM/min,

FGK = Fertigungsgemeinkosten in DM/min,
K_v = Kosten für Erstellung der Vorrichtung in DM.

Der Index 1 entspricht den Werten für die Koordinaten- bzw. NC-Bohrmaschinen, der Index 2 denen für Ständer- und Schwenk-Bohrmaschinen. Löst man die Gleichung nach x auf, so ergibt sich diejenige Werkstückzahl, bei der der Gesamtaufwand für die beiden Fertigungsmethoden gleich groß ist.

Die maßgebenden Faktoren sind hierbei:
In Fall 1 die Fertigungsgemeinkosten und die Stückzahl einschließlich der Zeiten für das Bestimmen und Spannen, sowie das Eingeben der Daten für die Steuerung.
Im Fall 2 die Fertigungsgemeinkosten und die Stückzeit, sowie die anteiligen Kosten der Vorrichtung je Werkstück, wozu auch noch, in die obige Gleichung nicht mit einbezogene, kaum erfaßbare Kosten für die Lagerung und Instandhaltung der Vorrichtung gerechnet werden müssen.

Es ist hier darauf hinzuweisen, daß die in Abschnitt 4.4.4.1 beschriebenen Wendespanner (Bilder 4.41 und 4.42) auch für das Bohren schwerer Werkstücke auf Bohrmaschinen mit automatischer Positionierung der Werkzeuge ohne zusätzliche Bohrvorrichtung zwecks Zeiteinsparung sehr gut geeignet sind.

4.2. Allgemeine konstruktive Grundsätze

4.2.1. Vorteile der Bohrspannvorrichtungen

Durch den Gebrauch richtig konstruierter Vorrichtungen wird zunächst einmal wie beim Bohren auf Koordinaten- und NC-Bohrmaschinen das Anreißen und Ankörnen, sowie das probeweise Anbohren und Nachkörnen erspart. Auch mit ihnen ist es möglich, auf billige Weise an einer beliebigen Anzahl gleicher Werkstücke genau übereinstimmende Löcher zu bohren und damit die Austauschbarkeit der Werkstücke zu erreichen. Ihr besonderer Vorteil ist es aber, daß mit ihnen das Lagebestimmen und das Spannen sehr beschleunigt werden. Insgesamt werden also mit ihnen größere Zeitersparnisse erzielt als mit reinen Spannvorrichtungen, und darum machen sie sich auch schon bei verhältnismäßig niedrigen Stückzahlen bezahlt.

4.2.2. Wirkungsweise der Bohrspannvorrichtungen

Die Bohrspannvorrichtungen werden im Gegensatz zu den reinen Spannvorrichtungen meistens lose auf den Bohrmaschinentisch gestellt, damit sie schnell in die verschiedenen Arbeitsstellungen geschoben werden können, in denen das Bohrwerkzeug mit der Führung genau fluchten muß. Jedoch gibt es auch sehr viele Ausnahmen, die durch Werkstück, Maschine und Größe der Vorrichtung bestimmt sind. So beispielsweise, wenn nur jeweils ein Loch in das Werkstück zu bohren ist oder bei schweren, nicht mehr zu hantierenden Vorrichtungen eine Schwenk-Bohrmaschine benutzt wird, deren Bohrspindel sich mühelos auf jedes Loch des Werkstückes ausrichten läßt.

4.3. Bemerkenswertes einzelner Unterarten

4.3.1. Bohrschablonen

Diese sind nur dann zweckmäßig und wirtschaftlich, wenn sie schnell in der richtigen Lage auf dem Werkstück befestigt werden können, ohne daß dabei Meßgeräte irgendwelcher Art verwandt werden. Sie werden hauptsächlich im Großmaschinenbau, im Kesselbau, in Rohrwerkstätten und in blechverarbeitenden Betrieben angewandt.

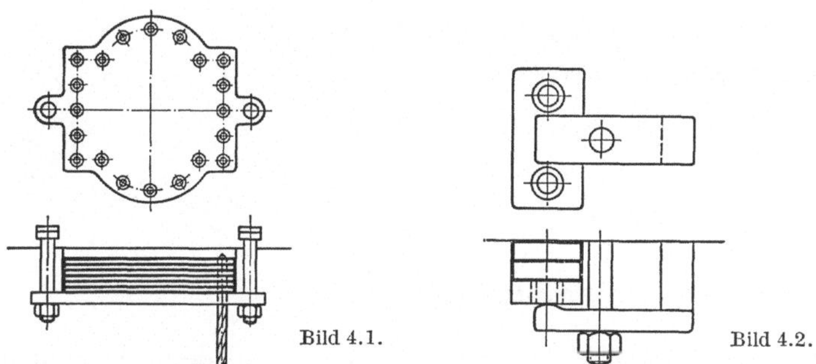

Bild 4.1.   Bild 4.2.

Bilder 4.1 und 4.2. Formschablonen

4.3.1.1. Formschablonen werden in der Regel entweder ganz oder teilweise den Umrissen des zu bohrenden Werkstückes nachgebildet, damit sie dadurch auf dem Werkstück bestimmt werden können. Sie erfüllen ihren Zweck besonders gut, wenn man Blechplatten mit zahlreichen Löchern damit bohrt und dabei mehrere Platten übereinander spannt (Bild 4.1). Formschablonen werden aber häufig an ganz verkehrter Stelle angewendet. Ein Beispiel dafür ist Bild 4.2. Das Ausrichten und Festspannen des Werkstückes und der Bohrschablone dauert zu lange und erfordert hier etwa dieselbe Zeit wie das Bohren selbst. Außerdem können durch schiefe Auflage, die bei der geringen Breite des Werkstückes sehr wohl möglich ist, die Bohrbuchsen und Bohrer beschädigt werden. Auch kann die Bohrschablone, wenn sie nicht sehr fest gespannt wird, sehr leicht beim Bohren verrutschen.

4.3.1.2. Ring- und Einmittschablonen verwendet man hauptsächlich zum Bohren von Flanschen. In dem Beispiel Bild 4.3 ist ihre Anwendung unwirtschaftlich und nur zu verantworten, wenn bei geringen Stückzahlen die Forderung auf Austauschbarkeit besteht. Denn hier wird das Werkstück mit der Wasserwaage oder anderen Hilfsmitteln auf dem Maschinentisch ausgerichtet und durch besondere Mittel festgespannt und dann erst die Bohrschablone auf dem Werkstück befestigt. Die Nebenzeiten sind hierbei im Verhältnis zur Bohrzeit viel zu groß. Mit diesen Bohrschablonen kann nur wirtschaftlich gearbeitet werden, wenn sie ohne weiteres, wie in dem Beispiel Bild 4.4, schnell auf dem Werkstück befestigt werden können.

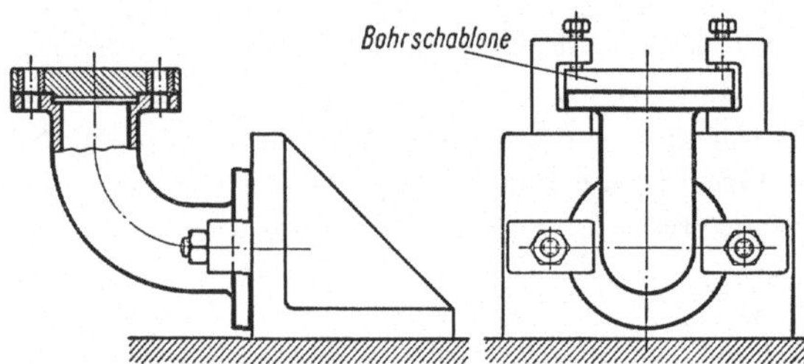

Bild 4.3. Ringbohrschablone, falsch angewendet

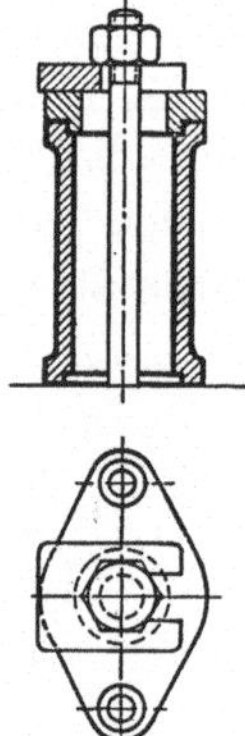

Bild 4.4. Einmittbohrschablone

4.3.2. Standbohrspannvorrichtungen

Diese haben den besonderen Vorteil, daß sie auf dem Maschinentisch sachgemäß befestigt werden können, wodurch Fehler in der Bedienung, wie sie bei beweglichen Vorrichtungen möglich sind, vermieden werden. Auch ist die Bedienung einfach und leicht, denn es ist immer nur das Werkstück allein zu handhaben. Bild 4.5 zeigt das Anordnungsschema für Standbohrspannvorrichtungen. Der Vorrichtungskörper kann beliebig schwer sein, muß aber auf dem Maschinentisch festgespannt werden können.

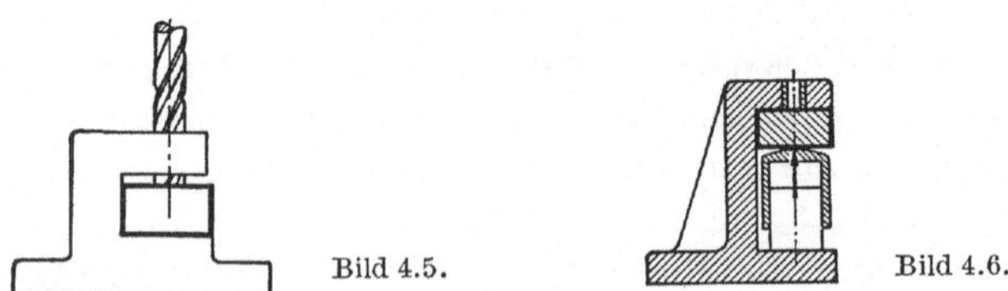

Bild 4.5.   Bild 4.6.

Bilder 4.5. und 4.6. Standbohrspannvorrichtungen, schematisch

84

4.3.2.1. Standbohrspannvorrichtungen mit fester, die Spannkraft aufnehmender Bohrplatte. Es gilt als Regel, nicht gegen die Bearbeitungskraft zu spannen. Diese Regel ist jedoch anfechtbar [8]. Bei diesen Vorrichtungen hier wird auch davon abgewichen, da die Konstruktionsverhältnisse besonders bei Anwendung von Druckluft auf eine gegensätzliche Anordnung hinweisen. Im Abschnitt 4.4 werden bestbewährte Konstruktionsbeispiele dieser Art gezeigt. In Bild 4.6 ist eine Anordnung schematisch wiedergegeben.

4.3.2.2. Standbohrspannvorrichtungen mit beweglicher Bohrplatte. In dem Bestreben, das Werkstück in Richtung der Bearbeitungskraft auf eine feste Unterlage zu spannen, werden recht häufig Vorrichtungen nach dem Schema Bild 4.7 entworfen, die aber weniger einfach in Konstruktion und Bedienung sind als die vorigen. Sie dürften daher nur dann am Platz sein, wenn durch die zum Fortklappen eingerichtete Bohrplatte Wechselbuchsen erspart werden können.

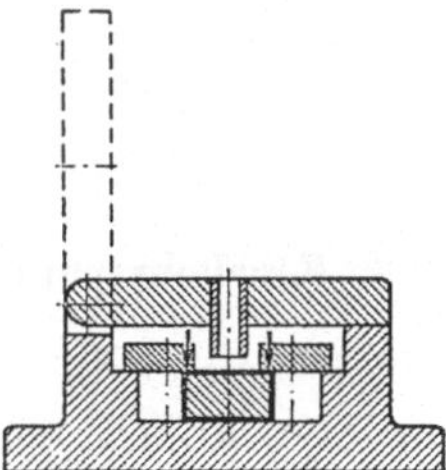

Bild 4.7. Standbohrspannvorrichtung mit beweglicher Bohrplatte

4.3.3. Mehrfachbohrspannvorrichtungen

Werden in der Massenfertigung die eigentlichen Bohrzeiten durch Verwendung von Mehrspindelköpfen und erstklassigen Schnellbohrern auf das äußerste herabgemindert, so tritt ein ungünstiges Verhältnis von Haupt- zu Nebenzeiten ein, selbst wenn diese durch raffinierteste Spannarten auf das denkbar geringste Maß gebracht worden sind. Eine Verkürzung der Nebenzeiten ist dann nur noch dadurch möglich, daß man sie in die Hauptzeit verlegt, was durch Mehrfachbohrspannvorrichtungen erreicht werden kann. In der Regel ordnet man zwei gleiche Vorrichtungen, die einzeln konstruktiv den Standbohrspannvorrichtungen entsprechen, nebeneinander als ein Ganzes auf einer besonderen Unterlage an. Auf dieser werden sie entweder geradlinig verschoben oder um 180° um eine gemeinsame Achse geschwenkt und dadurch abwechselnd in Arbeitsstellung gebracht. Die eigentliche Aufspannzeit fällt in die Hauptzeit und als Nebenzeit bleibt nur die natürlich erheblich geringere Zeit zum Umschalten der Vorrichtung.

Bild 4.8 zeigt das Schema einer Vorrichtung, die geradlinig verschoben und abwechselnd bedient wird. Es genügen einfache Schraubenanschläge für die jeweiligen Arbeitsstellungen. Dieselbe Vorrichtung zum Schwenken um 180° ist in Bild 4.9 schematisch wiedergegeben. Ein einfacher Kugelfeststeller genügt zum Festlegen in den Arbeitsstellungen.

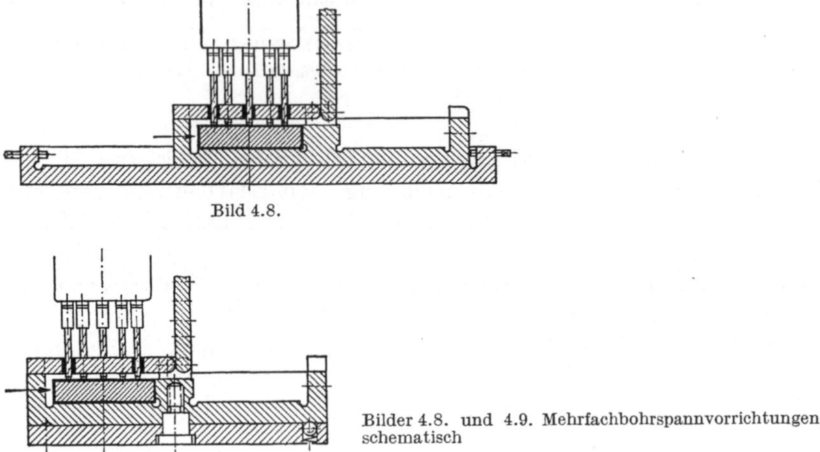

Bild 4.8.

Bild 4.9.

Bilder 4.8. und 4.9. Mehrfachbohrspannvorrichtungen, schematisch

4.3.4. Kippbohrspannvorrichtungen

Bild 4.10 zeigt die charakteristische Kastenform dieser Vorrichtungen, mit den Füßen als Auflageflächen. Da die Kippbohrvorrichtungen während des Betriebes fortgesetzt gekippt werden müssen, ist im Gegensatz zu den Standvorrichtungen ihr Gewicht zu beachten: die Vorrichtung zusammen mit dem darin eingespannten Werkstück, muß sich noch ohne besondere Anstrengung handhaben lassen. Deshalb ist eine Schweißkonstruktion aus leichten Stahlteilen oder eine Konstruktion aus Leichtmetall für das Gehäuse zu verwenden (s. auch DIN 6347). Das Gewicht muß in einem vernünftigen Verhältnis zu den jeweiligen einzelnen Bohrzeiten stehen. Sind z. B. mit einer schweren Vorrichtung nur wenige kurze Löcher, jedoch von verschiedenen Seiten zu bohren, so kann dem Arbeiter keineswegs zugemutet werden, etwa alle 1 bis 2 min diese Last herumzukanten. Sind dagegen Arbeiten von längerer Dauer auszuführen, so macht es wenig aus, wenn die Vor-

Bild 4.10. Kippbohrspannvorrichtung

Bild 4.11. Kippbohrspannvorrichtung mit schrägen Füßen zum Mitbohren schräger Löcher

richtungen etwa alle 15 min zu bewegen ist. Gegebenenfalls sind für die
Kippbohrspannvorrichtungen Wendespanner (s. Abschn. 4.4.1.) anzuwenden.

Zum Bohren schräger Löcher sind die Kippbohrspannvorrichtungen mit entsprechend schräg liegenden Füßen zu versehen, die bei
senkrechter Lage der Schräglöcher in einer T-Nut des Maschinentisches
versenkt werden (s. Bild 4.11).

4.3.5. Schwenkbare Bohrspannvorrichtungen

Ergeben sich durch Größe, Gewicht oder sperrige Form der Werkstücke zum Kippen zu schwere und unhandliche Vorrichtungen und
lassen sich die üblichen Wendespanner nicht verwenden, so ordnet man
sie schwenkbar an. Sie werden zu diesem Zweck an Drehzapfen so
gelagert, daß sich die zu bohrenden Löcher durch leichte Schwenk-

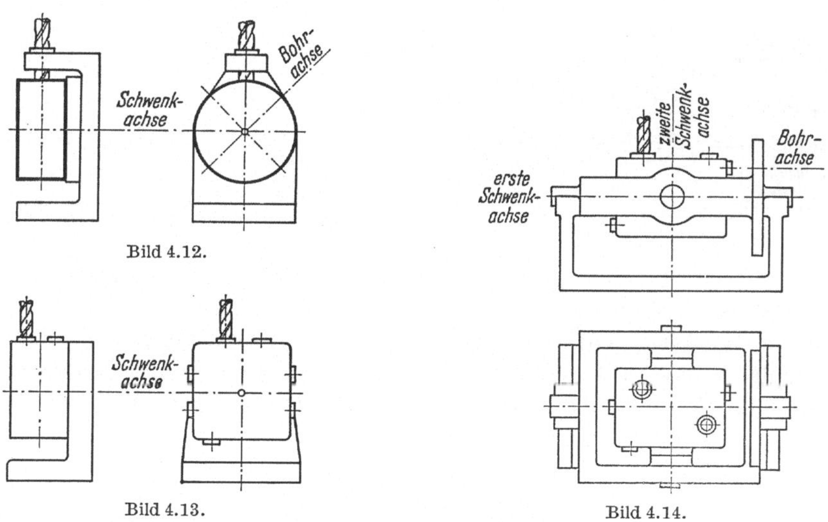

Bilder 4.12. bis 4.14. Schwenkbare Bohrspannvorrichtungen

bewegung unter die Bohrwerkzeuge bringen lassen. Meistens werden
diese Vorrichtungen mit *einer* Schwenkachse ausgeführt. In geeigneten
Fällen kann dabei die Werkzeugführung wie in der schematischen
Darstellung Bild 4.12 am festen Ständer angeordnet werden. Sonst
kommt die Ausführung nach dem Schema Bild 4.13 in Frage. Die
Ausführung mit *zwei* sich kreuzenden Achsen nach dem Schema
Bild 4.14 wird man nur in sehr seltenen Fällen zu erwägen haben,
und dann wird man noch oft wegen kaum überwindlicher konstruktiver Schwierigkeiten es vorziehen, den Arbeitsgang zu unterteilen.

4.3.6. Vielzweckbohrspannvorrichtungen
(im Folgenden Schnellspanner genannt)

Die Schnellspanner in ihrer zweckmäßigen Ausführung als Universalvorrichtung mit der praktischen Ein-Griff-Spannung sind wegen ihrer
einfachen Handhabung und der Vielseitigkeit ihrer Anwendbarkeit für
jeweils eine ganze Reihe unterschiedlicher Werkstücke sehr weit ver-
breitet und aus einer neuzeitlichen Fertigung einfach nicht mehr fort-
zudenken (s. auch DIN 6348). Sie werden meist als Standbohrspannvorrichtung, aber auch als Mehrfachspannvorrichtung ausgeführt. Sie
unterscheiden sich aber von diesen im wesentlichen dadurch, daß das
Werkstück entgegen der allgemeinen Regel mit der Bohrplatte in
Richtung Aufnahmeplatte bzw. Grundkörper gespannt wird und weiter
durch die Auswechselbarkeit ihrer Elemente für die Werkstückaufnahme und die Werkzeugführung. Das Bild 4.15 zeigt ein typisches
Beispiel. (Weitere Beispiele siehe Bilder 4.44 bis 4.52).

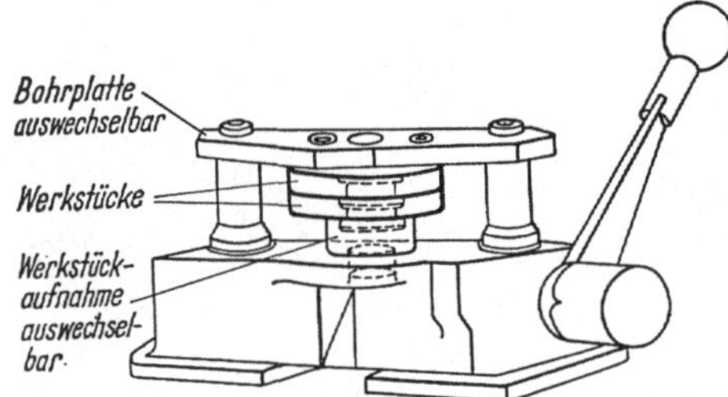

Bild 4.15.   Vielzweck-Bohrspannvorrich-
tung (Schnellspanner entspr. DIN 6348)

In diesem Beispiel, in dem es sich um zwei Ringflansche als Werkstücke handelt, deren Innendurchmesser mit $\pm$ 0,2 mm toleriert ist,
ist die Werkstückaufnahme zum Bestimmen durch den auf die Auflageplatte bzw. auf den Grundkörper aufgesetzten Aufnahmeaufsatz
sehr einfach, und es kann mit der Bohrplatte auf die flachen Werkstücke
gespannt werden, sofern diese nur stark genug ist.

Aber auch bei anders geformten flachen Werkstücken genügt beim
Bohren im Schnellspanner diese einfache Klemmspannung, ohne daß
es besonderer Spannelemente bedarf. Es sind dann nur Bestimmpunkte
zu setzen.

Größere Schnittkräfte und auch schwierig gestaltete und höhere
Werkstücke verlangen aber sicheres Bestimmen und formschlüssiges
Spannen durch besondere Spannelemente ebenso, wie die oft vorkommenden Werkstücke mit unbearbeiteten Außenkanten und ohne
sonstige Bestimm- und Einmittmöglichkeiten. Bei solchen Werkstük-
ken kann man sich beim Lagebestimmen und Spannen nicht nur auf
eine Werkstückkante beziehen, sondern muß das Werkstück ebenfalls
mit besonderen Spannelementen allseitig nach seiner Außenform ausrichten. Wie einige der folgenden Bilder zeigen, sind dabei größere Eck-
rundungen an kantigen Werkstücken günstiger als kleine.

Je nach Werkstückart können beim Spannen solcher Werkstücke mit
Spannelementen kauptsächlich die zwei nachfolgend beschriebenen
Methoden angewendet werden:

4.3.6.1. Keil- und Kegelbolzenspannung. ist die am häufigsten ange-
wandte Methode. Sie ermöglicht es, daß ein Werkstück nach seiner
Außenform so ausgerichtet wird, daß die Toleranzen in beiden Richtungen in der Ebene gemittelt werden. Bei dieser Methode bewerkstel-
ligen Keil- oder Kegelbolzen gleichzeitig das Lagebestimmen und das
Spannen, oder auch zylindrische und keil- oder kegelformige Bolzen
gemeinsam. Dabei dienen die zylindrischen als Bestimmpunkte, während die keil- oder kegelförmigen spannen. Zum Vorbestimmen dienen
niedrige Hilfsbolzen, zwischen die das Werkstück mit etwas Spiel eingelegt wird. Kegelbolzen haben gegenüber Keilbolzen den Vorteil, daß
sie einfacher herzustellen und einzubauen und für die Späneabfuhr
günstiger sind.

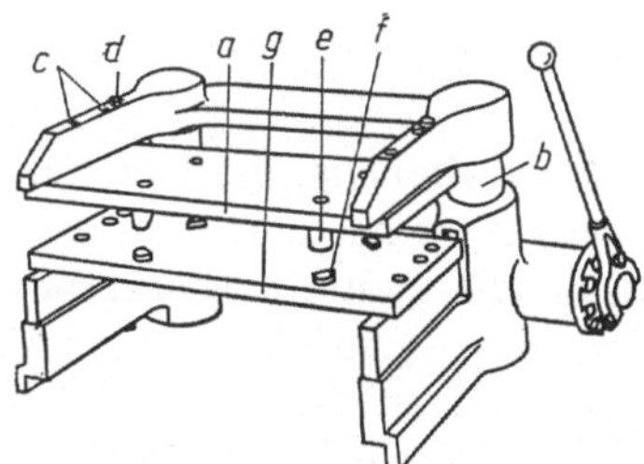

Bild 4.16. *U*-förmiger Schnellspanner. *a* Bohrplatte,
b Führungen, *c* Gewindelöcher, *d* Fixierbolzen, *e* Keil-
oder Kegelspannbolzen, *f* Hilfsbolzen, *g* Auflageplatte

Bild 4.16 bringt die schematische Darstellung eines Schnellspanners
mit den Bestimm- und Spannelementen. Die Spannelemente sollten
am besten in die Bohrplatte *a* gesetzt werden. Dadurch wird die Werk-
stückeinspannung steifer, und die Führungen *b* des Schnellspanners
werden entlastet. Beim Spannen gegen die Werkstückkanten entstehen
an den Spannpunkten bei dieser Methode geringe Druckstellen, deren
Zulässigkeit zu erwägen ist.

Die Bilder 4.17 und 4.18 stellen die Spannsysteme mit Keil- bzw.
Kegelbolzen und Hilfsbolzen dar. Die Hilfsbolzen sollen einen Abstand

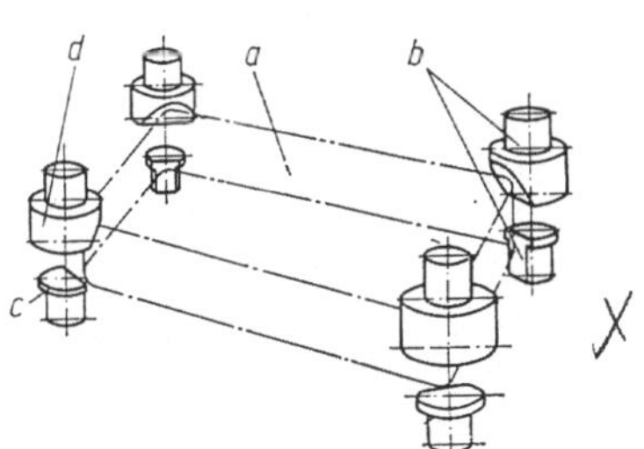

Bild 4.17. Werkstückspannung zwischen
Keilbolzen. *a* Werkstück, *b* Zapfen,
  c Hilfsbolzen, *d* Keilspannbolzen

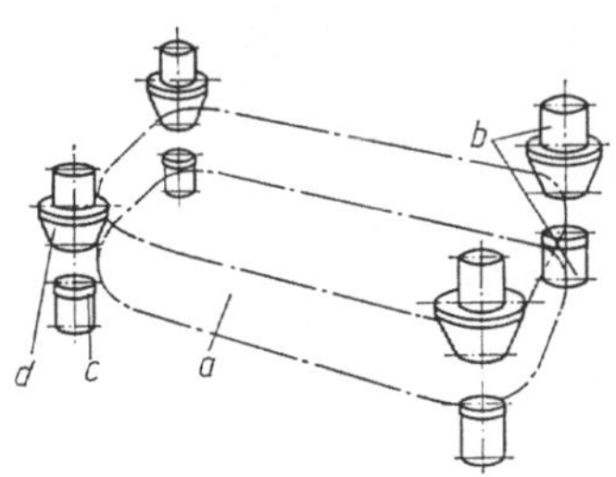

Bild 4.18. Werkstückspannung zwischen
Kegelbolzen. *a* Werkstück, *b* Zapfen,
  c Hilfsbolzen, *d* Kegelspannbolzen

von 1,5 mm vom Werkstück und eine Höhe von 5 mm haben. Der Keil- bzw. Kegelwinkel sollte zwischen 15° und 25° liegen. Die Keil-bzw. Kegelfächen der Spannbolzen müssen mit ihrer Anfangskante die entsprechende Hilfsbolzenkante noch überdecken. Spann- und Hilfsbolzen sollten nicht nur eine gemeinsame Achse, sondern auch den gleichen Durchmesser haben, der bei größeren Schnellspannern meistens 20 mm beträgt.

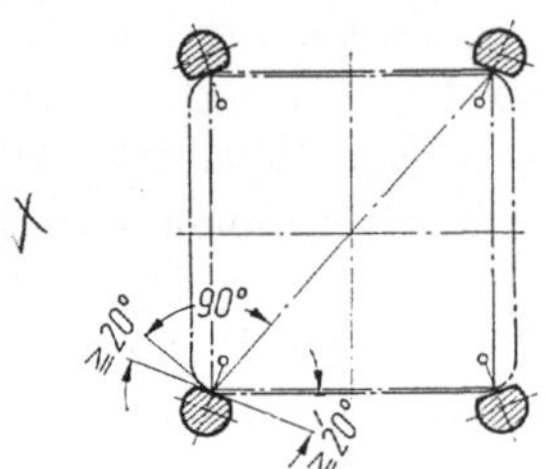

Bild 4.19. Mögliches Spannen eines quadratischen Werkstückes

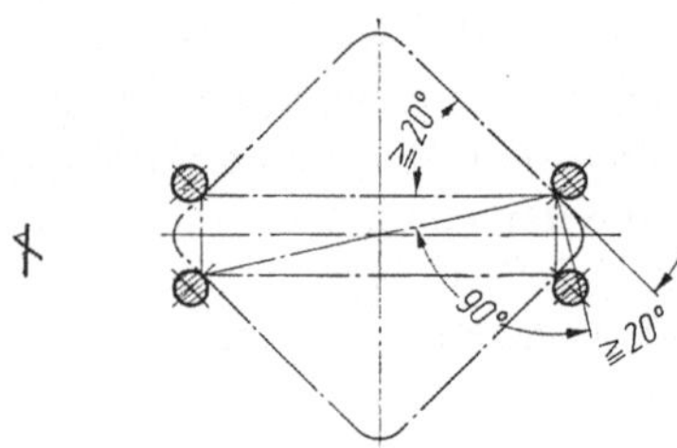

Bild 4.20. Sichereres Spannen eines quadratischen Werkstückes als in Bild 4.19.

In Schnellspannern, die mit den oben beschriebenen Ausricht- und Spannelementen ausgestattet sind, kann man nicht wie im Beispiel Bild 4.15 mehrere Werkstücke übereinander (Werkstückpaket), sondern jeweils immer nur ein Werkstück spannen.

In den Bildern 4.19 und 4.20 werden eine nicht so gute und eine bessere Möglichkeit des Spannens eines quadratischen Werkstückes dargestellt.

Handelt es sich um das Spannen dünner Werkstücke, so können hier die Spann- und Hilfsbolzen nicht in einer gemeinsamen Achse wie in den Bildern 4.17 und 4.18 übereinander liegen. Die Hilfsbolzen müßten dann nebenan an die Seitenkanten der Werkstücke gesetzt werden, was die Vorrichtung verteuern würde. In diesem Fall wäre es einfacher, die Spannbolzen so zu verlängern, daß sie auch bei hochgezogener Bohr-

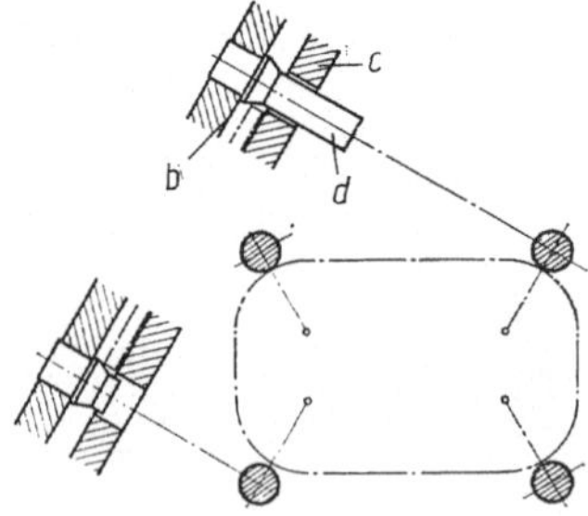

Bild 4.21. Keil- und Kegelbolzen mit Hilfsverlängerung. *b* Bohrplatte, *c* Auflageplatte, *d* drei Bolzen mit und einer ohne Verlängerung

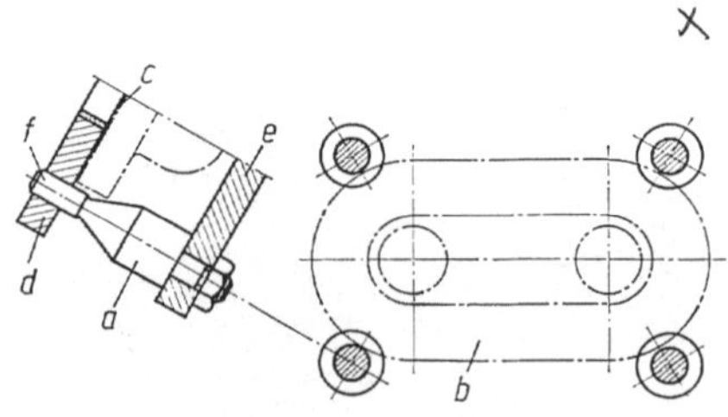

Bild 4.22. Spannbolzen mit Hilfsverlängerung in umgekehrter Anordnung wie in Bild 4.21. *a* Spannbolzen, *b* Werkstück, *c* bearbeitete Fläche, *d* Bohrplatte, *e* Auflageplatte, für Hilfsverlängerung an Bolzen *a*, *f* Führungszapfen

platte *b*, die ja auch als Spannplatte dient, noch in die untere Auflageplatte *c* hineinreichen, wie in Bild 4.21 zu erkennen. Dabei muß ein Bolzen *d* ohne Verlängerung bleiben, damit das Werkstück ohne Schwierigkeit eingelegt werden kann.

In Bild 4.22 sind drei Spannbolzen *a* ebenfalls mit Hilfsverlängerung versehen, doch hier zur Erhöhung der Vorrichtungsstabilität. Das Werkstück *b* ist ein Deckel mit Überströmkanal, an dem außer dem Bohren der Befestigungslöcher noch die beiden Anschlüsse in die bearbeitete Fläche *c* eingesenkt werden müssen. Deshalb liegt diese Fläche hier nach oben an der Bohrspannplatte *d* an, während die Spannbolzen *a* hier entgegengesetzt in der Aufnahmeplatte *e* sitzen. Um trotz der langen Bolzen eine ausreichende Steifigkeit zu erhalten, sind die Bolzen mit den Führungszapfen *f* versehen, die beim Spannen in der Bohrplatte aufgenommen werden.

4.3.6.2. Pendelnde Spannelemente an Schnellspannern.

Die im vorigen Abschnitt als Spannelemente verwendeten Keil- und Kegelbolzen sind nicht unbeschränkt verwendungsfähig. Bei komplizierten und hohen Werkstücken müssen die Spannelemente entsprechend den Werkstücken ausgeführt werden. Hierfür haben sich in der Praxis u. a. pendelnde Spannelemente gut bewährt.

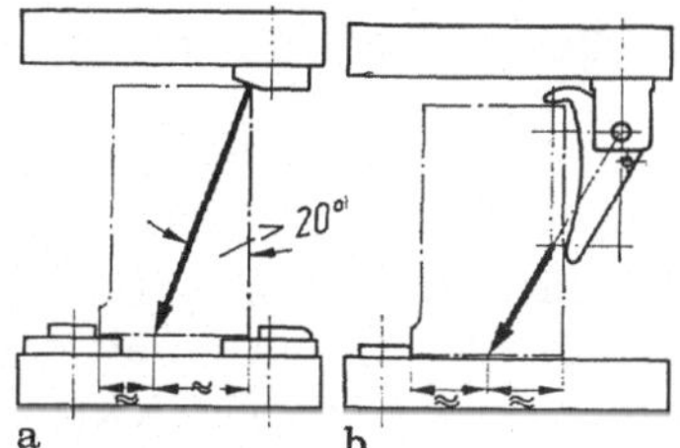

Bild 4.23. Vergleich zwischen Keilbolzen- und Pendelstückspannung. *a* Ungünstige Spannrichtung durch Keilbolzen, *b* bessere Spannrichtung durch Pendelstück

Bild 4.23 zeigt bei einem hohen Werkstück den Vergleich zwischen Keil- bzw. Kegelbolzenspannung und Pendelstückspannung.

Das Bild 4.24 zeigt das Bestimmen und Spannen eines hochkant auf der Grundplatte *a* stehenden Werkstückes *b*, dessen eine Breitseite gegen die Bestimmbolzen *c* an der Grundplatte und die Bestimmbolzen *d* an der Bohrplatte *e* gedrückt und in der anderen Richtung durch das keilförmige Pendelstück *f* gespannt wird. Hiermit kann die resultierende Spannkraft weiter nach unten verlagert werden als mit Keiloder Kegelbolzen. Das Pendelstück hat außerdem den Vorzug, daß die Werkstückkante geschont wird. Die oberen oder unteren Bestimmbolzen müssen ausreichend lang sein, damit das Werkstück auch bei angehobener Bohrplatte noch an ihnen anliegt.

Mit den oben gezeigten Beispielen sind die Möglichkeiten für das Spannen schwierig gestalteter Werkstücke in Schnellspannern noch

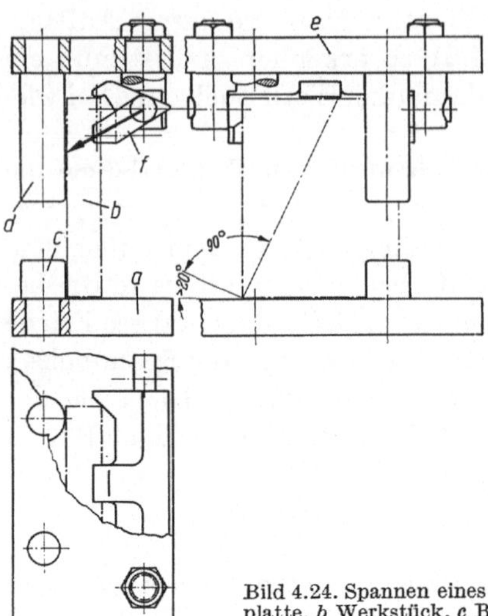

Bild 4.24. Spannen eines hohen Werkstückes durch Pendelstück. *a* Grundplatte, *b* Werkstück, *c* Bestimmbolzen auf der Grundplatte, *d* Bestimmbolzen an der Bohrplatte, *e* Bohrplatte, *f* Pendelstück

lange nicht erschöpft. Sie zeigen aber Wege auf, wie sorgfältig in jedem Fall die sichere Art des Bestimmens und Spannens zu überlegen ist.

4.4. Beispiele allgemeiner Bohrspannvorrichtungen

Bei den nachfolgend gezeigten Beispielen handelt es sich um solche Werkstücke, die schon beim Vorliegen mittlerer Stückzahlen am wirtschaftlichsten in Vorrichtungen auf einfachen Bohrmaschinen gebohrt werden, weil es sich — mit der einzigen Ausnahme von Beispiel Bild 4.26 — bei allen diesen Beispielen um das Bohren einfacher, nicht abgesetzter durchgehender nur mit dem Wendelbohrer bohrbarer Löcher handelt.

4.4.1. Standbohrspannvorrichtungen

4.4.1.1. Standbohrspannvorrichtung in Verbindung mit Gemeinvorrichtungen. Das Bild 4.25 zeigt eine Bohrspannvorrichtung, für die ein mittendes *Dreibackenfutter* und ein Teilapparat (Arbeitsvorrichtung) als *Gemeinvorrichtungen* verwendet werden. Sie dient zum Bohren von gleichmäßig im Kreise angeordneten Löchern in Rundkörper, hauptsächlich Flansche. Der Lochkreis kann verschieden sein, denn er ist an der Vorrichtung durch Millimeterskala mit Nonius einstellbar.

Durch Versetzen des Führungsbockes auf der Grundplatte, die aus diesem Grunde länger gehalten ist, kann der Einsatzbereich der Vorrichtung nach Bedarf vergrößert werden. Diese Vorrichtung ist be-

92

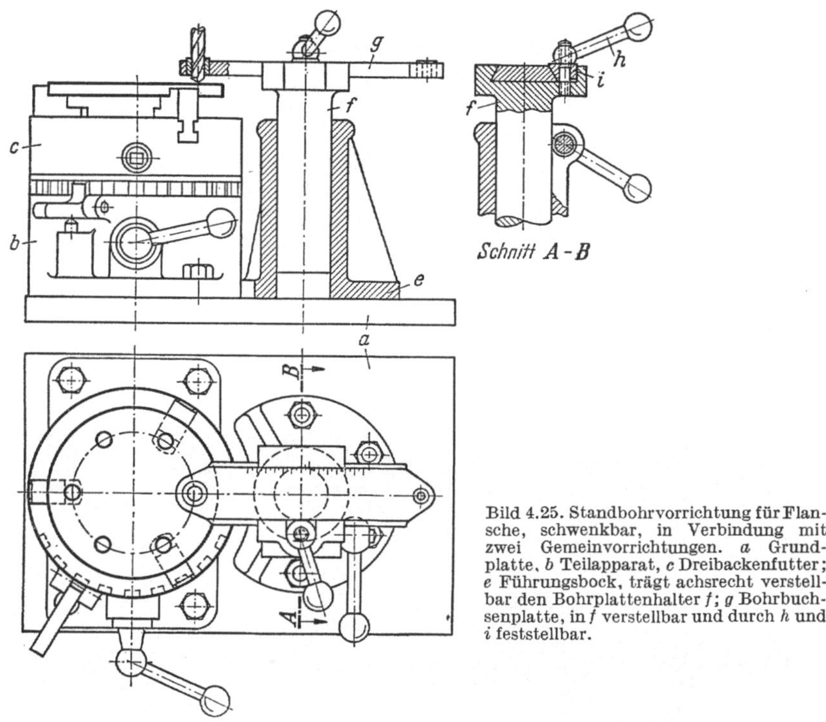

Bild 4.25. Standbohrvorrichtung für Flansche, schwenkbar, in Verbindung mit zwei Gemeinvorrichtungen. *a* Grundplatte, *b* Teilapparat, *c* Dreibackenfutter; *e* Führungsbock, trägt achsrecht verstellbar den Bohrplattenhalter *f*; *g* Bohrbuchsenplatte, in *f* verstellbar und durch *h* und *i* feststellbar.

sonders vorteilhaft füt Betriebe, in denen — wie z. B. im Behälterbau — nur gelegentlich kleinere Stückzahlen runder Flansche unterschiedlicher Lochkreisdurchmesser und Lochzahlen gebohrt werden müssen. Dafür lohnt sich die Beschaffung entsprechender Bohrschablonen und das jedesmalige Umrüsten von Schnellspannern nicht.

In Bild 4.26 ist ein Maschinenschraubstock (Gemeinvorrichtung) als Bohrspannvorrichtung ausgebildet. Das Werkstück wird durch zwei Sonderbacken aufgenommen: durch Backe *a* bestimmt und durch Backe *b* halbgemittet.

Die Halbmittung in bezug auf die Quermittelebene hat zur Folge, daß kleine Schönheitsfehler mit in Kauf genommen werden müssen. Sind solche keinesfalls zulässig, so muß durch zwei gleichmäßig gegeneinander wirkende Prismen gemittet werden.

4.4.1.2. Standbohrspannvorrichtung für Hebel. Bild 4.27 ist ein Beispiel einfacher Exzenterspannung zum Bohren des Klemmschraubenloches in einen Hebel. Der Hebel wird mit der Nabenbohrung an einem Zapfen *a* des geschweißten Vorrichtungskörpers *b* aufgenommen, an seinem Daumen unterstützt und mit dem Druckexzenter *c* festgespannt. Es sind Steckbohrbuchsen *d* vorgesehen, weil das zu bohrende Loch abgesetzt ist und Gewinde gebohrt werden muß. Die Steckbuchsen

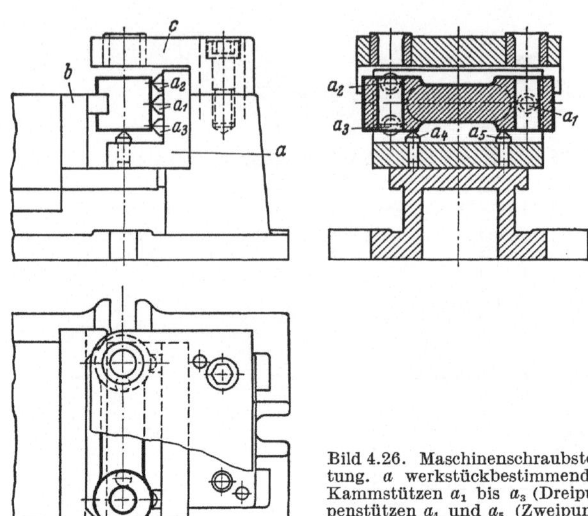

Bild 4.26. Maschinenschraubstock als Bohrspannvorrichtung. a werkstückbestimmender Backeneinsatz mit drei Kammstützen a_1 bis a_3 (Dreipunktauflage) und zwei Kuppenstützen a_4 und a_5 (Zweipunktauflage); b werkstückmittender Backeneinsatz der beweglichen Spannbacke, c Bohrplatte

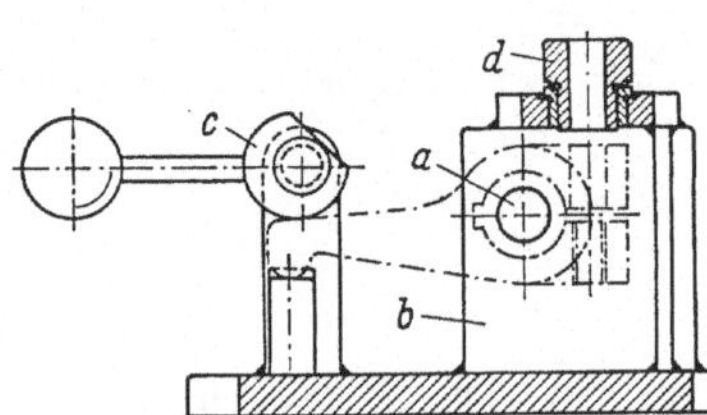

Bild 4.27. Standbohrspannvorrichtung für Hebel. a Einmittzapfen im Vorrichtungskörper b; c Spannexzenter, d Steckbuchse

werden in einer fest in der Vorrichtung sitzenden ebenfalls gehärteten Grundbuchse aufgenommen.

4.4.1.3. Die Standbohrspannvorrichtung für Überwurfmuttern (Bild 4.28) dient zum Bohren von Sicherungsdrahtlöchern in Überwurfmuttern und ist zum Bohren aller vorkommenden Größen eingerichtet. Sie

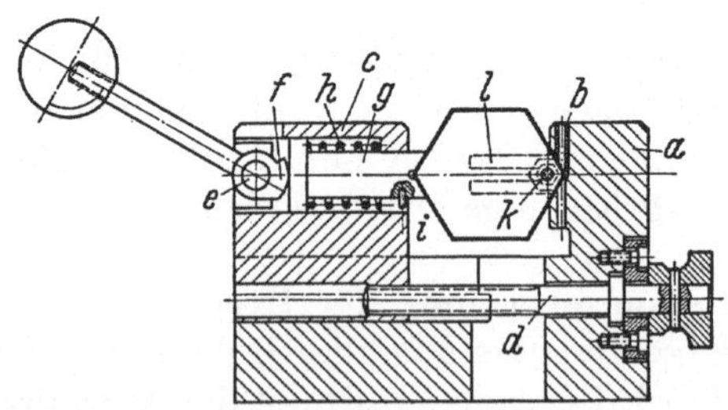

Bild 4.28. Standbohrspannvorrichtung für Überwurfmuttern. Vorrichtungskörper a trägt feste Bohrbuchse b; c Spannbacke, darin gleitend, durch Gewindespindel d auf jeweilige Muttergröße so einstellbar, daß Hub des durch Bolzen e an c angelenkten Spannexzenters f ausreicht, um Mutter durch Zapfen g festzuspannen; Druckfeder h bewirkt Abheben des Zapfens nach dem Entspannen; Stift i verhindert Verdrehen von g; Stellschraube k mit Gegenmutter für die verschiedenen Muttergrößen auf Gabel l verschiebbar angeordnet, wird jeweils als Anschlag eingestellt, so daß gebohrte Sicherungslöcher immer auf halber Mutterhöhe liegen

ist in ihrer Art beispielhaft für die Entwicklung des neuzeitlichen Vorrichtungsbaues, die nicht nur eine schnelle und sichere Bedienbarkeit bei möglichst einfacher Ausführung, sondern auch vielfältige Verwendbarkeit anstrebt. Die Abbildung zeigt die Vorrichtung eingestellt für die größte vorkommende Mutter; die kleinste ist strichpunktiert angedeutet.

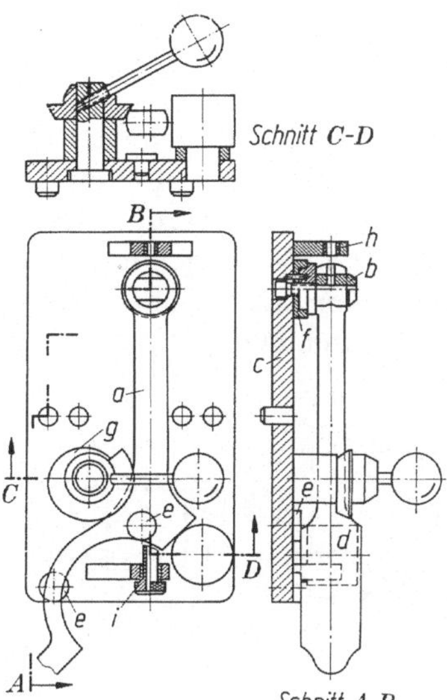

Bild 4.29. Standbohrspannvorrichtung mit Keilexzenterspannung. *a* Werkstück, *b* Einmittzapfen, *c* Grundplatte, *d* Anschlagzapfen, *e* Auflagezapfen, *f* Auflagescheibe, *g* Keilexzenterhebel, *h* Festbohrbuchse, *i* Steckbuchse

4.4.1.4. Die Standbohrspannvorrichtung mit Keilexzenterspannung (Bild 4.29) ist für das horizontale Bohren von zwei Schmierlöchern in ein Gestängeteil konstruiert. Das Werkstück *a* wird dabei in seiner Kopfbohrung durch den Einmittzapfen *b* in der Vorrichtung aufgenommen und hiermit, sowie durch den in die Grundplatte *c* eingesetzten Anschlagzapfen *d*, in seiner waagerechten Lage und den ebenfalls in der Grundplatte sitzenden Zapfen *e* wie auch durch die Auflagescheibe *f* in seiner senkrechten Lage bestimmt. Gespannt wird mittels Exzenterhebel *g* gegen den Zapfen *d*.

4.4.1.5. Die Standbohrspannvorrichtung mit Handhebelspannung. (Bild 4.30) dient zum Bohren eines Schmierloches in Lagerschalenhälften. Das Werkstück *a* wird zum Bestimmen auf die Grundplatte *b* gesetzt und mit dem durch Bolzen *c* am Vorrichtungskörper *d* angelenkten Hebel *e*, der mit dem Druckstück *f* versehen ist, von Hand gegen den Anschlag *g* gedrückt. Für die kurze Bohrzeit des kleinen Schmierloches *h* braucht das Werkstück nicht noch besonders festgehalten werden

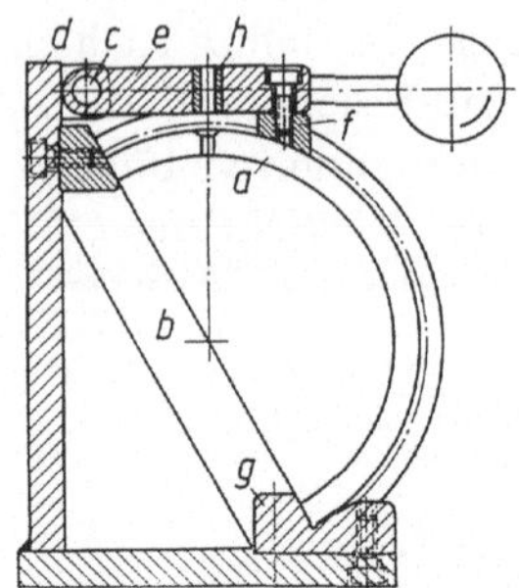

Bild 4.30. Standbohrspannvorrichtung mit Handhebelspannung. *a* Werkstück, *b* Grundplatte, *c* Bolzen, *d* Vorrichtungskörper, *f* Druckstück, *g* Anschlag, *h* Festbohrbuchse

4.4.1.6. Standbohrspannvorrichtung mit Keilschieberspannung. In dieser in Bild 4.31 dargestellten Vorrichtung sollen drei Löcher *a* in eine Nabe *b* gebohrt werden. Das Werkstück wird dabei durch den kurzen Einmittzapfen *c* gemittet und durch den unter Druck der Feder *d* stehenden mit Prisma versehenen und am Führungsstück *f* geführten Keilschieber *g* lagebestimmt und gespannt.

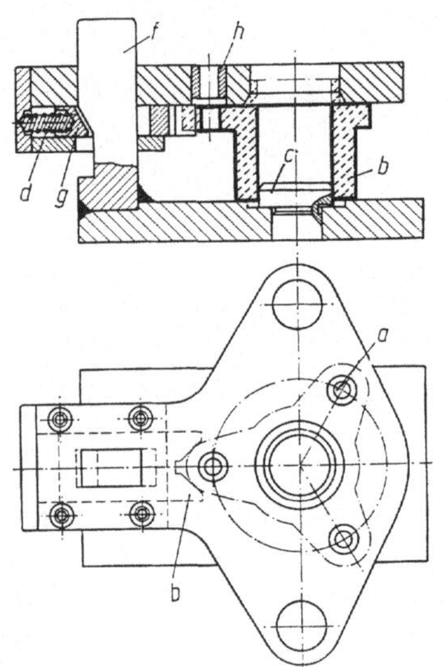

Bild 4.31. Standbohrspannvorrichtung mit Keilschieber. *a* drei zu bohrende Löcher, *b* Werkstück, *c* Einmittzapfen, *d* Druckfeder, *e* Prisma an *g*, *f* Führungsstück, *g* Keilschieber, *h* drei Festbohrbuchsen

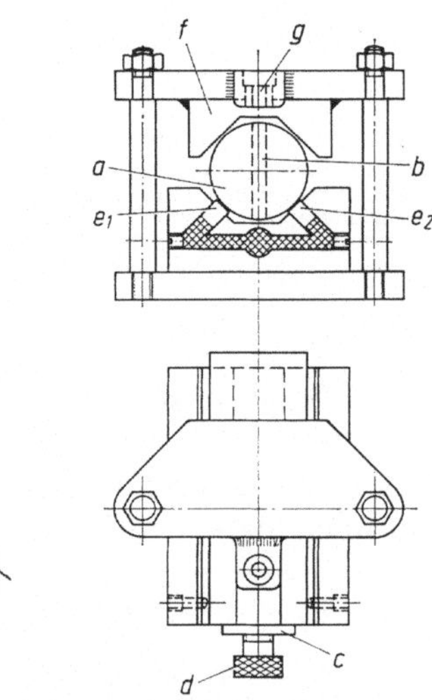

Bild 4.32. Hydraulische Standbohrspannvorrichtung. *a* Werkstück, *b* Loch in Werkstück, *c* Längenanschlag, *d* Druckschraube, e_1 und e_2 Spannkolben, *f* Vorrichtungsoberteil mit festem Prisma, *g* Festbohrbuchse

4.4.1.7. Hydraulische Standbohrspannvorrichtung. Mit dieser Vorrichtung soll in ein kurzes Wellenstück *a* das Loch *b* gebohrt werden. Wie aus dem Bild 4.32 ersichtlich, wird das Werkstück, nachdem es beim Einlegen gegen den Anschlag *c* geschoben worden ist, durch Anziehen der Druckschraube *d* über die plastische Mipolammasse und die beiden Kolben e_1 und e_2 gegen das prismaartige Vorrichtungsoberteil *f* gedrückt und damit gemittet, lagebestimmt und gespannt.

4.4.1.8. Die Druckluft-Standbohrspannvorrichtung zum paketweisen Bohren runder Scheiben Bild 4.33 ist für das Bohren der Nietlöcher für Pufferteller bestimmt und in der Grundform auch für ähnliche Teile gut geeignet, sofern sie zu Paketen übereinandergelegt werden können. Für die laufende Fertigung solcher Werkstücke ist es vorteilhafter, eine Sondervorrichtung vorzusehen anstatt einer Universalvorrichtung, wie z.B. den Schnellspanner. Die hier gezeigte Vorrichtung für Druckluftspannung ist auch noch einfacher und ohne Einsatz von Körperkraft zu bedienen.

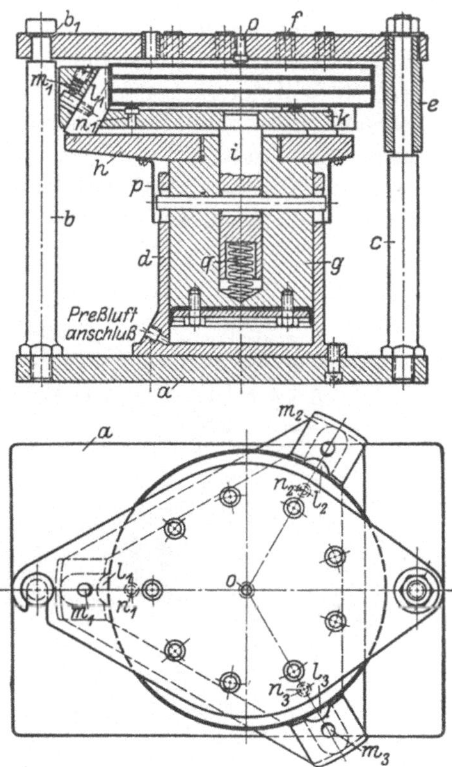

Bild 4.33. Druckluft-Standbohrspannvorrichtung zum paketweisen Bohren runder Scheiben. *a* Grundplatte trägt fest die Säulen *b* und *c* und den Druckluftzylinder *d*; *e* Führungsbuchse, in Bohrplatte *f* befestigt und um *c* drehbar; *g* Kolben, trägt fest die dreieckige Spannplatte *h* und achsrecht beweglich den Federstößel *i* mit dem Aufnahmekörper *k*; l_1 bis l_3 Ausmittstößel, werden durch die Druckfedern m_1 bis m_3 schräg abwärts gedrückt; n_1 bis n_3 Kuppenstützen (Dreipunktauflage); *o* Kuppenstütze (Einpunktauflage). *p* Schutzring, *q* Druckfeder

Die Bohrplatte *f* kann im entspannten Zustande ohne weiteres um die Säule *c* weggeschwenkt werden, so daß der Aufnahmekörper *k* freiliegt und von oben beschickt werden kann. Da die Führungsbuchse *e* etwas Spiel hat, ebenfalls der Riegelschlitz der Bohrplatte *f* auf der Säule *b*, wird die Bohrplatte durch die Spannkraft etwas angehoben, auf den Kegel b_1 gedrückt und dadurch in der richtigen Lage festgelegt. Nach dem Entspannen wird die Platte wieder zum Wegschwenken freigegeben. Besonders eigenartig ist das Mitten durch die drei Stößel l_1 bis l_3. Im entspannten Zustande wird der Aufnahmekörper *k* durch die Druckfeder *q*, die so stark bemessen sein muß, daß sie auch die drei

Werkstücke trägt, nach oben gedrückt. Dadurch können auch die Stößel zurücktreten, damit die Werkstücke unter genügendem Spiel hineingelegt werden können. Beim Festspannen durch den Druckluftkolben g werden zunächst alle Teile so weit emporgehoben, bis das oberste Werkstück an der Kuppenstütze o Widerstand findet. Sodann werden zuerst nur die Stößel allein vorgedrückt und die Werkstücke mittig festgespannt. Zuletzt werden endlich alle Teile, also Kolben, Aufnahmekörper mit den Stößeln und die Werkstücke gleichmäßig nach oben gegen die Kuppenstütze o gedrückt. Da die Werkstücke unbearbeitet sind, werden sie natürlich nicht alle drei gleichmäßig genau gemittet werden. Diese Fehler sind aber völlig belanglos. Zu beachten ist auch noch die Punktauflage: Um eine Verzerrung der Bohrplatte und der ganzen Vorrichtung zu verhüten, ist oben nur ein fester Stützpunkt in der Mitte angeordnet worden; denn es ist sehr unwahrscheinlich, daß bei den rohen Werkstücken die unterste und oberste Fläche genau parallel zueinander liegen. Die Bohrplatte muß aber sehr stark bemessen werden, damit sie unter der angreifenden

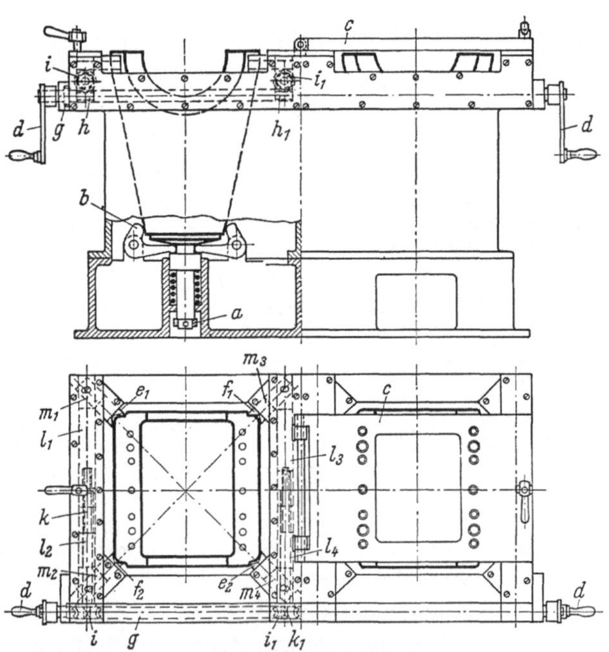

Bild 4.34. Doppel-Standbohrrichtung. a unter Federdruck stehender Spann- und Einmittstößel, b drei am Umfang gleichmäßig verteilte Spann- und Einmitthebel, c Bohrführungsplatte, abwechselnd wie dargestellt, oder nach links herübergeklappt zu verwenden; g durch Spannkurbel zu betätigende Schneckenwelle mit den Schnecken h und h_1; i und i_1 Schneckenräder ,sitzen auf den mit Rechts- und Linksgewinde versehenen Spindeln k und k_1; Zugstangen l_1 und l_2 bzw. l_3 und l_4 werden durch k bzw. k_1 beim Festspannen des Werkstückes gleichmäßig gegeneinander und beim Losspannen voneinander bewegt; m_1 bis m_4 Spannkloben, werden durch die Zugstangen l_1 bis l_4 in Diagonalrichtung gegen- oder voneinander bewegt; e_1 und e_2 in m_1 und m_4 fest, f_1 und f_2 in m_3 und m_2 etwas beweglich angeordnete prismatische Druckstücke, umklammern das Werkstück am oberen Ende an den vier Ecken und spannen es mittig fest

Spannkraft im Mittelpunkt nicht meßbar durchfedern und die Richtung der Bohrbuchsen beeinflussen kann.

4.4.1.9. Die Doppel-Standbohrspannvorrichtung Bild 4.34 ist in zweifacher Hinsicht besonders beachtenswert. Sie dient nicht nur zum Bohren und Senken der Schrauben- und Paßstiftlöcher im unteren Befestigungsflansch, sondern auch zum Hobeln der Flächen vor dem Bohren. Aus diesem Grunde ist sie als Doppelvorrichtung ausgebildet, so daß, wenn sie im Bereich einer Hobel- und einer Bohrmaschine steht, das Werkstück abwechselnd gehobelt oder gebohrt werden kann ([8], Abschn. 39). Die in der Mitte zwischen beiden Vorrichtungseinheiten angelenkte Bohrerführungsplatte c wird zu dem Zweck entweder nach links oder nach rechts herübergeschwenkt. Das Werkstück, ein Motorgestell, wird an seinem unteren Ende durch eine Hebelanordnung mittig und selbsttätig durch das Eigengewicht festgespannt. Das obere Ende wird an den vier Ecken von prismatischen Spannkloben umfaßt, die durch eine Anzahl Zwischenglieder mittels der Handkurbel d mittig und richtungbestimmend ([7], Bild 3.234) zugespannt werden.

4.4.2. Kippbohrspannvorrichtungen

Diese werden am häufigsten angewandt, weil sie für solche Werkstücke, die von mehreren Seiten gebohrt werden müssen, erhebliche Vorteile bieten. Sie sind in Hinsicht auf die wirtschaftliche Fertigung größerer Stückzahlen konstruiert. Gegenüber der auch noch vielfach üblichen Verwendung von Einzelbohrschablonen, mit dem für solche Werkstücke erforderlichen mehrfachen Umspannen, ergibt sich bei der Verwendung solcher Vorrichtungen nur ein einziges Spannen unter Einsparung des sonst notwendigen Anzeichnens der Mittelrisse. Ein weiterer Vorteil ist die bessere Austauschbarkeit der Werkstücke, da bei der Verwendung von Einzelbohrschablonen immerhin noch geringe unterschiedliche Versetzungen zu den Mittelrissen erfolgen können. Bei größeren Werkstücken ist aber die ermüdende Hantierung mit den schweren Kippbohrvorrichtungen ein wesentlicher Nachteil. Die verständliche Forderung nach Entlastung der Arbeiter von schweren körperlichen Anstrengungen führte zu anderen Lösungen. Entweder trat die Schwenkbohrspannvorrichtung mehr und mehr an die Stelle der Kippbohrspannvorrichtung, oder aber es wurde die entsprechend abgeänderte Kippbohrspannvorrichtung, in Verbindung mit dem neuzeitlichen Wendespanner verwandt und so ebenfalls zur Schwenkbohrspannvorrichtung (s. Abschn. 4.4.4.2. und [8], Abschn. 51). Daher trifft man heute in neuzeitlich eingerichteten Betrieben nur noch leicht zu handhabende Kippbohrspannvorrichtungen für kleinere Werkstücke an, die tatsächlich auch als solche gebraucht werden, während die Bohrspannvorrichtung für schwerere Werkstücke zwar auch als

Kippbohrspannvorrichtungen konstruiert, aber für die Aufnahme an Wendespannern eingerichtet sind (s. Bild 4.39).

4.4.2.1. Die Kippbohrspannvorrichtung zum Bohren von Rohrstutzen mit Einmitteindrehungen (Bild 4.35) besteht hauptsächlich aus dem mit der unteren Bohrlehre fest verbundenen Rahmen a, mit dem die obere, als Spannplatte wirkende Bohrplatte c, durch die unter Federdruck stehenden langen Führungsbolzen b_1 und b_2 in senkrechter Richtung beweglich verbunden ist. Nach dem Einlegen des Werkstückes bei angehobener Bohrspannplatte wird diese durch die exzentrische Welle d auf das Werkstück gespannt. Zur Freigabe des Werkstückes ist die exzentrische Welle an einer Seite abgeflacht.

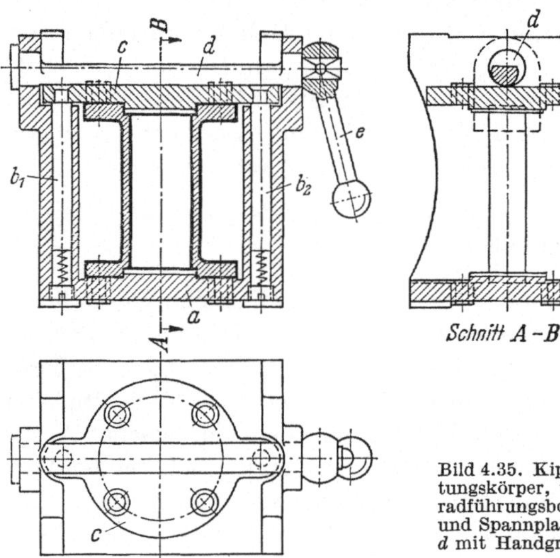

Bild 4.35. Kippbohrspannvorrichtung. a Vorrichtungskörper, trägt beweglich auf den beiden Geradführungsbolzen b_1 und b_2 die Einmitt- Bohr- und Spannplatte c, die durch exzentrische Welle d mit Handgriff e bewegt wird

4.4.2.2. Die Kippbohrspannvorrichtung für Krümmer (Bild 4.36) ist in der Wirkungsweise etwas ungewöhnlich und daher nicht ohne weteres verständlich. Während sonst alle Werkzeugführungen der Bohrspannvorrichtungen in bestimmten Abständen voneinander oder von Bezugskanten stehen, trifft das bei dieser Konstruktion teilweise nicht zu. Die Abstände x und x_1 für die Bohrbuchsen sind an der Vorrichtung veränderlich, und zwar aus folgenden Gründen: Da es für die Austauschfähigkeit nicht erforderlich ist, werden die Maße x und x_1 beim Bearbeiten der Flanschen an dem Werkstück nicht genau nach Passung eingehalten; trotzdem müssen aber die Löcher genau zu den Einmitteindrehungen und Längsachsen der ovalen Flansche gebohrt werden. Jeder Flansch muß daher für sich auf den Bohrführungsplatten gemittet werden. Das ist aber nicht möglich, wenn diese, wie üblich, fest miteinander verbunden sind. Bei Übermaßen würde das Werkstück gar nicht auf die mittenden Ansätze hinaufgehen oder auf diesen nur

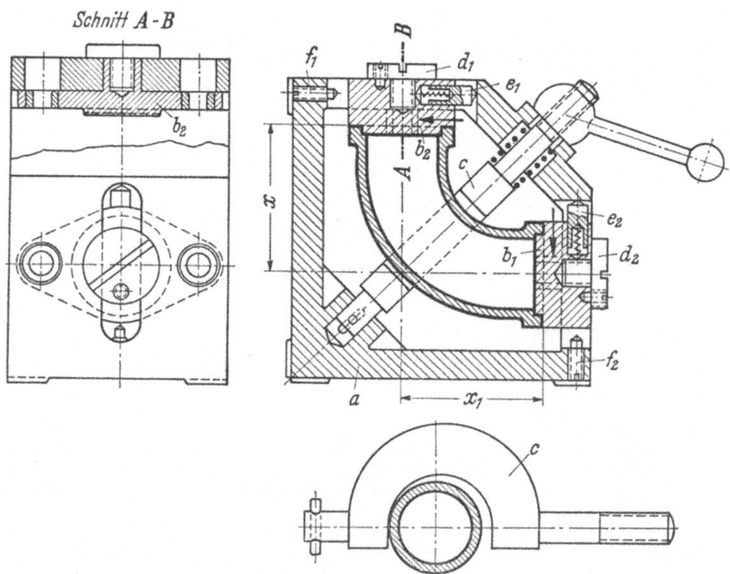

Bild 4.36. Kippbohrspannvorrichtung mit zwei beweglichen Bohr- und Ausmittplatten. a Vorrichtungskörper, trägt beweglich in Geradführungen die Bohr- und Einmittplatten b_1 und b_2 und den Schraubenspannbügel c; d_1 und d_2 Verschlußschrauben, halten a mit b_1 und b_2 zusammen; e_1 und e_2 unter Federdruck stehende Bolzen, drücken beim Entspannen b_1 und b_2 rechtwinklig in Pfeilrichtung gegen Anschlagschrauben f_1 und f_2

anschnäbeln, bei Untermaßen sich aber, wie in Bild 4.37 übertrieben gezeigt, beliebig schief stellen können. In Bild 4.36 sind darum die mittenden Bohrschablonen beweglich in Geradführungen angeordnet. Sie werden durch die unter Federdruck stehenden Zapfen e_1 und e_2 in den Pfeilrichtungen auseinandergedrückt. Beim Einspannen des Werkstückes — wobei es zunächst auf die Ansätze der Bohrführungsplatten gedrückt wird — stellen sich diese durch die Spannkraft der Federn selbsttätig auf die jeweiligen Maße x und x_1 des Werkstückes ein.

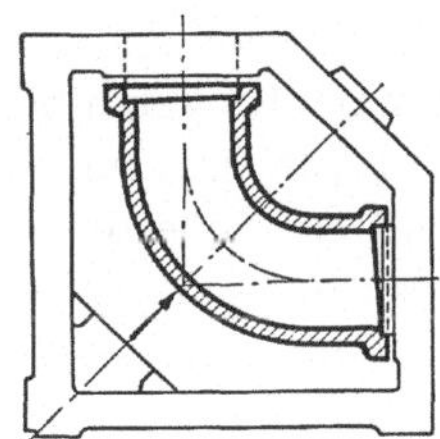

Bild 4.37. Falsch aufgenommenes Werkstück

4.4.2.3. Kippbohrspannvorrichtung für kleinere leichte Eckhahngehäuse

(Bild 4.38). Der Grundkörper dieser Vorrichtung ist in der heute allgemein üblichen Schweißkonstruktion ausgeführt. Nur die Seitenplatten sind wegen der einfacheren Bearbeitung mit Innensechskantschrauben angesetzt. Obgleich es grundsätzlich falsch ist, eine mit Bohrführungen

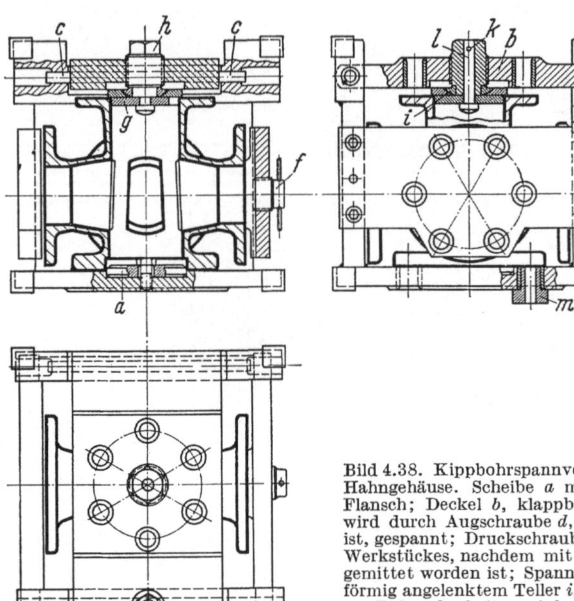

Bild 4.38. Kippbohrspannvorrichtung für kleinere leichte Hahngehäuse. Scheibe *a* mittet Werkstück am unteren Flansch; Deckel *b*, klappbar um Bolzen *c* angeordnet, wird durch Augschraube *d*, die um Bolzen *e* schwenkbar ist, gespannt; Druckschraube *f* dient zum Ausrichten des Werkstückes, nachdem mit Scheibe *g* am oberen Flansch gemittet worden ist; Spannschraube *h* spannt mit kugelförmig angelenktem Teller *i*, der durch mit Stift *k* gesicherten Bolzen *l* gehalten wird, das Werkstück in der Vorrichtung fest; *m* Bohrbuchse

ausgestattete Platte zugleich zum Spannen zu benutzen, da sie sich unter der Spannkraft durchbiegt, kann es doch zweckdienlich sein, von dieser Regel eine Ausnahme zu machen. So kommt es beispielsweise in diesem und dem folgenden Beispiel nicht so sehr auf die absolut genaue Einhaltung der Lochkreise an, als vielmehr auf ein rasches Spannen der Werkstücke. Derartige Werkstücke, wie z. B. diese Armaturen kommen im allgemeinen nur in größeren Stückzahlen vor und müssen billigst hergestellt werden. Die Genauigkeit spielt hierbei keine allzu große Rolle, weil die zu bohrenden Löcher an solchen Werkstücken durchweg so groß ausgeführt werden, daß auch bei den zu erwartenden Abweichungen die Austauschbarkeit noch gewahrt bleibt. Es kommt also hierbei nur darauf an, durch möglichst starke Abmessungen der Vorrichtungen und durch ein gewisses Übermaß der Bohrführungen (0,1 bis 0,2 mm) die Folgen der Durchbiegung möglichst gering zu halten. Außerdem ist es zweckmäßig, für solche Fälle Schwenkbohrmaschinen zu benutzen, da diese entsprechend der durch die Durchbiegung veränderten Richtung der Bohrführungen nachgeben (s. [8], Abschn. 45).

4.4.2.4. Die Kippbohrspannvorrichtung am Wendespanner in Bild 4.39 ist für die Aufnahme von Eckventilgehäusen für Heißdampf aus Stahlguß, also für ein im Vergleich zu dem Bild 4.38 verhältnismäßig schweres Werkstück vorgesehen. In diesem Fall ist das dreimalige Kippen der mit eingespanntem Werkstück doch immerhin ziemlich schweren

Vorrichtung auf dem Bohrmaschinentisch schon ziemlich anstrengend.
Das gilt besonders dann, wenn zwecks Verkürzung der Arbeitszeit für
das Bohren aller Löcher eines Flansches auf einmal, ein Mehrspindelbohrkopf (Bilder 5.20 und 5.21) verwandt wird. Dann ist es unbedingt
vorzuziehen, die Vorrichtung wie hier für das Ansetzen an einen Wendespanner (s. Bild 4.41) einzurichten. Wegen ihrer vielseitigen und kraft-
sparenden Verwendungsmöglichkeiten sollten diese in keinem neuzeitlich eingerichtetem Betrieb mehr fehlen.

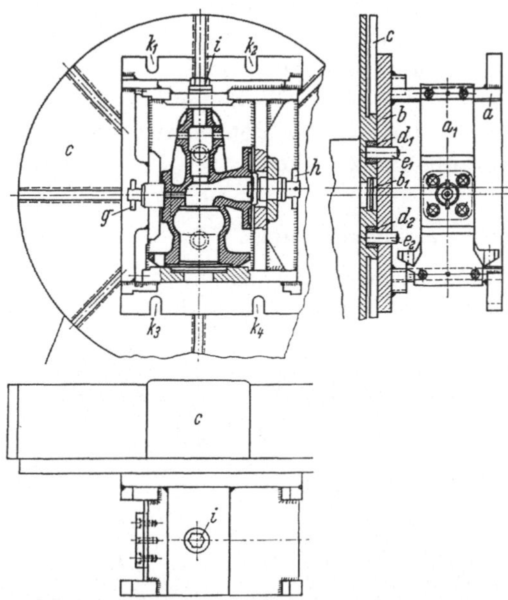

Bild 4.39. Kippbohrspannvorrichtung am Wendespanner. a Vorrichtungsgehäuse, a_1 angeschraubte
Bohrplatte, b angeschweißte Sonderplatte zum Ansetzen der Vorrichtung am Wendespanner mit
Einmitteindrehung b_1 zum Mitten, c Wendespanner mit den gehärteten Führunsgbuchsen d_1 und d_2,
in denen Kippbohrspannvorrichtung durch Indexstifte e_1 bestimmt wird; f Einmittscheibe mittet
Werkstück in Bohrvorrichtung, das in dieser durch Druckschrauben g und h bestimmt und durch
Spannschraube i gespannt wird; k_1 bis k_4 Spannschlitze, l Werkstück

Allerdings muß die Kippbohrspannvorrichtung, mit der am Wendespanner gearbeitet werden soll, mit einigen einfachen Zusatzmitteln
eigens dafür eingerichtet werden. So muß sie vor allem mit einer Spannplatte b versehen sein, falls diese nicht schon aus rein konstruktiven
Gründen vorgesehen ist. Diese muß mit einer Einmitteindrehung b_1
ausgeführt und mit den Indexstiften e_1 und e_2 versehen sein, damit die
Kippbohrspannvorrichtung ohne irgendwelche Ausrichtarbeit in ihrer
erforderlichen Stellung an der Planscheibe des Wendespanners fixiert
werden kann. Die Spannplatte b sollte zur leichteren Befestigung am
Wendespanner mit den Spannschlitzen k_1 bis k_4 versehen werden. Diese
Hilfsmittel sind von untergeordneter Bedeutung, wenn man bedenkt,
daß man jede andere Art behelfsmäßiger Hilfsmittel einspart, die man
ohne Wendespanner zum Festhalten und zur Vermeidung einer Ver-

drehung oder etwaigen Anhebens der Kippbohrspannvorrichtung auf
dem Bohrtisch bedarf ([8], Abschn. 50).

Die Wirkungsweise der Wendespanner, die nur mit einem unter
Federspannung stehenden Handgriff sehr leicht zu bedienen sind, ist
im Abschnitt 4.4.4.1 ausführlich beschrieben.

Die Arbeitsweise dieser Kippbohrspannvorrichtung ist wie folgt:
nachdem die Druckschrauben g, h und i so weit zurückgeschraubt worden sind, daß das Werkstück eingeführt werden kann, wird dieses mit
seiner Eindrehung im Bohrkasten gemittet. Beim Einführen des Werkstückes ist darauf zu achten, daß die Anschlußflansche an der richtigen
Seite liegen, weil sie unterschiedlich sind. Durch die Anpressung der
Druckschrauben g und h gegen die Seitenflansche des Ventilgehäuses
wird dieses in seiner Lage in der Bohrvorrichtung bestimmt. Hierauf
ist die Druckschraube i anzuziehen.

4.4.3. Mehrfachbohrspannvorrichtung

Die Druckluft-Bohrspannvorrichtung mit schwenkbarem Aufnahmekörper (Bild 4.40) ist im Prinzip eine Mehrfachbohrspannvorrichtung,

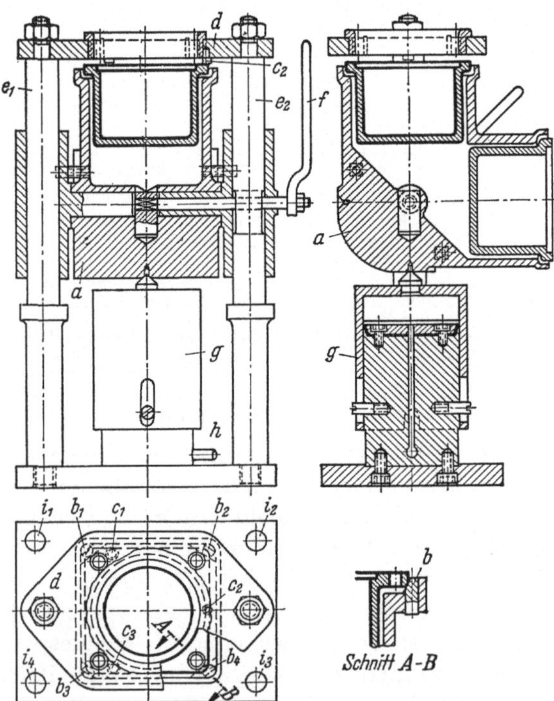

Bild 4.40. Druckluft-Bohrspannvorrichtung mit schwenkbarem Aufnahmekörper. a schwenkbarer
Aufnahmekörper für zwei Werkstücke, b_1 bis b_4 Einmittknaggen, c_1 bis c_3 Kuppenstützen (Drehpunkt-
auflage), d Bohrplatte; e_1 und e_2 Geradführungssäulen, tragen auf zwei achsrecht beweglichen
Führungsteilen den schwenkbaren Aufnahmekörper a; f Handgriff mit Vierkantschlüssel, dient zum
Schwenken von a; g Druckluftzylinder drückt a mit dem Werkstück k nach oben gegen die Kuppen-
stützen c_1 bis c_3; h Druckluftanschlußrohr, i_1 bis i_4 Befestigungslöcher

da ihre Schwenkbarkeit nur dazu dient, während der Bohrarbeit an einem Werkstück zur Verkürzung der Nebenzeit schon ein zweites Werkstück in der Vorrichtung aufzunehmen und dieses nachErledigung der Bohrarbeit am ersten Werkstück dann in Arbeitsstellung zu schwenken.

Die gezeigte Vorrichtung genügt den höchsten Anforderungen bei fortlaufender Massenfertigung. Der Aufnahmekörper wird hierbei in der senkrechten Ebene geschwenkt und abwechselnd, von der linken und rechten Seite der Vorrichtung beschickt. Die Nebenzeiten betragen nur wenige Sekunden, denn es sind nur der Drucklufthahn und der Schwenkhebel zu bewegen. Besonders bemerkenswert ist noch die einfache Art der Aufnahme des Werkstückes. Dieses soll, wie aus der Anordnung der Führungsbuchsen hervorgeht, mit einer flachen Einsenkung und an den vier gerundeten Ecken des Flansches mit Schraubenlöchern versehen werden. Es muß daher gemittet und auch Richtung und Enfernung bestimmt werden. Das wird durch vier Knaggen mit prismatisch geneigten Flächen ([7], Bild 3.234) und durch Dreipunkauflage ereicht.

4.4.4. Schwenkbohrspannvorrichtungen

4.4.4.1. Wendespanner als Schwenkbohrspannvorrichtungen. Auch die sogenannten Wendespanner, von denen das Bild 4.41 eine bewährte Ausführungsform zeigt, sind als Schwenkbohrspannvorrichtungen anzusehen, obgleich sie keinerlei Bohrführungen aufweisen. Sie werden aber meist in Verbindung mit den schwereren Kippbohrspannvorrichtungen benutzt, damit die darin eingespannten Werkstücke in einer Aufspannung durch Schwenken des Wendespanners mühelos von allen den Seiten gebohrt werden können, die durch Schwenken um eine

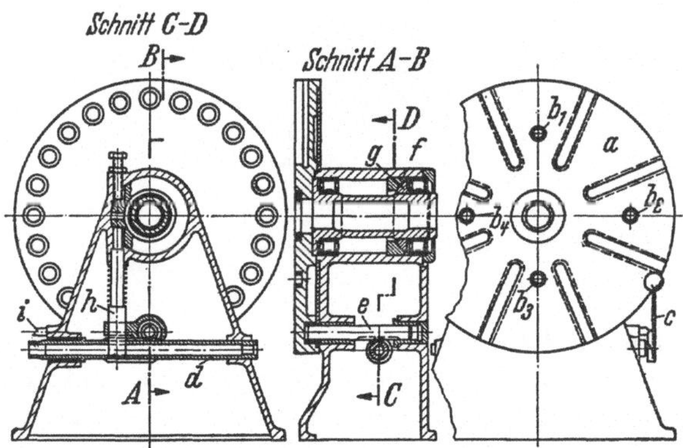

Bild 4.41. Handbetätigter Wendespanner. *a* Schwenkplatte für Werkstückaufnahme, b_1 bis b_4 Löcher für Werkstückausrichtung, *c* Handgriff betätigt Ritzelwelle *d* und diese die als Zahnstangen ausgebildeten Sperrzapfen *e* und Druckzapfen *h*; *i* Anschlag für den durch in *d* eingezogene Feder unter Spannung stehenden Hangdriff *c*

Achse erreichbar sind. Die Bohrvorrichtung wird hierzu jeweils an der Teilscheibe a des Wendespanners befestigt (s. Bild 4.41).

Damit das Werkstück hierbei die vorbestimmte Stellung erhält, haben die Indexstiftlöcher b_1 bis b_4 ungleiche Mittenabstände. Durch den Hebel c wird über die unter Federspannung stehende Ritzelwelle d der als Zahnstange ausgebildete Sperrzapfen e betätigt. Durch Einschieben dieses Zapfens in die entsprechenden Bohrungen der Teilscheibe a bei gleichzeitigem Festklemmen der Spannscheiben f und g mit dem ebenfalls als Zahnstange ausgebildeten und durch die Ritzelwelle d betätigten Druckzapfens h wird die Teilscheibe mit der angesetzten Bohrvorrichtung jeweils in der gewünschten Stellung festgesetzt. Durch geringfügige Umänderungen für Befestigungsmöglichkeiten können so auch, wie bereits erwähnt, Kippbohrvorrichtungen am Wendespanner benutzt werden. Das Wenden der schweren Kippbohrvorrichtungen erfordert dann nur einen Bruchteil der Zeit und vor allem der Kraft, wie das Umdrehen solcher Vorrichtungen auf dem Bohrtisch von Hand. Für Maschinenbaubetriebe mit unterschiedlicher Fertigung ist es vorteilhaft, die Schwenkböcke in mehreren Größen zu besitzen und die schwereren mit *elektrischem Antrieb* auszurüsten (Bild 4.42).

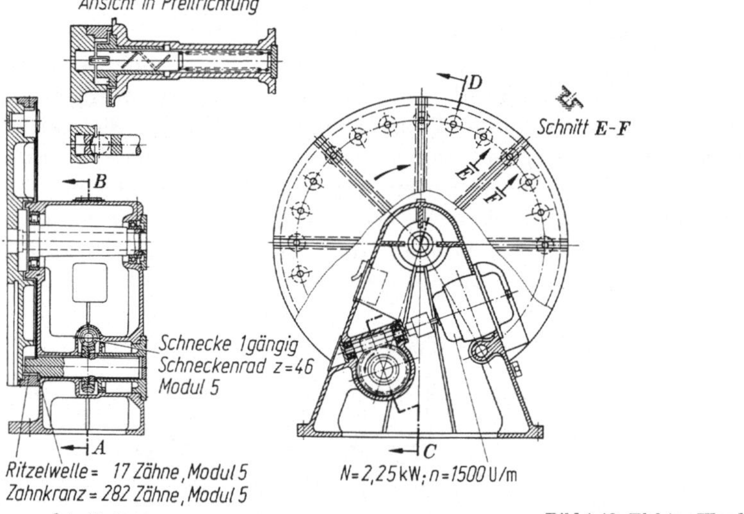

Bild 4.42. Elektro-Wendespanner

4.4.4.2. Der Sonder-Wendespanner Bild 4.43 ist für ein laufend in größeren Stückzahlen vorkommendes Werkstück besonders konstruiert, da ein normaler Wendespanner mit normaler Teileinrichtung als Universalvorrichtung eigens für diesen Zweck umgebaut werden müßte. Für seine eigentlichen Aufgaben würde er dann ausfallen. Die Schwenkbarkeit hat hier den Zweck, das Werkstück zum Einarbeiten der zwar in einer Mittelebene liegenden, aber in verschiedene Richtungen laufenden Bohrungen jeweils in die richtige Lage zur Bohrmaschinenspindel einzuschwenken.

Auch diese Vorrichtung hat wie der normale Wendespanner keine Bohrführungen, die hier auch nicht nötig sind; denn wenn die Bohrmaschinenspindel erst einmal auf die Mittelebene des Werkstückes eingestellt worden ist, ergibt sich je nach Positionierung durch den Sperrstift g von selbst die richtige Stellung und Richtung der jeweiligen Bohrung.

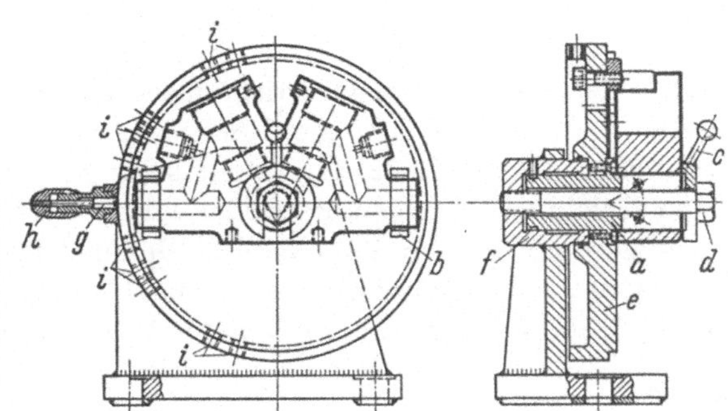

Bild 4.43. Sonder-Wendespanner. Ansatz des Zapfens a und die Prismen b bestimmen Werkstück; gespannt wird mit der Steckscheibe c und Spannschraube d; Schwenkplatte e auf Spannbock f schwenkbar und durch Sperrstift g mit Griff h in Bohrung i in entsprechender Stellung feststellbar

Das Werkstück, ein Druckluftverteiler, wird mit seiner bereits eingebohrten Mittelbohrung auf den Zapfen a gesetzt und mit seinen beiden Gewindezapfen in den Prismen b aufgenommen und so gemittet und bestimmt. Nach Einschieben der Steckscheibe c kann dann das Werkstück mit der Sechskantschraube d fest gegen die Schwenkplatte e gezogen werden. Diese Platte ist mit dem aufgeschraubten Zapfen a im Spannbock f drehbar angeordnet. Um die Schwenkplatte für die jeweils erforderliche Stellung festzusetzen, läßt man den Sperrstift g mit dem Griff h jeweils in die entsprechend am Rande der Platte e vorgesehene und mit gehärteter Buchse versehene Bohrung i schnappen.

4.4.5. Vielzweck-Bohrspannvorrichtungen

Diese Universal-Bohrspannvorrichtungen bieten auch für Betriebe, die keine ausgesprochene Massenfertigung haben, alle erdenklichen Vorteile. Mit ihrer vielseitigen Verwendbarkeit entlasten sie den Vorrichtungsbau wesentlich von der Konstruktions- und Herstellungsarbeit für viele Einzelvorrichtungen. Ihr Einrichten bzw. Umrüsten auf die gerade zu bohrende Werkstückart erfordert einen erheblich geringeren Aufwand an Zeit und Werkstoff als die jeweilige Anfertigung einer neuen, speziell für das betreffende Werkstück zu konstruierenden neuen Vorrichtung. So führte die Entwicklung der während des letzten Krieges unter dem Zwang des Facharbeiter- und Werkstoffmangels sowie der ständig ansteigenden Werkstückzahlen von Sautter erstmalig entwickelten Vielzweck- bzw. Schnellbohrspannvorrichtung in steigendem Maße zu immer feiner ausgeklügelten Einheitsvorrichtungen. Diese sind jeweils für eine größere Zahl unterschiedlicher Werkstücke innerhalb eines gewissen Größenspielraumes lediglich unter Abwandlungen der Aufnahme- und Spannelemente zu verwenden. Eine ganze Anzahl solcher Vorrichtungen wurde zunächst in Werksnormen, dann aber im Rahmen des Erfahrungsaustausches auf Einheitsblättern des Deutschen Instituts für Normung nach den lichten Weiten (Nennweiten) zwischen den Säulen in Größen gestaffelt, entwickelt.

4.4.5.1. Vielzweck-Bohrspannvorrichtungen als Schnellspannbohrvorrichtungen — heutzutage allgemein *Schnellspanner* genannt — wie sie in den Bildern 4.44 bis 4.52 dargestellt sind, sind vielseitig anwendbar. Ein Beispiel hierfür zeigen die Bilder 4.44 bis 4.47. Hier ist eine Vorrichtung sogar mit Aufnahme- und Spannelementen zur Aufnahme eines zylindrischen Werkstückes (Bild 4.44) ausgerüstet, während das Bild 4.15 ein Beispiel für einfachere Aufnahmeelemente zeigt. Auf-

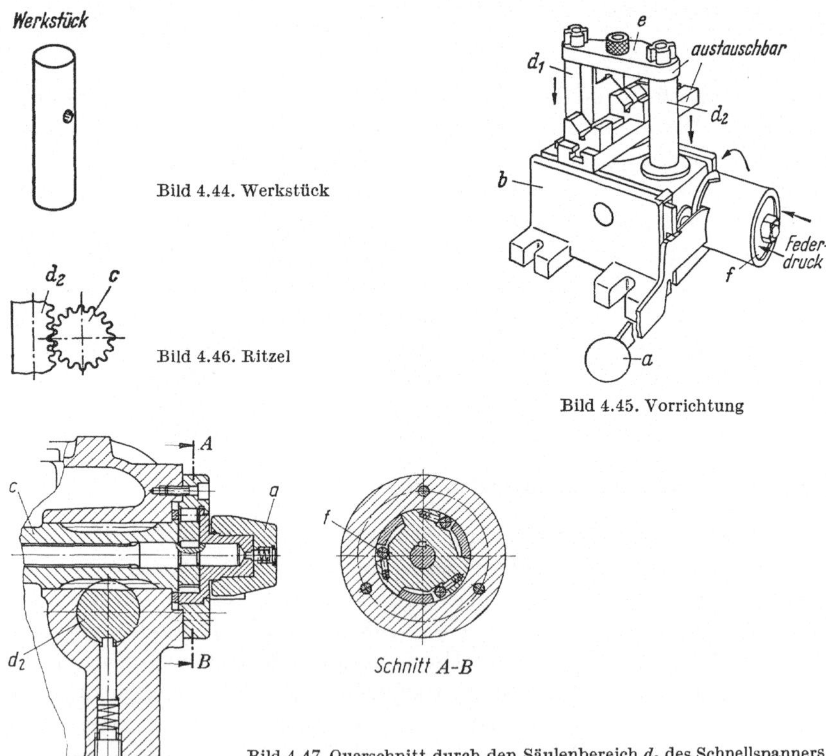

Bild 4.47. Querschnitt durch den Säulenbereich d_2 des Schnellspanners

Bilder 4.44. bis 4.47. Vielseitige Schnellspann-Bohrvorrichtung entspr. DIN 6348. *a* Spannhebel spannt über im Vorrichtungsblock *b* (liegende Ritzelwelle *c* die verzahnten Spannsäulen d_1 und d_2 und damit die Bohrplatte gegen das Werkstück; *f* Stabfedern (im Gehäuse)

nahme- und Spannelemente sowie Spannmethoden für die häufig vorkommenden Werkstücke mit unbearbeiteten Außenkanten sind im Abschnitt 4.3.6. ausführlich behandelt.

Anhand des in den Bildern 4.44 bis 4.47 dargestellten Beispiels soll nachfolgend die Wirkungsweise eines Schnellspanners kurz beschrieben werden.

Mit Hilfe des Spannhebels a werden über eine im Vorrichtungskörper b liegende Ritzelwelle c die ihrem unteren Ende als Zahnstangen verzahnten Spannsäulen d_1 und d_2 nach oben gezogen. Dadurch wird die auf den Säulen befestigte Bohr- und Spannplatte e angehoben. Das Werkstück (Bild 4.44) kann dann auf das mit Prisma versehene Auf-

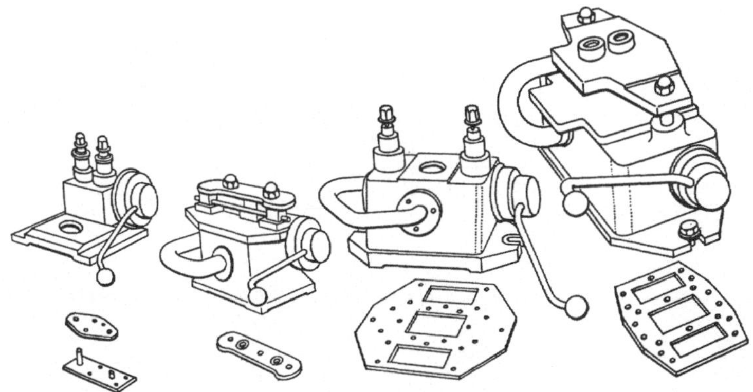

Bild 4.48. Schnellspann-Bohrvorrichtungen nach DIN 6348. Beispiele: Vier Arbeitsflächen vor den Säulen von 60 × 32 bis 100 × 60 mm, vier verschiedene lichte Weiten zwischen den Säulen von 100 bis 400 mm. Darunter Bohrplatten

nahmeelement gelegt und falls nötig, durch einen Anschlag in seiner Längslage bestimmt werden. Durch Drehen der Ritzelwelle in die entgegengesetzte Richtung werden die beiden Säulen mit der Bohrplatte nach unten gezogen bis letztere mit ihrem angesetzten, ebenfalls mit einem Prisma versehene Spannelement das Werkstück mittet und spannt. Die Spannkraft wird vom Spannhebel a über die drei Stabfedern f (Bild 4.47), die Ritzelwelle und die Spannsäulen auf die Bohrplatte übertragen. Dadurch wird stets mit gleicher Kraft gespannt und ein Verspannen von Bohrplatte und Werkstück vermieden. Bemerkenswert ist, daß in diesem Fall entgegen der Regel mit der Bohrplatte gespannt wird.

Das Bild 4.48 zeigt vier unterschiedliche Größen dieser Vorrichtung mit einer Reihe von austauschbaren Bohrplatten und Aufnahmeelementen. Wenn irgend möglich, sollten wegen der besseren Späneabfuhr für diese Vorrichtungen Formen wie in Bild 4.49 angestrebt werden. Die in diesem Bild gezeigte Vorrichtung hat eine schwenkbare Aufnahmeplatte a, so daß während des Bohrens eines Werkstückes bereits ein gleiches zweites nebenan auf die Vorrichtung gesetzt werden kann.

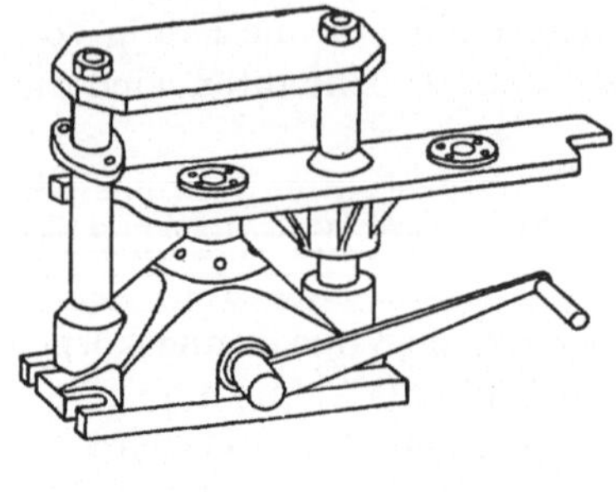

Bild 4.49. Schnellspann-Universalvorrichtung mit schwenkbarer Aufnahmeplatte

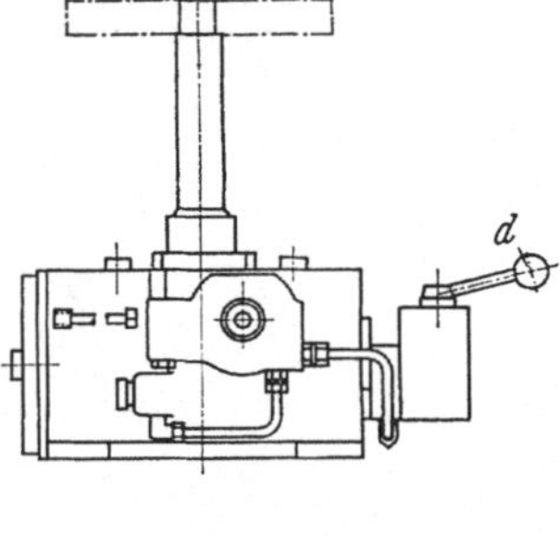

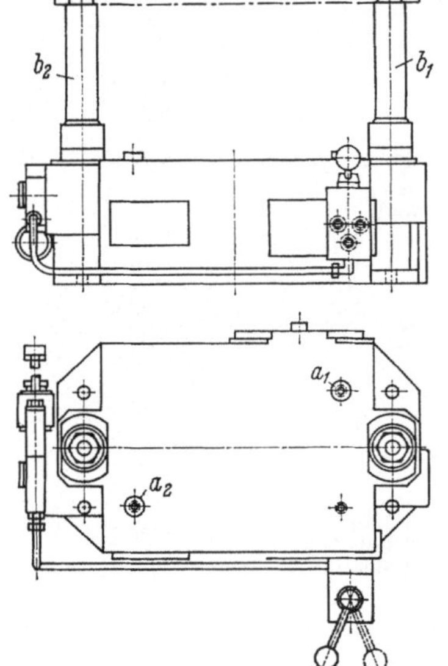

Bild 4.50. Mit Druckluft spannende Schnellspann-Bohrvorrichtung (System Peiseler) a_1 und a_2 Paßstifte zur Fixierung der austauschbaren Werkstückaufnahme- und einmittstücke; b_1 und b_2 Spannsäulen, tragen austauschbare Bohrplatte c; d Drucklufthebel

Das Bild 4.50 zeigt einen Schnellspanner mit Druckluftspannung, das Bild 4.51 einen Einbausatz für hydraulisches Spannen der in den Rahmen (Bild 4.52) eingebaut werden kann.

Dieser Schnellspanner bewirkt, daß durch Druck von oben auf den Hydraulikkolben a die in Spannstück b eingeschrumpften oder eingeschraubten Säulen c_1 und c_2 mit der auf diese aufgesetzten Bohrplatte d nach unten gezogen werden und letztere dadurch das Werkstück auf den Rahmen (Bild 4.52) bzw. auf ein hier aufgesetztes Aufnahmeelement spannt. Durch Abstellen des Hydraulikdruckes drückt die Druckfeder e das Spannstück mit Säulen und Bohrplatte wieder nach oben, so daß das Werkstück freigegeben wird.

4.4.5.2. Genormte Vielzweck-Klappbohrspannvorrichtungen. Die in den Bildern 4.53 und 4.55 gezeigten Klappbohrspannvorrichtungen sind durch Austausch des die Bohrbuchsen tragenden Klappdeckels und der

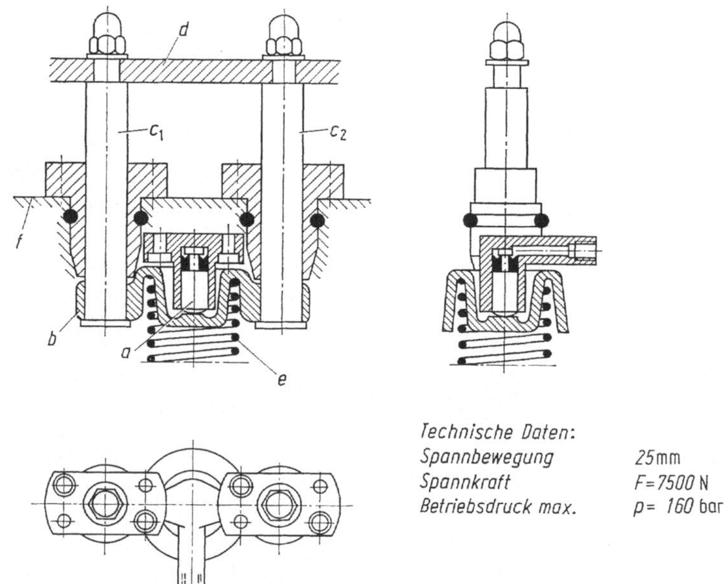

Bild 4.51. Einbausatz für hydraulischen Schnellspanner (System Romheld KG). *a* Hydraulikkolben, *b* Spannkörper, c_1 und c_2 Spannsäulen in *b*; *l* Bohr- und Spannplatte; *e* Druckfeder, *f* Rahmen

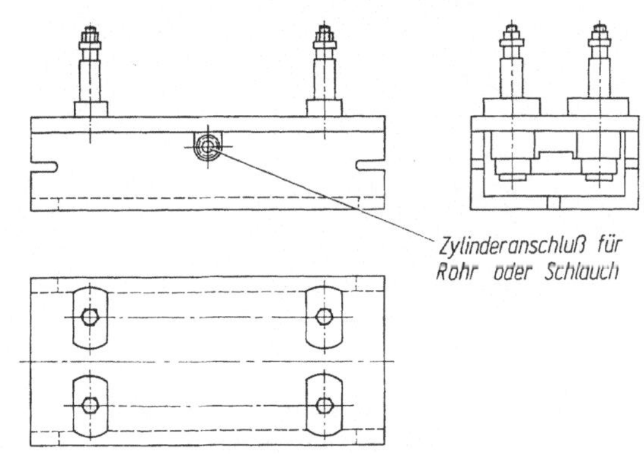

Bild 4.52. Rahmen für den hydraulischen Einbausatz Bild 4.51. für einen Schnellspanner

Teilaufnahmen für eine ganze Reihe ähnlicher Werkstücke innerhalb einer gewissen Größenordnung verwendbar.

Die Klappbohrspannvorrichtung Bild 4.53 nach DIN 90016 ist für eine Lasche aus Stahlblech (Bild 4.54) eingerichtet. Die Auflagefläche der Vorrichtung ist mit der aufgeschraubten Teilaufnahme *a* versehen, die der Werkstückform entspricht. Die in der Teilaufnahme angebrachten Stifte halten das Werkstück und bestimmen es. Festgespannt wird es durch drei im Deckel angebrachte federnde Stifte. Für das Ausbringen des Werkstückes ist der Auswerfer *b* vorgesehen. Durch Fingerdruck auf den Deckel wird die Vorrichtung geschlossen; durch

Druck gegen den Schnapper c federt der Deckel selbsttätig hoch. Auch diese Vorrichtung ist ihrer Verwendungsart nach eine Standbohrspannvorrichtung.

Die Klappbohrspannvorrichtung Bild 4.55 nach DIN E 90017 ist für einen kleinen Hebel (Bild 4.56) eingerichtet, dessen Nabenbohrung bereits auf der Revolverdrehmaschine eingearbeitet worden ist. Das Werkstück wird durch den Stift a und zwei Stellschrauben b der Teilaufnahmen c, d, sowie durch den federnden Druckstift e des Deckels f in seiner vorbestimmten Lage gehalten. Diese Vorrichtung ist als Kippbohrspannvorrichtung anzusehen, weil von zwei Seiten gebohrt werden muß. Die Betätigung ist dieselbe wie bei der Vorrichtung Bild 4.53.

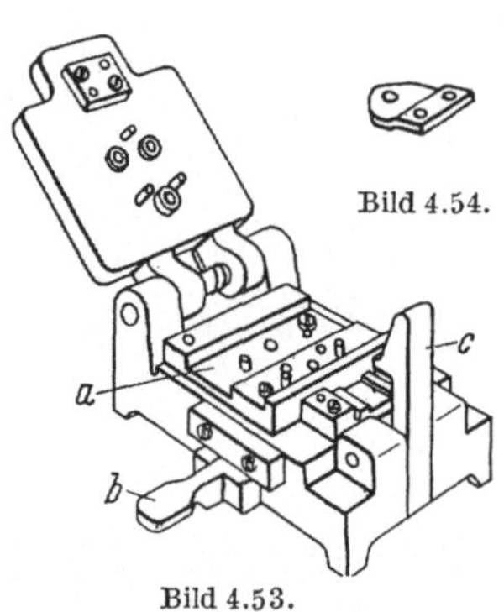

Bild 4.53.

Bild 4.54.

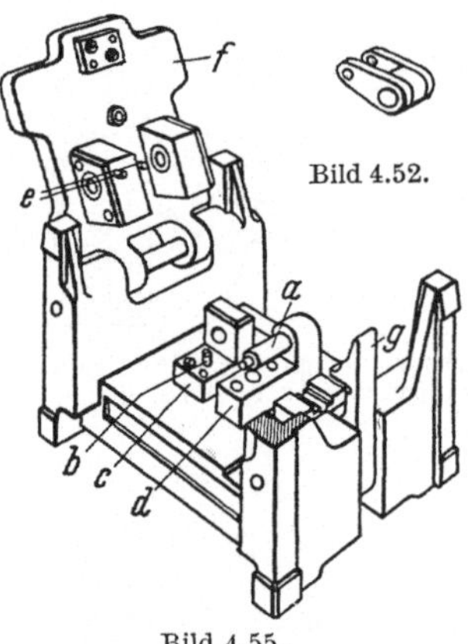

Bild 4.52.

Bild 4.55.

Bild 4.53.　Klappbohrspannvorrichtung ähnlich DIN 6347. Eingerichtet für Lasche
Bild 4.54.　a Teilaufnahme, b Auswerfer, c Schnapper

Bild 4.54. Werkstück zu Bild 4.53.

Bild 4.55.　Klappbohrspannvorrichtung änlich DIN 6347. Eingerichtet für Hebel Bild 4.56. a Aufnahmestift, b Stellschrauben, c und d Teilaufnahmen, e Druckstift, f Deckel, g Schnapper

Bild 4.56. Werkstück zu Bild 4.55.

4.5. Bohrspannvorrichtungen in Verbindung mit Maschinenspindeln oder Arbeitsvorrichtungen

Die nachfolgend beschriebenen, sehr praktischen Einrichtungen zum Bohren ermöglichen es, viele Arten von Werkstücken zwangsläufig wie in einer gewöhnlichen Bohrspannvorrichtung zu bohren, ohne daß sie in der sonst üblichen Weise festgespannt werden müssen.

4.5.1. Bohrspannvorrichtung mit einfacher Bohrspindel

Mit der Anordnung in Bild 4.57 können runde, quadratische oder auch rechteckige Werkstücke genau durch die Mitte gebohrt werden. Besonders gut geeignet ist sie zum Bohren von Splintlöchern in Bolzen.

Das unter Federdruck stehende mittende Spann- und Bohrerführungsstück *a* drückt das Werkstück beim Bohren auf die Unterlage und gibt es nach dem Bohren wieder frei, wenn der Bohrer vollständig zurückgetreten ist. Zum Entfernungbestimmen dient die Anschlagschraube *b*. Die Vorrichtung kann auf die jeweilige Bohrerlänge in dem Halter *c* eingestellt werden und durch Auswechseln der eingeschraubten Bohrbuchse für viele Zwecke gemeinsam verwendet werden.

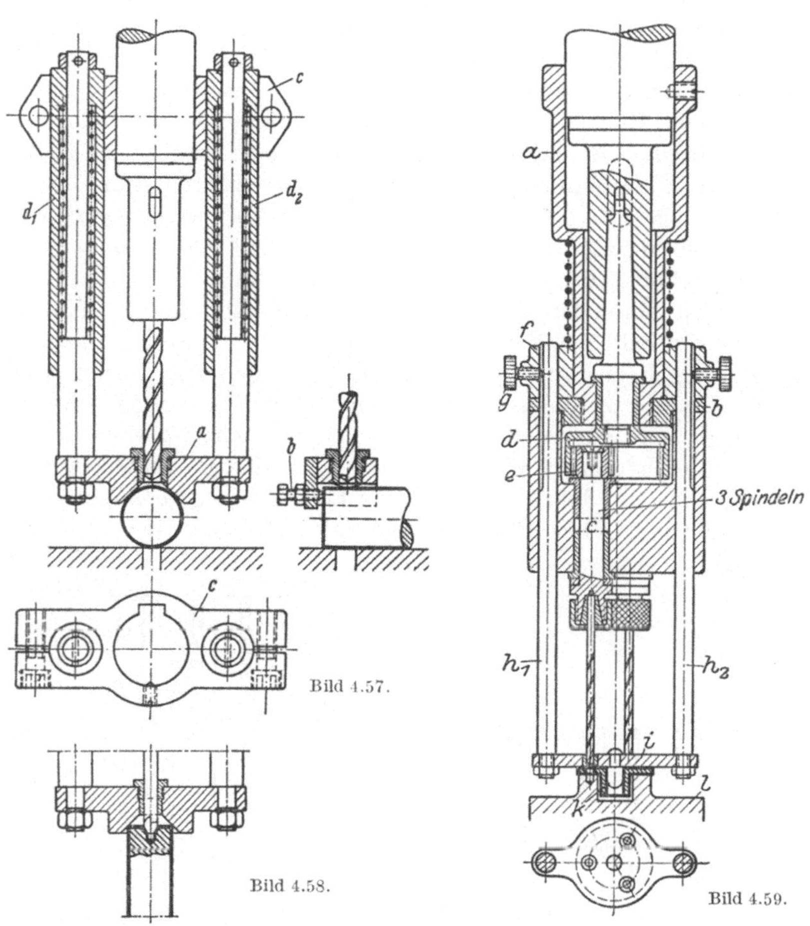

Bild 4.57. Bohrspannvorrichtung mit Bohrspindel verbunden. *a* Einmitt- und Spannprisma, *b* Anschlagschraube zum Entfernungbestimmen; *c* Querhaupt, sitzt fest auf der nicht umlaufenden Bohrspindelhülse und trägt verstellbar die Feder- und Geradführungshülsen d_1 und d_2

Bild 4.58. Spann- und Bohrplatte mit Innenkegeleinmittung als Ergänzungsteil zu Bild 4.57.

Bild 4.59. Dreispindelkopf mit Bohrspannvorrichtung. *a* Hülse, auf nicht umlaufender Bohrspindelhülse befestigt und mit *b* und *c* fest verschraubt; *d* treibendes Rad, *e* getriebenes Rad, mit Bohrspindel verbunden; *f* Federdruckstück, sitzt achsrecht beweglich auf *a* und trägt durch Schrauben *g* verstellbar die Führungsbolzen h_1 und h_2 mit der Bohr-, Einmitt- und Spannplatte *i*; *k* Einmittbolzen, *l* Auflagetisch

Bild 4.58 ist ein Ergänzungsteil zu obiger Vorrichtung mit einem
mittenden Innenkegel und vorzüglich zum Anbohren der Körner an
Wellenenden geeignet.

4.5.2. Bohrspannvorrichtung am Mehrspindelkopf

Durch Verbindung von Bohrspannvorrichtungen mit Mehrspindelbohrköpfen kann man dieses Bohrverfahren bei einer weiteren Anzahl von
Werkstückarten anwenden.

Bild 4.59 zeigt einen Dreispindelkopf, der mit einer Bohrspannvorrichtung verbunden ist. Das Werkstück, eine Flanschbuchse, wird
lose unter den mittenden Dorn k geschoben, wonach es sofort gebohrt
werden kann. Hierbei kann die Vorrichtung mit den Kordelschrauben g
auf die jeweilige Bohrerlänge eingestellt werden. Berücksichtigt man,
daß bei dem gewöhnlichen Bohrverfahren das Werkstück in die Vorrichtung eingelegt und festgespannt werden muß und die Vorrichtung
jedesmal vorher zu säubern ist, so wird klar, daß sich bei diesem Verfahren erhebliche Zeitersparnisse ergeben müssen.

Die so zu bohrenden Werkstücke brauchen nicht rund zu sein, sondern können beliebige Formen haben (z.B. auch rechteckig oder oval),
sofern sie sich mit den zur Verfügung stehenden Mitteln durch einfachen Druck von oben mitten lassen. Besonders Stanzgegenstände
können so sehr gut gebohrt werden, da sie nach den Umrissen bestimmt werden können. Man kann auch Werkstücke *in mehreren Stufen*
bohren, wobei auf die zuerst gebohrten Löcher Bezug genommen wird.
Bilder 4.60 und 4.61 zeigen ein Beispiel dafür: In der ersten Stufe (Bild

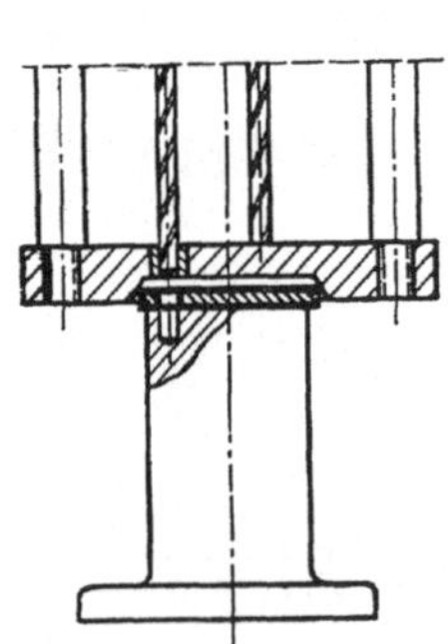

Bild 4.60. Spann- und Einmitt-
stück mit Innenkegel für Wellen-
stümpfe als Ergänzungsteil zu
Bild 4.59

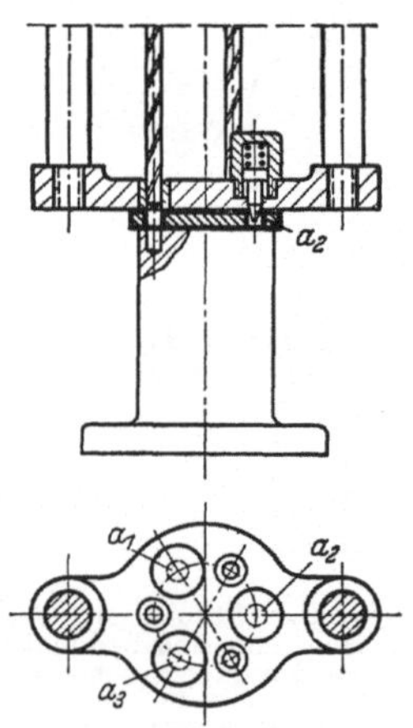

Bild 4.61. Spann- und Bohrplatte
mit drei einmittenden und be-
stimmenden Kegelstiften als Ergänzungsteil zu Bild 4.59.; a_1 bis
a_3 Kegelstifte, stehen unter Federdruck

4.60) wird das Werkstück, eine runde Scheibe, durch Innenkegel gemittet und zuerst mit drei Löchern versehen, da sich alle sechs Löcher gleichzeitig nicht bohren lassen. Für die zweite Stufe (Bild 4.61) ist ein anderes mittendes und führendes Stück erforderlich, das mit drei federnden Kegeln versehen ist, die in die zuerst gebohrten Löcher eingreifen und somit das Werkstück richtig mitten und bestimmen.

4.5.3. Standbohrspannvorrichtung mit Mehrspindelbohrkopf

Diese Vorrichtung (Bild 4.62) gestattet es, in zwei gleichzeitig aufgespannten Hohlzylindern von innen je zwei Schraubenlöcher auszusenken.

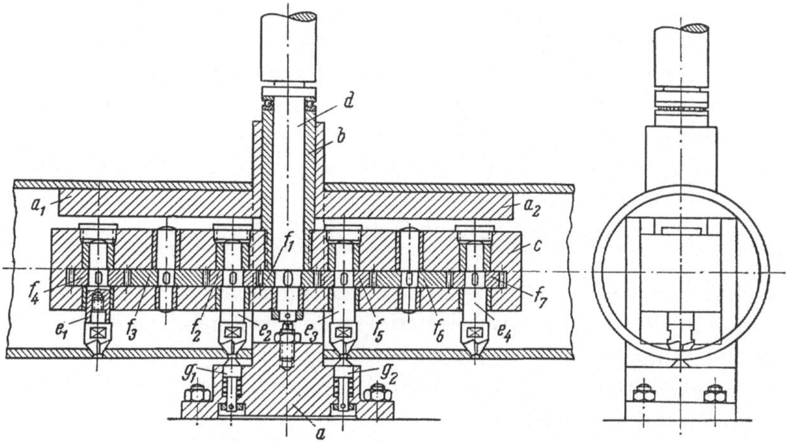

Bild 4.62. Standbohrspannvorrichtung verbunden mit Mehrspindelbohrkopf. *a* Standkörper, fest verbunden mit Maschinentisch und mit Auslegern a_1 und a_2 für Aufnahme der Werkstücke; *b* Pinole in *a* achsrecht verschiebbar gelagert; *c* Mehrspindelträger mit *b* fest verbunden und in rechteckigem Durchbruch von *a* geführt und gegen Verdrehen gesichert; *d* Hauptspindel, fest verbunden mit Bohrmaschinenspindel und in *d* drehbar gelagert; e_1 bis e_4 Nebenspindeln, durch die Stirnräder f_1 bis f_7 von *d* angetrieben; *g* Federbolzen zum Bestimmen der Werkstücke

Der Standkörper *a* mit den zwei Auslegern a_1 und a_2 für die Aufnahme der Werkstücke ist fest mit dem Bohrmaschinentisch verbunden, während der Mehrspindelkopf *c* an der Bohrmaschinenspindel sitzt. Zum selbsttätigen Bestimmen der Werkstücke ist der Standkörper *a* mit den Federbolzen *g* ausgerüstet. Diese springen mit ihren Kegelenden je in ein Schraubenloch ein, sobald man die Werkstücke von Hand in die richtige Lage gedreht hat.

5. Arbeitsvorrichtungen

5.1. Allgemeines

Bei den bisher behandelten Vorrichtungsarten handelt es sich ausschließlich um Vorrichtungen, die zum Spannen der Werkstücke gebraucht werden. Sie dienen nur dem Austauschbau und der Verringerung der Nebenzeiten und werden daher vornehmlich in der Reihen- und Massenfertigung gebraucht. Arbeitsvorrichtungen werden dagegen häufig auch in der Einzelfertigung erforderlich, um bestimmte oder schwierige Bearbeitungen überhaupt ausführen zu können. In der Reihen- und Massenfertigung haben sie folgende Aufgaben zu erfüllen:

a) Die Leistung gewöhnlicher Werkzeugmaschinen zu erhöhen. In diesem Fall können sie als Ergänzungseinrichtungen mit eigentlichen Maschinenaufgaben angesehen werden.

b) Handwerkliche Arbeiten beim Anreißen, Schweißen, Nieten und Zusammenbau zu erleichtern.

c) Transporte zu erleichtern und Transportzeiten zu verkürzen.

Da die Arbeitsvorrichtungen in ihrer Art und Wirkungsweise außerordentlich vielseitig und daher auch vielgestaltig sind, lassen sich keine allgemein gültigen Richtlinien für ihre Konstruktion geben. Ihre zweckmäßige Ausführung und die dabei zu beachtenden Grundsätze lassen sich nur anhand von Beispielen erklären. Die nachfolgenden Beispiele sind entsprechend der für die Einteilung der Vorrichtungen im Teil I [7] aufgestellten Tabelle 2.1 aufgeteilt. Hierdurch werden die einzelnen Arten der Arbeitsvorrichtungen entsprechend ihrem Anwendungsgebiet gut umgrenzt.

5.2. Arbeitsvorrichtungen für Bearbeitung durch Schneidwerkzeuge

5.2.1. Werkzeugsteuernde Arbeitsvorrichtungen

Hierzu gehören alle solche Vorrichtungen, die dem Schneidwerkzeug die richtige Einstellung zum Werkstück geben und es während des

Arbeitsablaufs bewegen und steuern, also auch die Nachform- und Lenkvorrichtungen aller Art, die dazu dienen, regelmäßig und unregelmäßig gekrümmte Flächen durch zwangsläufige Steuerung des Werkzeuges zu bearbeiten.

5.2.1.1. Bohrstangen mit Schnell- und Feinverstellung (Bild 5.1) dienen zum Bearbeiten von Bohrungen, die an beiden Enden verengt sind.

Beim Einführen der Stange in die Bohrung wird der Meißelhalter b mit dem Schneidmeißel c durch Drehen der Stellspindel i an dem Kordelgriff k zurückgezogen und nach dem Durchschieben durch die Verengung wieder vorgestellt. Für die Einstellung der Schnittiefe ist noch eine Feineinstellung vorgesehen, deren Stellschraube e mit einer Gradeinteilung versehen ist.

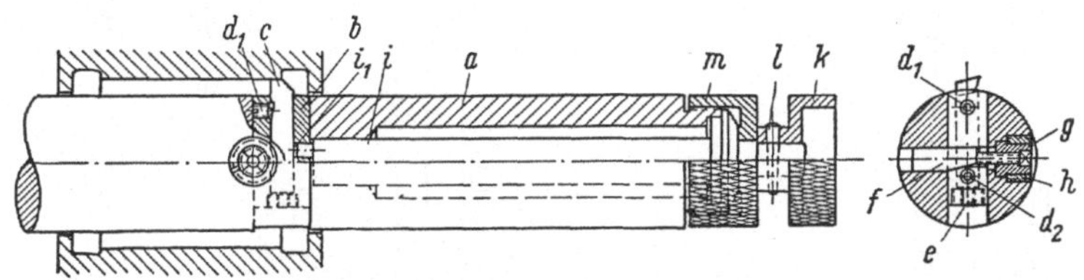

Bild 5.1. Bohrstange mit Schnell- und Feinverstellung a Bohrstangenkörper, trägt beweglich den Meißelhalter b mit dem Schneidmeißel c, der durch die Schrauben d_1 und d_2 festgeklemmt wird; e Stellschraube als Anschlag für den Schneidmeißel c; f Hubbegrenzungsriegel, durch Bundmutter g mit Innenvierkant verstellbar; h Begrenzungsnippel für g; i Stellspindel mit Exzenterzapfen i_1; k Kordelgriff, durch l mit i fest verbunden; m Überwurfmutter zum Festklemmen von i

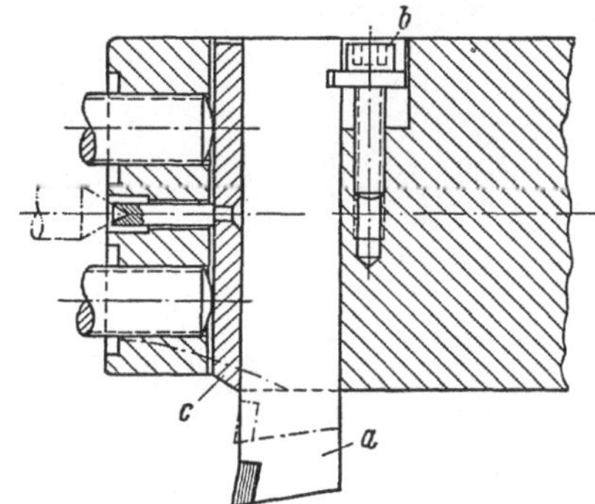

Bild 5.2. Feineinstellung für Bohrstangen. a Schneidmeißel, b Einstellschraube, c Druckplatte

Eine andere, häufig angewendete Art der Feinverstellung des Schneidmeißels bzw. Bohrmessers in der Bohrstange zeigt Bild 5.2. Hier wird der Schneidmeißel a durch die Einstellschraube b eingestellt, und zwar entsprechend der Steigung dieser Einstellschraube bei einer Umdrehung um 0,8 mm. Wenn die Schraube mit einer Skala versehen wird, ist es leicht, den Meißel auf 0,1 mm genau einzustellen. Diese Genauigkeit ist ausreichend für Bohrungen, die nachfolgend noch aufgerieben werden.

5.2.1.2. Rillenschneider. Bild 5.3 gibt eine Vorrichtung wieder, mit
der auf Bohrmaschinen in Bohrlöcher Rillen und Senkungen aller Art
eingebracht werden können, wie in der Abbildung ersichtlich.

Die Vorrichtung hat sich vorzüglich bewährt und ist außerordentlich
einfach zu bedienen. Beim Abwärtsdrücken des Dornes a wird durch
Anschlag der Buchse b gegen das Werkstück erreicht, daß der nun-
mehr in seiner Abwärtsbewegung behinderte Messerbalken d mit dem
Formmesser e radial hinausgedrückt wird. Durch Anschlagschraube g
wird die Rillentiefe eingestellt.

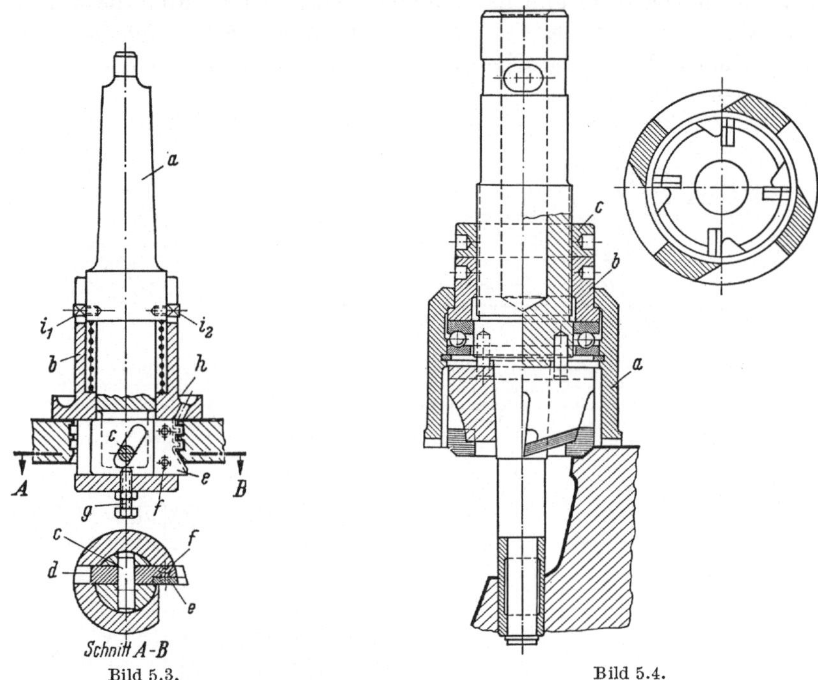

Bild 5.3.   Bild 5.4.

Bild 5.3. Rillenschneider. a Kegeldorn, trägt achsrecht beweglich die unter Federdruck stehende
Hülse b und fest den Bolzen c, der in schräger Nut des Messerbalkens d gleitet und diesen radial
bewegt; e Rillenmesser durch Schrauben f an a befestigt; g Anschlagschraube, h Kühlmittelfangrille;
i_1 und i_2 Mitnehmerschrauben

Bild 5.4. Tiefenanschlag. a Anschlagbuchse, b Einstellmutter, c Gegenmutter

Für ähnliche Vorrichtungen oder Sonderwerkzeuge sollte der notwendige *Tiefenanschlag* besser entsprechend Bild 5.4, einem Sonder-
werkzeug, ausgeführt werden, wenn Leichtgängigkeit verlangt wird
und Riefen an der Anschlagfläche des Werkstückes nicht erwünscht
sind. Die Anschlagbuchse a stützt sich hier gegen ein Axialrillenlager.
Die gewünschte Tiefe wird mit der Mutter b eingestellt.

Bild 5.5 I bis III zeigt eine sehr einfache Vorrichtung für eine verhältnismäßig schwierige Arbeit: das Einstechen von Rillen in hohl-
gebohrte Kurbelwellen an unzugänglicher Stelle.

Die zweiteilige Bohrstange a wird mitsamt dem zurückfedernden Messer durch die Bohrung hindurchgeführt (I). In der Arbeitsstellung legt sich die Nase c_1 des Messers gegen das Werkstück (II), so daß das Messer beim Weiterschieben der Bohrstange um den Bolzen b schwenken und sein Rillenschneider c_2 in das Werkstück eindringen muß, bis es sich durch Anschlag in der Bohrstange begrenzt (III).

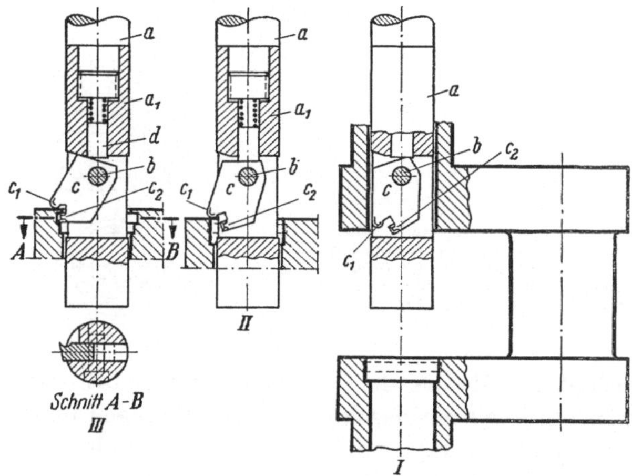

Bild 5.5. I bis III. Rillenschneider für schlecht zugängliche Stellen. a und a_1 Zweiteilige Bohrstange trägt auf Bolzenschraube b das Rillenmesser c mit Anschlagnase c_1 und Rillenschneider c_2; d Federbolzen, drückt c in die Ruhestellung II

Den in mannigfachen Arten entwickelten mechanisch wirkenden Einstech- und Rillenschneidvorrichtungen haftet meist der Mangel einer verwickelten Bauart an. Im Vergleich dazu ist die durch Öldruck betätigte Vorrichtung Bild 5.6 verhältnismäßig einfach.

Der Hauptkörper a wird mit seinem Kegel in einer Bohrmaschinenspindel befestigt und läuft mit dem Einstechwerkzeug b um, während der drehbar auf dem Hauptkörper sitzende, am Kordelgriff c und Handgriff d von Hand zu haltende Ring stillsteht. In dem hohlen Hauptkörper befindet sich eine Ölfüllung, die mit der zylindrischen Bohrung des Kordelgriffs durch eine Rille e in Verbindung steht. Durch Zustellen des Kordelgriffs wird der in ihm befindliche Kolben f vorgeschoben und durch die Öldruckübertragung der Kolben g im Hauptkörper nach unten bewegt. Dieser Kolben drückt dabei mit seiner keilartigen Abschrägung auf eine entsprechende Abschrägung des Werkzeughalters h. Hierdurch wird dieser seitlich verschoben, so daß das Werkzeug zum Schnitt kommt. Wenn die Einstecharbeit beendet ist, wird der Kordelgriff zurückgeschraubt und durch die Druckfeder i der Werkzeughalter-Kolben im Hauptkörper zurückgeschoben.

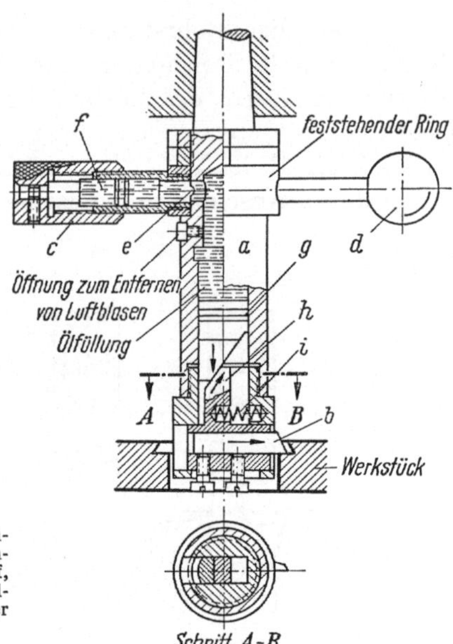

Bild 5.6. Hydraulische Einstech- und Rillen-schneid-Vorrichtung. *a* Hauptkörper, *b* Einstech-werkzeug, *c* Überwurfmutter mit Kordelgriff, *d* Handgriff, *e* Rille, *f* Kolben, *g* Kolben mit keil-förmiger Anschrägung, *h* Werkzeughalter, *i* Feder

5.2.1.3. Kegelbohrer. Mittels der Vorrichtung Bild 5.7 können vorge-bohrte Löcher auf der Bohrmaschine kegelförmig nach unten erweitert werden; der Zapfen e_1, der dem kleinsten Lochdurchmesser (auf den vorgebohrt ist) entspricht, dient dabei als Führung. Die Anschlag-buchse *f* wird in der Abwärtsbewegung durch das Werkstück begrenzt, während das Schaftstück *a* mit dem Schneidmeißel abwärts zieht.

5.2.1.4. Der Kugelformbohrer Bild 5.8 dient zum Bohren kugelförmiger Löcher auf der Bohrmaschine. Die Anschlagbuchse *b* wird in der Abwärtsbewegung durch das Werkstück begrenzt, während das ab-wärtsgleitende Schaftstück *a* durch Zahnstange *d* den Werkzeugträ-ger *e* schwenkt. Dabei wird das Werkstück von unten nach oben durch den Schneidmeißel *i* kugelförmig aufgebohrt. Der Zahntrieb ist gegen das Eindringen von Spänen geschützt.

5.2.1.5. Ausbohr- und Planwerkzeug. Das Werkzeug Bild 5.9 ermöglicht es, gewisse Arbeiten an der Bohrmaschine auszuführen, die sonst all-gemein viel teurer an der Drehmaschine ausgeführt werden.

Nach Durchlauf des Ausbohrmeißels *d* durch die vorgearbeitete bzw. vorgegossene Werkstückbohrung wird der unter Federdruck stehende Körper *b* durch seinen Führungszapfen b_1 an der Vorrichtung in seiner Abwärtsbewegung begrenzt, während dann der abwärtsgehende Kegel-zapfen *a* mit seiner schrägen Endfläche den in einem Schlitz des Körpers *b* geführten Werkzeugträger *c* seitlich so weit verschiebt, daß die beiden Schneidmeißel e_1 und e_2 die beiden Nabenflächen des Werkstückes abplanen.

120

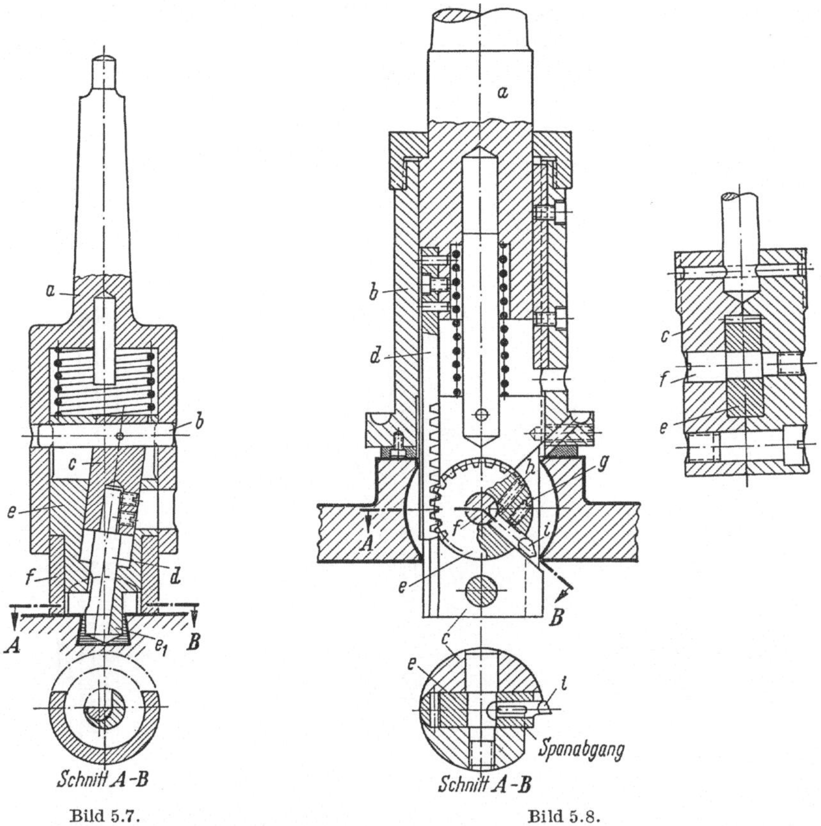

Bild 5.7. Kegelbohrer. *a* Kegeldorn, trägt radial beweglich den Bolzen *b* mit dem Schneidmeißelhalter *c* und dem Schneidmeißel *d* und ferner achsrecht beweglich die unter Federdruck stehende Steuerbuchse *e* mit dem Führungszapfen e_1 und der Anschlagbuchse *f*

Bild 5.8. Kugelformbohrer. *a* Kegeldorn, trägt achsrecht beweglich die unter Federdruck stehende Buchse *b* mit dem zweiteiligen in *b* eingeschraubten Führungsstück *c* und ist fest verbunden mit der Zahnstange *d*; *e* Werkzeugträger, durch Bolzenschraube *f* mit *c* drehbar verbunden und mit *d* im Eingriff stehend: *g* Befestigungsschraube, *h* Stellschraube für den Schneidmeißel *i*

5.2.1.6. Das Doppelplanwerkzeug zum Planarbeiten auf der Bohrmaschine.

(Bild 5.10) spart mehr als die halbe Arbeitszeit, die beim Abplanen der beiden Werkstückseiten mit nur einem Drehmeißel erforderlich wäre, weil nicht nur in zwei Arbeitsgängen abgeplant, sondern das Werkstück dabei auch noch umgespannt werden müßte.

Das Werkzeug arbeitet durch den Druck auf die Innenspindel *a*, die dabei gegen die gehärtete Anlaufscheibe *b* drückt, wodurch die Hülse *c* gegen die Spindel *a* so weit verschoben wird bis der einsatzgehärtete Anschlagbund *d* gegen den Druck der Feder *e* an der gleichfalls gehärteten Anlaufscheibe *f* anläuft. Hierdurch schieben sich die in der Innenspindel *a* schräg liegenden Leisten g_1 und g_2 durch die mit entsprechenden Nuten versehenen Stechmeißel h_1 und h_2, die dadurch

entsprechend der Schräglage der Leisten und dem Vorschub des sich
drehenden Werkzeuges nach außen geschoben werden. Da diese Drehmeißel gegen die Innenwand des Werkstückes angesetzt werden, lassen
sich an diesem die überstehenden Ränder leicht abdrehen. Bei nach-
lassendem Spindeldruck bewirkt die Feder e, daß die Drehmeißel wieder zurückgezogen werden.

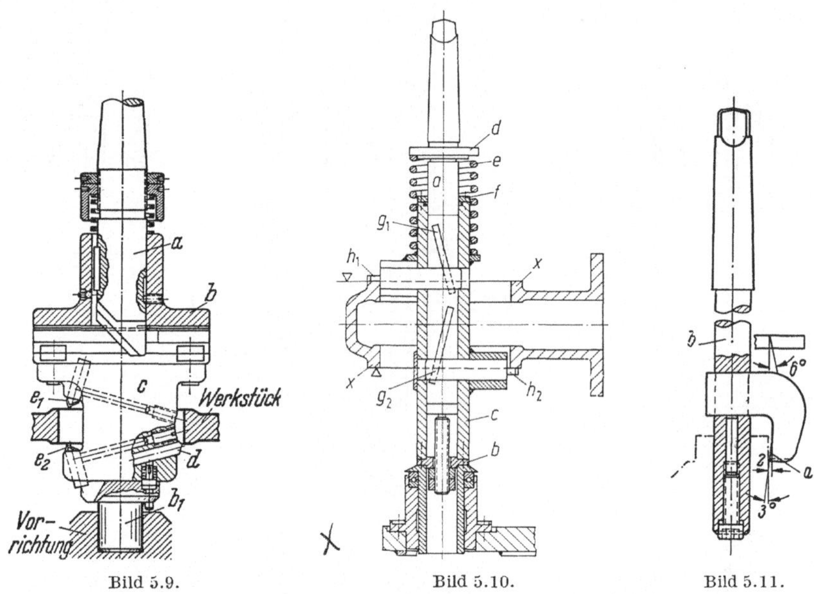

Bild 5.9.   Bild 5.10.   Bild 5.11.

Bild 5.9. Ausbohr- und Planwerkzeug. a Kegeldorn, in Körper b geführt, verschiebt mit seinem keilförmig ausgeführten Ende nach Durchlauf des Schneidmeißels d und Aufstoßen des Zapfens b_1 den Werkzeugträger c seitlich, so daß Schneidmeißel e_1 und e_2 Werkstücknabe abplanen

Bild 5.10. Doppelplanwerkzeug zum Planarbeiten an der Bohrmaschine. a Innenspindel drückt gegen Anlaufscheibe b, wodurch Hülse c gegen Anlaufbund d verschoben und gegen Druck der Feder e an Anlaufscheibe f aufläuft und die in Innenspindel a schräg liegenden Leisten g_1 und g_2 durch die mit entsprechenden Nuten versehenen Stechmeißel h_1 und h_2 nach außen verschiebt und diese die beiden Flächen x des Werkstückes abplanen

Bild 5.11. Werkzeug zum Außendrehen auf Bohrmaschinen. a Schneidmesser, b Bohrstange

5.2.1.7. Werkzeug zum Außendrehen auf der Bohrmaschine. Es kann
erwünscht sein, Naben und Augen an sperrigen Werkstücken auf der
Bohrmaschine nach dem Bohren des Naben- oder Augenloches gleich
außen mit anzudrehen. Hierzu ist das in Bild 5.11 gezeigte einfache
Werkzeug bestens geeignet. Das Schneidmesser a wird hierzu durch
Endmaße von der Bohrstange b aus auf den gewünschten Außendurchmesser eingestellt und durch die Schraube festgespannt.

5.2.1.8. Die Ellipsen-Bohrvorrichtung Bild 5.12 zum Ausbohren elliptischer Löcher wird auf der Pinole der Bohrmaschine durch die
Schrauben c_1 und c_2 befestigt und durch die Maschinenspindel i über

122

das Kreuzkuppelstück h angetrieben. Der Achsenunterschied der zu
bohrenden Ellipse wird eingestellt durch die Spindel r. Die dem Verschleiß am meisten ausgesetzten Teile laufen ständig in einem Ölbad,
wodurch eine große Betriebssicherheit und eine einwandfreie Arbeit
gewährleistet wird.

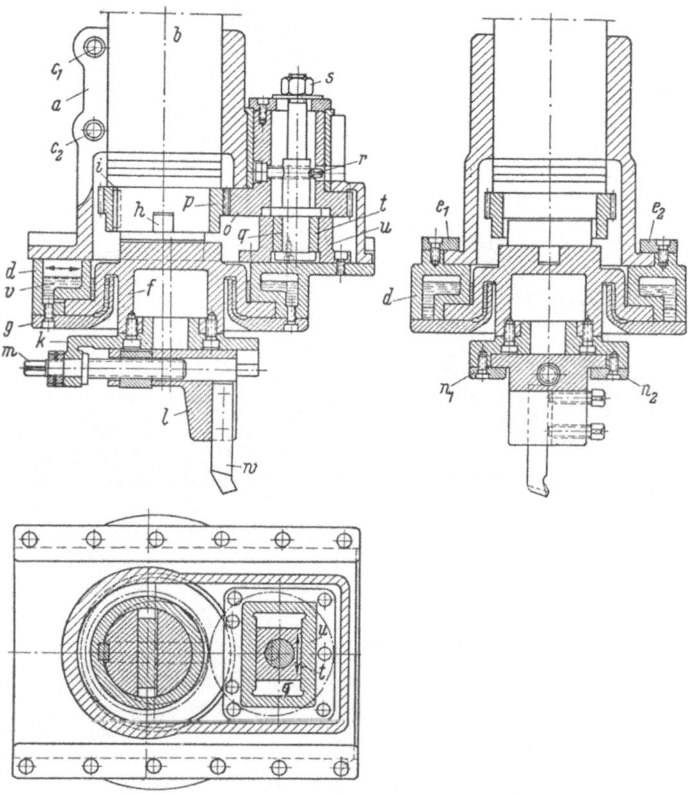

Bild 5.12. Ellipsen-Bohrvorrichtung. a Führungsgehäuse, auf Bohrmaschinenpinole b durch Schrauben c_1 und c_2 befestigt; d Schlitten auf a in Pfeilrichtung hin und her beweglich geführt und durch
Deckleisten e_1 und e_2 gehalten; f Drehkörper in d gelagert und durch Deckscheibe g gehalten, ist
mittels Kreuzkuppelstück h mit der Bohrmaschinenspindel i radial verschiebbar verbunden; k Sup-
portkörper, mit f fest verbunden; l Supportschlitten, in k durch Spindel m verstellbar geführt und
durch Deckleisten n_1 und n_2 gehalten; o Radbuchse, in a drehbar gelagert und durch das auf Bohrspindel i befestigte Stirnrad p angetrieben, trägt im Innern den Kurbelzapfen q, der durch Spindel r
im Kurbelradius verstellbar ist und durch Mutter s mit Radbuchse o in seiner jeweiligen Stellung fest
verschraubt wird; t Kulissenstein, auf q drehbar gelagert, in Kulisse u, die auf Schlitten d befestigt
ist, in Pfeilrichtung hin und her beweglich; v Ölkammer, dient zur Dauerschmierung von f in d;
w Bohrmeißel

5.2.1.9. Der Kugeldrehaufsatz Bild 5.13 wird zum Drehen kugelförmiger
Werkstücke auf der Spitzendrehmaschine gebraucht. Die Unterplatte a
trägt den um Zapfen d des Spannbolzens c schwenkbar angeordneten
Schieber e mit dem Meißelhalter f. Schieber e mit dem Schnecken-
segment g verbunden, läßt sich mit Schneckenwelle h, die auf der
Unterplatte a gelagert ist, kreisbogenförmig schwenken.

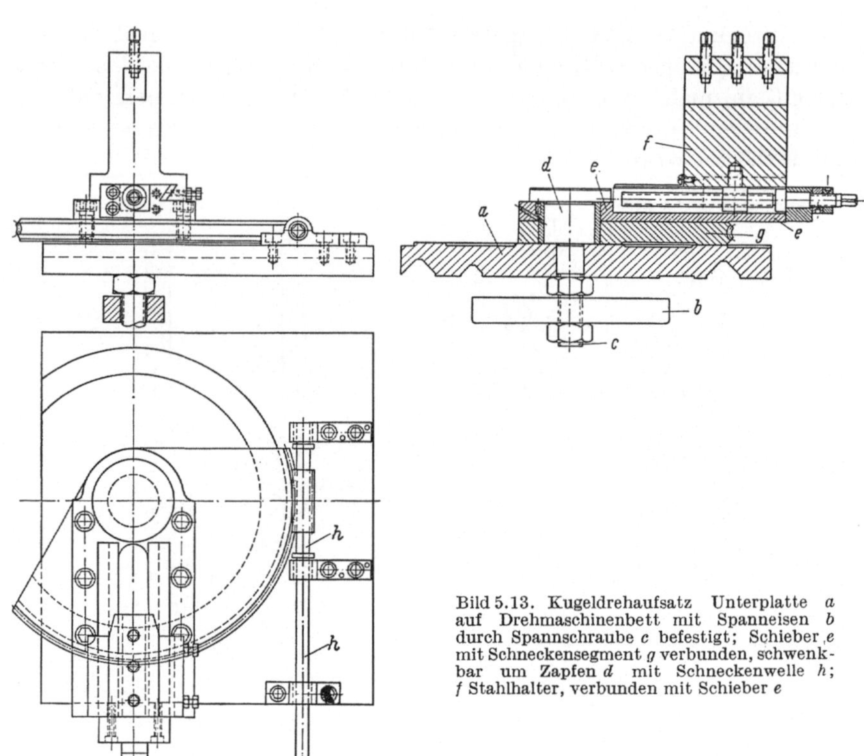

Bild 5.13. Kugeldrehaufsatz Unterplatte *a* auf Drehmaschinenbett mit Spanneisen *b* durch Spannschraube *c* befestigt; Schieber *e* mit Schneckensegment *g* verbunden, schwenkbar um Zapfen *d* mit Schneckenwelle *h*; *f* Stahlhalter, verbunden mit Schieber *e*

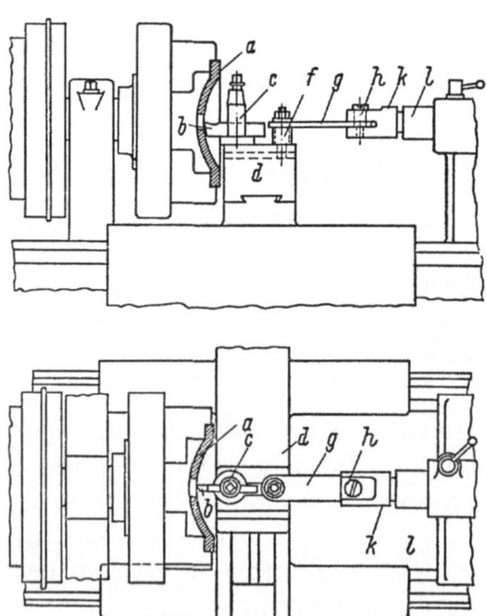

Bild 5.14. Formdrehen durch Lenker. *a* Werkstück, *b* Drehmeißel, *c* Stichelhaus, *d* Querschlitten, *f* Lenkbolzen an *d* befestigt; *g* Lenkstange, *h* Lenkbolzen, *k* Gelenkkolben in Reitstock *i* befestigt

5.2.1.10. Formdrehen durch Lenker. In Bild 5.14 ist eine Einrichtung dargestellt, mit deren Hilfe es möglich ist, kugelige Hohlformen auszudrehen. Sie ist einfach herzustellen und sehr praktisch anzuwenden.

5.2.2. Werkstücksteuernde Arbeitsvorrichtungen

Mit diesen Vorrichtungen werden die Bewegungen des Werkstückes bei feststehendem Werkzeug zwecks besonderer Formgebung gesteuert.

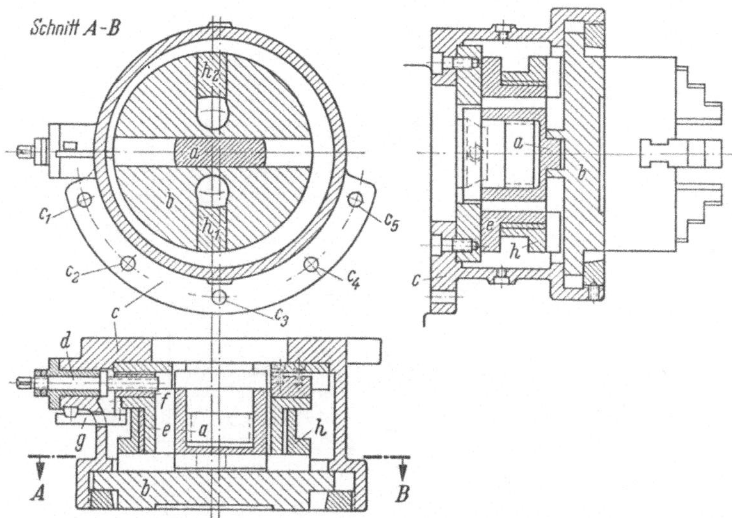

Bild 5.15. Ellipsen-Drehvorrichtung. a umlaufende Kupplung sitzt fest auf Drehmaschinenspindel und steht radial beweglich im Eingriff mit dem umlaufenden Werkstückträger b; c Vorrichtungsgehäuse, mit Schraubenlöchern c_1 bis c_5 am Drehmaschinenspindelkasten befestigt, trägt den durch die Schraubenspindel d radial verstellbaren Steuerring e mit der Mutter f und dem Verstellanzeiger g; h Steuerring, auf e umlaufend und durch Knaggen h_1 und h_2 mit b im Eingriff stehend

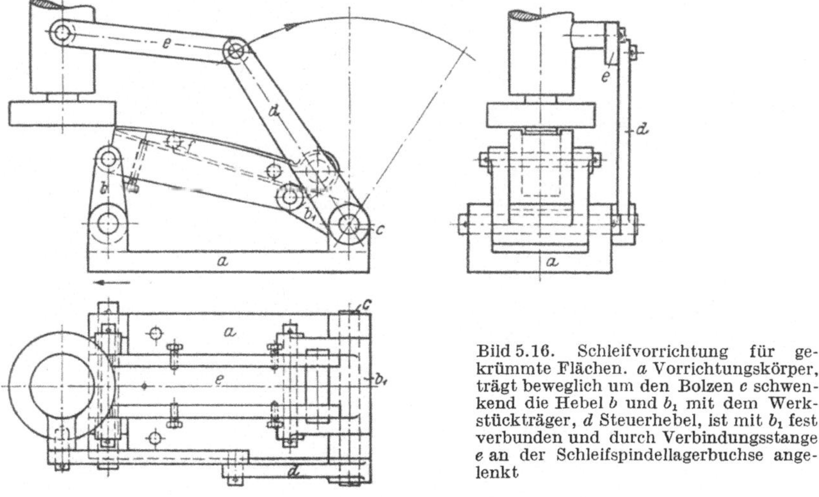

Bild 5.16. Schleifvorrichtung für gekrümmte Flächen. a Vorrichtungskörper, trägt beweglich um den Bolzen c schwenkend die Hebel b und b_1 mit dem Werkstückträger, d Steuerhebel, ist mit b_1 fest verbunden und durch Verbindungsstange e an der Schleifspindellagerbuchse angelenkt

5.2.2.1. Ellipsen-Drehvorrichtung (Bild 5.15). Sie eignet sich besonders für sehr genaue Arbeiten. Die Bearbeitung ist fliegend, weshalb der Werkstückträger b ein Spannfutter für die Aufnahme des Werkstückes tragen muß. Das Vorrichtungsgehäuse wird mit Öl gefüllt, so daß alle beweglichen Innenteile in einem Ölbad laufen.

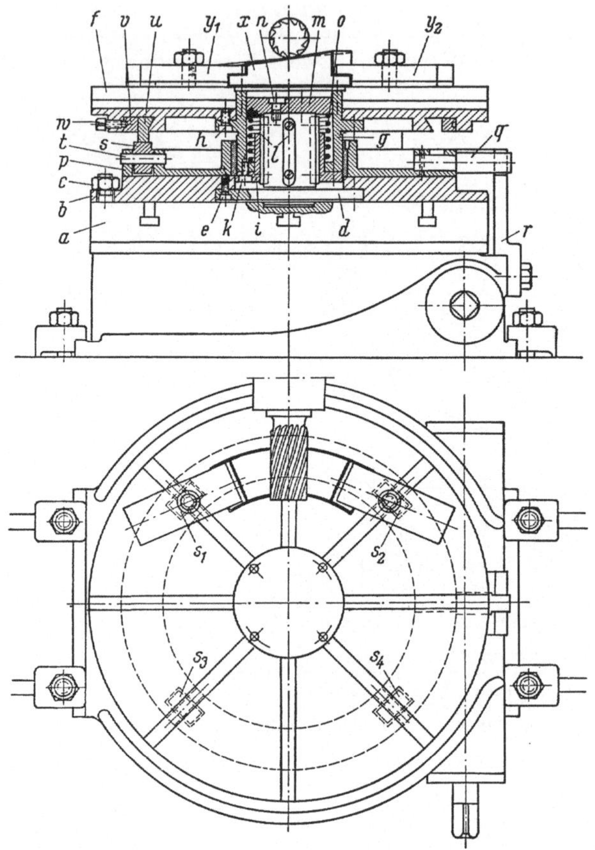

Bild 5.17. Mechanische Nachform-Fräsvorrichtung. a Gewöhnlicher Rundtisch (Gemeinvorrichtung), b Grundplatte, mit a durch Schrauben c fest verbunden; d Führungszapfen mit Flansch, mit b durch Schrauben e fest verbunden; f Aufspannplatte, mit Außenführungsbuchse g durch Schrauben h fest verbunden; i Innenführungsbuchse, durch Schrauben k mit Außenführungsbuchse g fest verbunden, gleitet auf Führungszapfen d und ist durch vier Gleitfedern l gegen Verdrehen zu d gesichert; m Federdruckstück, mit d durch Schrauben n fest verbunden; o Schraubenfeder, drückt Oberteil auf Unterteil; p Rollenträger, auf g drehbar gelagert, wird durch Haltestift q und Haltegabel r gegen Verdrehen gesichert; s_1 bis s_4 Kopierrollen, auf Bolzen t drehbar gelagert, drücken von unten gegen das vierteilige Bezugsformstück u, das durch Klemmring v und eine Anzahl Schrauben w mit f fest verbunden ist; x Werkstück durch Spanneisen y_1 und y_2 aufgespannt

5.2.2.2. Schleifvorrichtung für gekrümmte Flächen. Durch die Vorrichtung Bild 5.16 werden Wälzhebel so gesteuert, daß sich ihre gekrümmte Oberfläche auf der Schleifebene abwälzt und geschliffen werden kann.

5.2.2.3. Die Nachform-Fräsvorrichtung Bild 5.17 ist zum Fräsen von Schraubenflächen bestimmt. Sie wird in Verbindung mit einem gewöhn-

126

lichen Rundtisch (Gemeinvorrichtung) verwandt. Das ringförmige Bezugsformstück u besteht aus vier gleichen Teilen, die auf Rollen laufen und schnell ausgewechselt werden können.

5.2.2.4. Die hydraulische Nachform-Fräsvorrichtung ist besonders für solche Betriebe geeignet, in denen nur ganz gelegentlich geringe Stückzahlen von Kurven- oder Nockenscheiben zu bearbeiten sind, so daß sich die Beschaffung einer Nachform-Fräsmaschine eigens hierfür nicht lohnt. Die in Bild 5.18 gezeigte Vorrichtung ist beachtenswert.

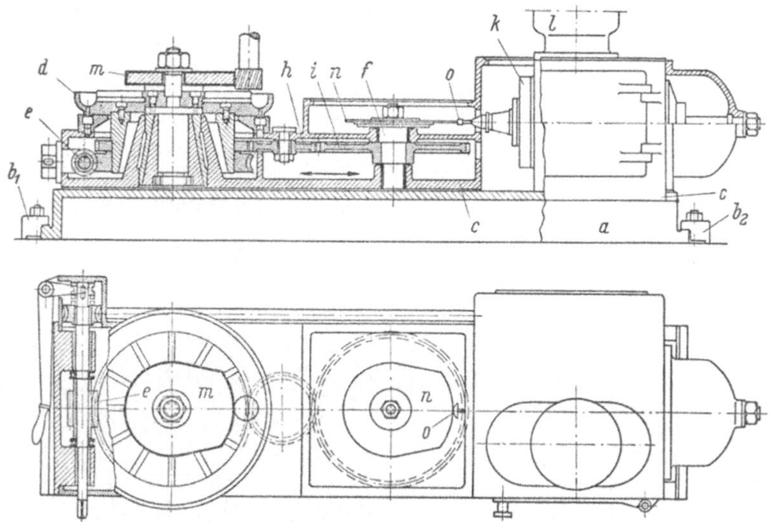

Bild 5.18. Hydraulische Nachform-Fräsvorrichtung. a Grundplatte, wird durch Spannkloben b_1 und b_2 auf Fräsmaschinentisch befestigt; c Schlitten, in Pfeilrichtung beweglich und in Schwalbenschwanzführungen auf a geführt; d Rundtisch, in c drehbar gelagert, wird durch Schnecke e angetrieben; f Schablonenträger, wird durch Stirnräder g, h und i in gleichem Drehsinne bewegt wie d; k hydraulisches Getriebe, ist mit Grundplatte a fest verbunden und wird durch Motor l angetrieben; m Werkstück, n Bezugsformstück (Schablone), o Taststift, beeinflußt das hydraulische Getriebe in der Weise, daß der Berührungsdruck von o an n gleichbleibend mäßig ist und der Schlitten c bei Kurvenanstieg oder -abfall auf der Grundplatte a verschoben wird

Sie dient zum Fräsen von Kurven- und Nockenscheiben aller Art und arbeitet nach einem hydraulischen Verfahren. Für die Rundtischbewegung und die Bewegung des hydraulischen Getriebes ist sie mit einem Motor ausgestattet. Da der Berührungsdruck des Tastfingers o an dem Bezugsformstück n nur sehr gering ist, kann dieses aus dünnem, ungehärtetem Stahlblech angefertigt werden, während diejenigen für mechanisch arbeitende Vorrichtungen des starken Anpreßdruckes wegen wesentlich stärker und gehärtet sein müssen. Aus diesem Grunde wird diese Vorrichtung besonders dann sehr nützlich sein, wenn wegen zu geringer Stückzahlen die Anfertigung der sehr teuren gehärteten Schablonen nicht lohnend ist. Es ist noch zu bemerken, daß der Tastfinger o auch auf die geringsten Seitendrücke anspricht und daher sehr steile Kurven nachgeformt werden können, wie es mit einer selbsttätigen, mechanisch arbeitenden Vorrichtung nicht möglich ist.

5.2.3. Werkzeugtragende Arbeitsvorrichtungen

Werkzeugtragende Arbeitsvorrichtungen dienen dazu, Werkzeuge gruppenweise auf das Werkstück einwirken zu lassen, um Hauptzeiten zu sparen. Es geht im wesentlichen um Vielmeißelhalter und Vielspindelbohrköpfe.

5.2.3.1. Vielmeißelhalter lohnen sich erst bei größeren Stückzahlen, setzen dann aber die Arbeitszeit wesentlich herab. Bild 5.19 zeigt ein einfaches Beispiel. Für den Fall, daß an einem Werkstück viele Absätze und Nuten sowie Rillen einzudrehen sind, so daß viele Schneidmeißel angeordnet werden müssen und die Schnittkräfte zu groß werden, ist es zweckmäßig, schwenkbare Halter zu verwenden und die Schneidmeißel gruppenweise am Umfang des Halters anzuordnen.

5.2.3.2. Der Mehrspindelbohrkopf Bild 5.20 dient zum gleichzeitigen Bohren einer größeren Anzahl von Löchern, die auf dem gleichen Loch-

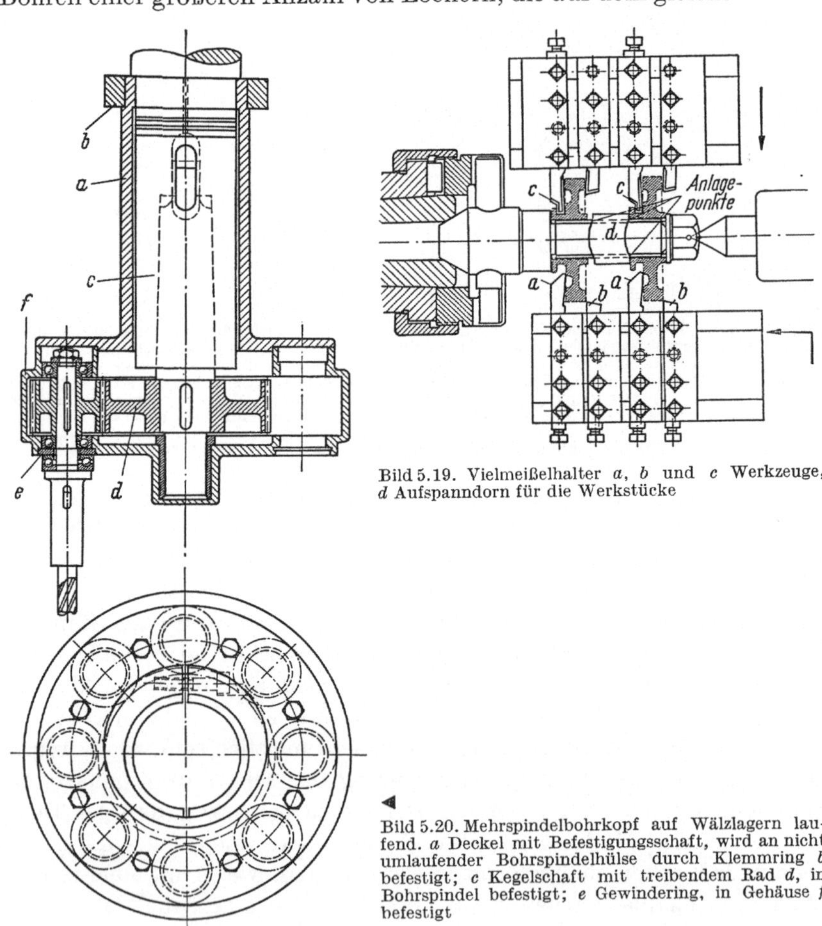

Bild 5.19. Vielmeißelhalter a, b und c Werkzeuge, d Aufspanndorn für die Werkstücke

Bild 5.20. Mehrspindelbohrkopf auf Wälzlagern laufend. a Deckel mit Befestigungsschaft, wird an nicht umlaufender Bohrspindelhülse durch Klemmring b befestigt; c Kegelschaft mit treibendem Rad d, in Bohrspindel befestigt; e Gewindering, in Gehäuse f befestigt

kreis liegen. Sämtliche Bohrspindeln laufen in Wälzlagern. Diese Konstruktion hat sich bestens bewährt. Es gibt solche mit ortsgebundenen Spindeln wie im Beispiel Bild 5.20 und solche mit verstellbaren Spindeln ([9], Bilder 46 und 47).

5.2.3.3. Druckluft-Anhebevorrichtung für Mehrspindelbohrkopf. Bei Verwendung von Mehrspindelbohrköpfen an Senkrechtbohrmaschinen wird die Bohrspindel durch das Gewicht des Kopfes belastet, so daß die Aufwärtsbewegung der Bohrspindel erschwert wird. Man kann den Übelstand dadurch beseitigen, daß man das Gegengewicht vergrößert. Das geht aber nicht immer. Auf jeden Fall aber ist es besser, für den Auftrieb eine Hebevorrichtung vorzusehen, um Kraft und Zeit zu sparen. Bild 5.21 zeigt, wie es z. B. durch eine Drucklufteinrichtung geschehen kann. In der Mitte des Bohrkopfes ist ein Druckluftkolben angeordnet, der in einen mit der Standbohrspannvorrichtung verbundenen Zylinder eintaucht. Aufwärts wird der Kopf mit der Bohrspindel durch Druckluft, abwärts durch das Eigengewicht bewegt. Die Geschwindigkeit für beide Bewegungen wird durch Drosselung der Zuluft oder Abluft gesteuert ([7], Bilder 3.91 bis 3.93).

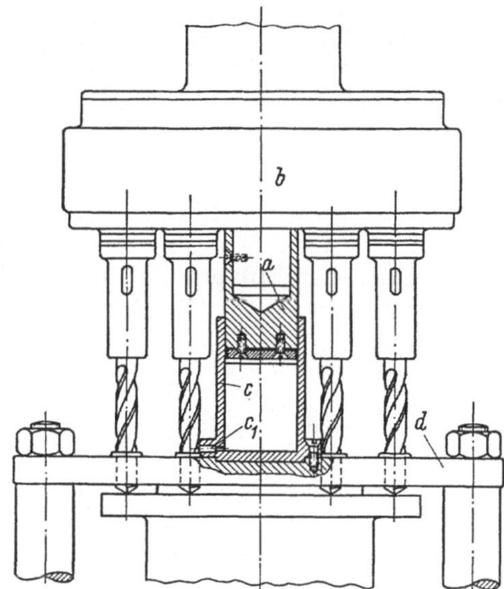

Bild 5.21. Mehrspindelbohrkopf mit Druckluft-Hebeeinrichtung. *a* Druckluftkolben, am Bohrkopf *b* befestigt; *c* Druckluftzylinder, an der Standbohrspannvorrichtung *d* befestigt; c_1 Öffnung für Druckluftanschluß

5.2.3.4. Schraubenflächen-Senkvorrichtungen für schlecht zugängliche Stellen. Schraubenflächen können oft nur dadurch angesenkt werden, daß man eine Bohrstange durch das gebohrte Loch steckt und an ihrem unteren Ende ein Bohrmesser oder einen Senker befestigt. Diese Zusatzarbeiten nehmen immer eine gewisse Zeit in Anspruch und dauern besonders lange, wenn der Senker, wie es meist geschieht, in der unpraktischsten Weise durch einen Kegelstift statt durch einen Bajonettverschluß befestigt wird. Die Vorrichtungen Bilder 5.22 und 5.23 vermeiden diese Zusatzarbeiten gänzlich, so daß diese Konstruktionen sich bald bezahlt machen.

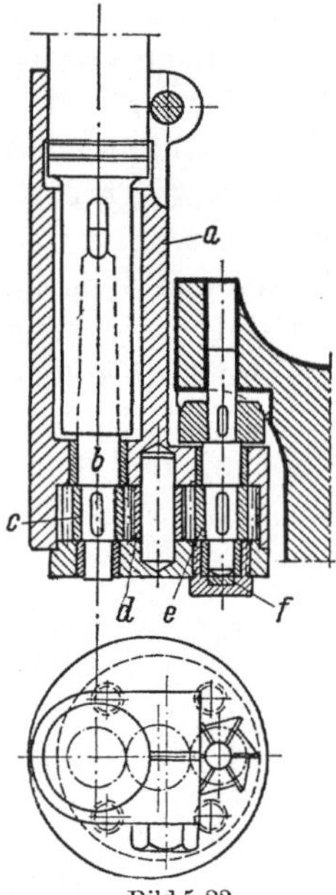

Bild 5.22.

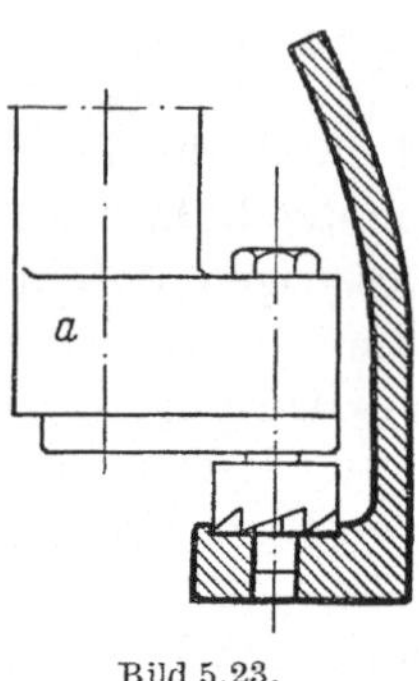

Bild 5.23.

Bilder 5.22. und 5.23. Schraubenflächen-Senkvorrichtungen für schlecht zugängliche Stellen. *a* Vorrichtungskörper, wird an nicht umlaufender Bohrspindelhülse befestigt; *b* Kegelschaft mit treibendem Rad *c*, mit Bohrspindel verbunden; *d* Zwischenrad, *e* getriebenes Rad, *f* Spurpfanne

5.3. Arbeitsvorrichtungen für die Handhabung der Werkstücke

5.3.1. Anreißvorrichtungen

Für die Formgebung und das Anreißen der Werkstücke und das Anreißen der Löcher werden besonders im Großmaschinenbau vielfach Anreißschablonen verwendet. Für das Anreißen von Löchern und Lochgruppen trifft das besonders dann zu, wenn sich wegen zu geringer Stückzahlen die Anfertigung kostspieliger Bohrschablonen nicht lohnt, andererseits aber doch eine gewisse Arbeitsersparnis durch Austauschbarkeit, die im Falle von Durchgangslöchern auch bei Verwendung von Anreißschablonen möglich ist, erreicht werden soll. In der Regel handelt es sich hierbei um Schablonen, die entsprechend den dafür maßgebenden Umrissen ausgebildet werden oder gegebenenfalls auch gewisse Einmittansätze erhalten. Gelegentlich ist es aber auch notwendig, statt einfacher Schablonen etwas kompliziertere Vorrichtungen zum Anreißen vorzusehen, wie nachfolgende Beispiele zeigen:

130

5.3.1.1. Vorrichtung zum Anreißen von Schlitzen in Laufbuchsen. Die in
Bild 5.24 wiedergegebene Vorrichtung dient zum Anreißen von Ein-
laß- und Auslaßschlitzen an Zylinderlaufbuchsen von Großmotoren.
Wegen ihres Aussehens wird sie auch Anreißkorb genannt. Da sie leicht
zu handhaben sein muß, wird sie aus dünnen Blechen (am besten Leicht-
metallblechen) zusammengebaut und mit den Handgriffen *a* versehen.
Dadurch, daß sie mit ihren Winkelstegen *b* an der Bundfläche der
Laufbuchse aufgehängt wird, ist sie auch entfernungbestimmend.

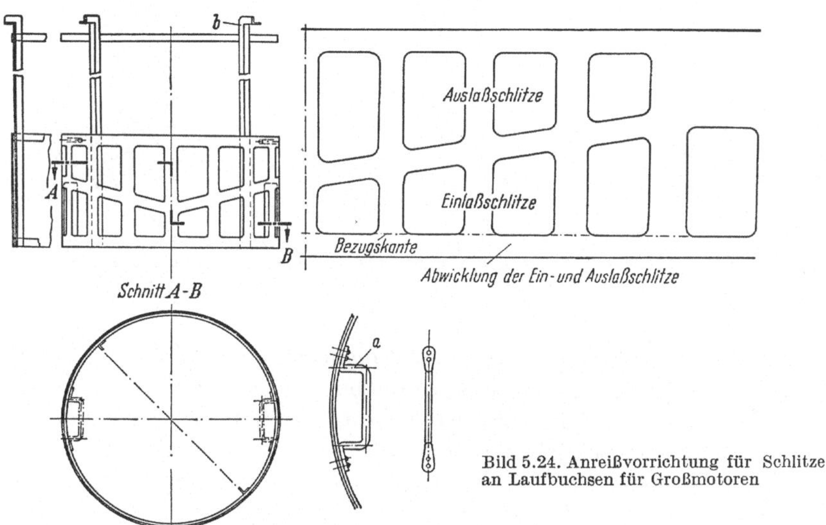

Bild 5.24. Anreißvorrichtung für Schlitze
an Laufbuchsen für Großmotoren

5.3.1.2. Anreißvorrichtung für Kurbel- und Exzenterwellen. In Betrieben,
die nicht über besondere Kurbelwellendrehmaschinen verfügen, werden
Wellen mit außermittigen Zapfen nach meist langwierigem Ausrichten
und Messen mit dem Parallelreißer angerissen, zwischen die Spitzen
einer Drehmaschine gespannt und dann der Exzenterkreis mit einem
in Spitzenhöhe eingestellten Hakenmeißel angerissen (s. Bild 5.25).
Dieses Verfahren ist nicht nur zeitraubend, sondern auch ungenau,
da mehrfaches Umspannen erforderlich ist.

Mit der Anreißvorrichtung Bild 5.26 ist dagegen ein schnelleres und
genaueres Anreißen der verschiedenen Hubkreise möglich. Die anzu-
reißende Welle wird dazu an einem Ende im *Dreibackenfutter und* am
anderen Ende schlagfrei im Setzstock der Drehmaschine gespannt.
Mit dem am Gehäuse vorgesehenen Kegel *a* wird die Anreißvorrichtung
im Reitstock der Drehmaschine gehalten und die Reißnadel *e* durch die
Meßspindel *c* auf richtige Hubhöhe eingestellt. Dies ist möglich,
weil die Führungskapsel *b* mit einem entsprechenden Schlitz versehen
ist. Die Anreißnadel wird dabei auf dem Führungsstift *d* geführt. Nach

der Einstellung der Reißnadel läßt man sie während einer Umdrehung
an der Welle berühren. Dadurch erhält man einen genaueren Hubkreis. Wenn dieser für beide Seiten vorgesehen ist, so braucht man die
Welle nur umzuspannen.

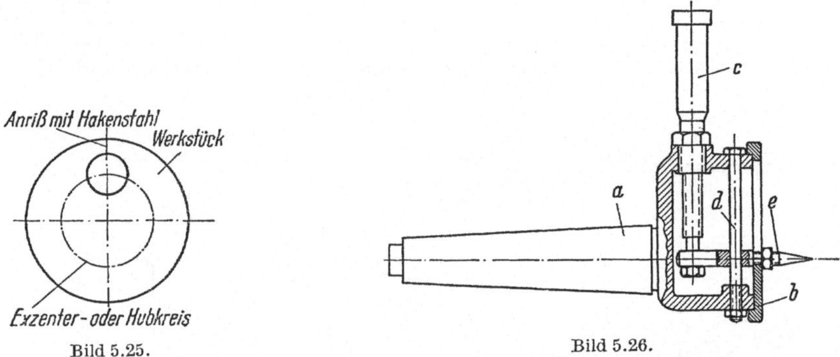

Bild 5.25.

Bild 5.26.

Bilder 5.25. und 5.26. Anreißvorrichtung für Kurbel- und Exzenterwellen. Vorrichtungsgehäuse mit
Kegel *a* wird im Reitstock von Drehmaschinen aufgenommen; Schlitz in Führungskapsel erlaubt mit
Feinmeßschraube *c* Einstellung der Reißnadel *e* auf Hubkreis, *d* Führungsstift

5.3.1.3. Der Anreißapparat für Durchdringungen (Bild 5.27) kann als
Anreißzirkel besonders für das Anreißen von Zylinder- und Kegeldurchdringungen auf Flächen jeder Gestalt, deren Achsen einen beliebigen Winkel einschließen, angewendet werden. Bekanntlich bereitet
z. B. das Anreißen einer Durchdringungskurve von Kegel auf Kegel,
wobei ein Zylinder als Kegel mit der Spitze im Unendlichen aufzufassen
ist, ohne ein solches Hilfsgerät erhebliche Schwierigkeiten.

Der Aufbau und die Wirkungsweise gehen aus dem Bild 5.27 hervor.

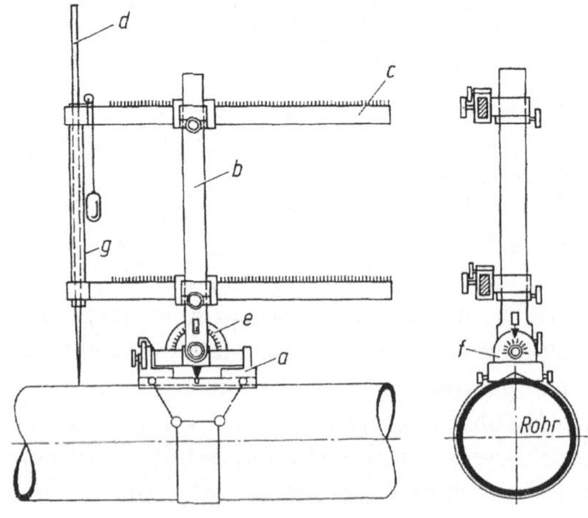

Bild 5.27. Anreißapparat für Zylin-
der- und Kegeldurchdringungen.
a Spannkloben, prismatisch;
b Lenkschiene, *c* Gleitschienen,
d Reißnadel, in Hülse *g* geführt;
e Schwenksegment mit Skala für
Längsrichtung, *f* Schwenksegment
mit Skala für Querrichtung

5.3.2. Werkstücktragende Arbeitsvorrichtungen

Hier handelt es sich um alle jene Vorrichtungen, die weder der spanenden noch der spanlosen Formung der Werkstücke als auch dem Austauschbau dienen, sondern dazu bestimmt sind, die Handhabung der Werkstücke bei der *Herstellung*, dem *Befördern* und dem *Zusammenbau* wie auch beim *Auseinandernehmen* zu erleichtern bzw. manchmal gar überhaupt erst zu ermöglichen.

Diese vielseitig gestalteten Vorrichtungen lassen sich nicht standardisieren oder zu bestimmten Typen zusammenfassen. Es bleibt hierbei in jedem Fall der Findigkeit des Vorrichtungskonstrukteurs überlassen, jeweils die günstigste und zweckentsprechende Lösung zu finden. Als Anhalt ist jedoch nachfolgend für jede dieser drei Gruppen mindestens ein einigermaßen typisches Beispiel aufgeführt, um zumindest Art und Wesen derartiger Vorrichtungen anzudeuten.

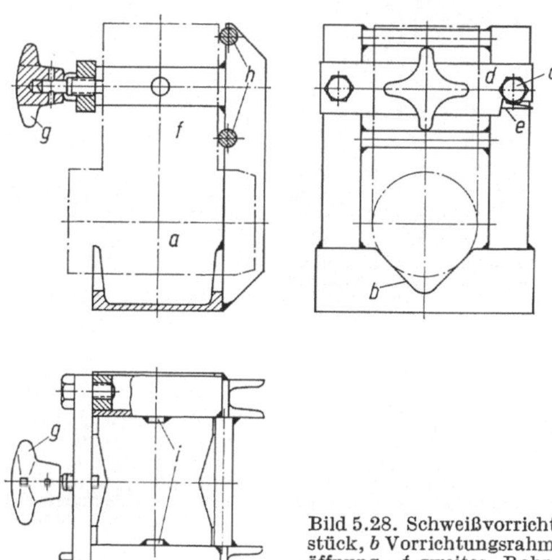

Bild 5.28. Schweißvorrichtungen für Rohrabzweigungen. *a* Rohrstück, *b* Vorrichtungsrahmen, *c* Spannschraube, *d* Riegel, *e* Riegelöffnung, *f* zweites Rohrstück, *g* Kreuzgriff, *h* Anschlagstifte, *i* Anschlagknaggen

5.3.2.1. Schweiß-, Löt- und Nietvorrichtungen. Mit solchen Vorrichtungen werden häufig die Teile der Werkstücke für die genannten Arbeitsvorgänge in die richtige Stellung zueinander gebracht und festgespannt. Manchmal soll aber mit ihnen auch ein stärkerer Verzug der Werkstücke während der Bearbeitung vermieden werden. In der Reihenfertigung dienen sie der einfacheren Handhabung, der genaueren Ausführung und der Herabsetzung der Arbeitszeiten.

Das Bild 5.28 zeigt eine Schweißvorrichtung für Rohrabzweigungen. In dieser Vorrichtung sollen die beiden Rohrstücke *a* und *f* während des Verschweißens zusammengehalten werden. Dazu wird zuerst das Rohrstück *a* in das am Vorrichtungsrahmen *b* eingearbeitete Prisma gelegt. Sodann wird bei weggeschwenktem Riegel *d* das Rohrstück *f*

mit seiner Durchdringungskurve auf die Durchdringungskurve des
Rohrstückes a gesetzt, wobei es durch die Anschlagknaggen i und die
beiden ebenfalls am Vorrichtungsrahmen angeschweißten Stifte h in
seiner Lage bestimmt wird. Nach Einschwenken des Riegels d und dessen Festsetzen durch die Spannschraube c kann dann das Werkstück
mit Kreuzgriff g festgespannt und dann geschweißt werden.

Eine Schweißvorrichtung für Flachschiebergehäuse zeigt Bild 5.29.
Mit ihr werden das Schiebergehäusemittelteil mit den beiden seitlichen
Anschlußflanschstutzen zusammengeschweißt. Diese Vorrichtung ermöglicht es, daß die Anschlußflanschstutzen im richtigen Abstand
zueinander und nicht gar versetzt oder schief am Schiebergehäuse-
mittelteil angeschweißt werden. Hierdurch können viele unnötige
Nacharbeiten vermieden werden, die dadurch entstehen können, daß

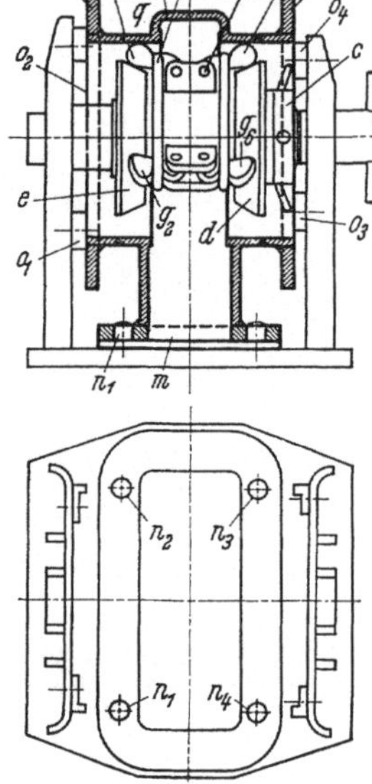

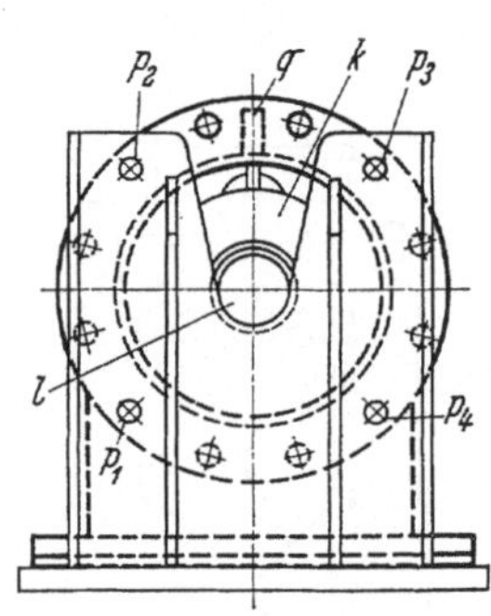

Bild 5.29. Schweißvorrichtung für Flachschiebergehäuse.
a Welle, b Schiebergehäuse-Mittelteil, c Spannmutter, verschiebt durch Anziehen losen Kegel d in Richtung auf festen
Kegel e und drückt so um Zylinderstifte f_1 bis f_6 schwenkbar
angeordnete Spreizen g_1 bis g_6 nach außen zum Spannen des
Schiebergehäuses; h Zugfedern, halten Spreizen; i_1 und i_2
Flanschstutzen, werden über Welle gelegt und mit dieser
durch Schlitz k in Lagerstellen l gelegt und mit Deckelflansch
m über Stifte n_1 bis n_4 gemittet; seitliche Anschlußflansche i_1
und i_2 liegen an Anschlägen o_1 bis o_4 und werden in Flansch-
löchern p_1 bis p_4 gespannt und bestimmt; q Gehäuserippe

beispielsweise, wie es in der Praxis vorkommt, die Flansche nach dem
Schweißen so schief zueinander liegen, daß sie wegen der sonst manchmal erheblichen Unterschreitung ihrer Stärke einfach nicht parallel,
sondern bis zu mehreren Millimetern schief zueinander abgedreht
werden müssen. Die Schweißvorrichtung bringt noch den weiteren
Vorteil mit sich, daß alle Flansche vorher schon in Schnellspannern
gebohrt werden können.

Mit dieser Vorrichtung wird folgendermaßen gearbeitet: Die Welle a
wird außerhalb der Vorrichtung mit dem Schiebergehäusemittelteil
beladen und dieses festgespannt. Zum Festspannen wird die Mutter c
angezogen. Hierdurch wird der Kegel d in Richtung auf den fest auf der

134

Welle sitzenden Kegel e so verschoben, daß die um die Zylinderstifte f_1 bis f_6 schwenkbar angeordneten Spreizen g_1 bis g_6 nach außen gedrückt werden und so das Gehäusemittelteil festspannen. Diese Spreizen werden durch die Zugfedern h gehalten, so daß sie beim Zurückdrehen der Spannmutter wieder zurückgedrückt werden. Vor dem Einlegen der Welle in die Vorrichtung werden noch die beiden seitlichen Anschlußflanschstutzen i_1 und i_2 des Schiebergehäuses lose über die Welle gehängt und diese dann mit den auf ihr sitzenden Schiebergehäuseteilen durch den Schlitz k in die Lagerstellen l der Vorrichtung gelegt. Beim Einlegen wird dann der Deckelflansch m mit vier seiner bereits

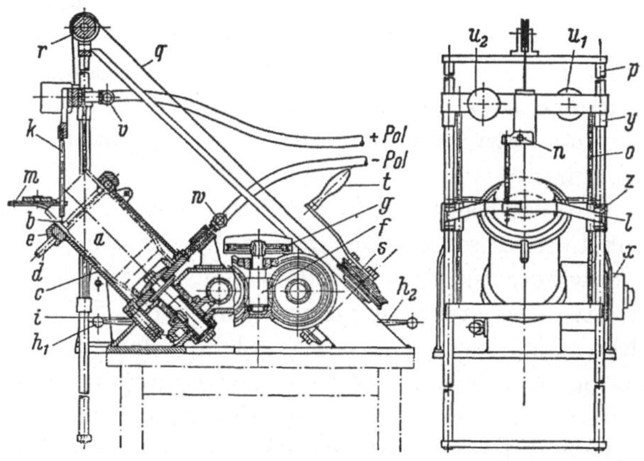

Bild 5.30. Halbautomatisch arbeitende Schweißvorrichtung. a Werkstück (Zylinder), b eingepreßter Ring, c Aufnahmebuchse, d Bolzen, e Kurvenring, f Schnecke im Eingriff mit zwei Schneckenrädern g Riemenscheibe, h_1 und h_2 Kupplungshebel für die Schneckengetriebe, i Stift zum Festsetzen von c durch h_1 mit betätigt; k Elektrode, l Bügel, m Elektrodenführung, n Flügelmutter, o Führungsrahmen p Rundsäulen, q Drahtseil, r Seilrolle, s Seilscheibe, t Handkurbel, u_1 und u_2 Gewichte, v und w Anschlußklemmen, x Motorschalter, y und z Anschläge

vorher gebohrten Löcher über die vier Einmittstifte n_1 bis n_4 gesetzt und so gemittet. Die beiden seitlichen Anschlußflanschstutzen i_1 und i_2 werden gegen die abgeplanten Anschläge o_1 bis o_4 gelegt und durch die vier entsprechenden, vorher gebohrten Flanschlöcher p_1 bis p_4 zum Gehäusemittelteil in ihrer Lage bestimmt und durch diese festgespannt. Alsdann werden die beiden Anschlußflanschstutzen und die Gehäuserippe q angeheftet und nach dem Herausnehmen des Schiebergehäuses aus der Vorrichtung endgültig angeschweißt.

Als ein weiteres Beispiel wird in Bild 5.30 eine zweckentsprechend konstruierte, halbautomatisch arbeitende Schweißvorrichtung gezeigt, mit der bei einer laufenden Fertigung mit gewöhnlichen Hilfskräften eine beim Handschweißen keinesfalls zu erzielende Schweißnahtgüte erreicht und ganz erhebliche Arbeitszeiten eingespart werden können.

In dem Zylinder a ist der bereits vorher eingepreßte Ring b einzuschweißen. Zu diesem Zweck wird der Zylinder in die unter 45° liegende

Aufnahmebuchse c eingesetzt und mittels Bolzen d, auf den ein Handgriff zu stecken ist, über den Kurvenring e mit Kugeln leicht gespannt. Die zum Schweißen erforderliche gleichmäßige Drehbewegung der Buchse c wird über ein doppeltes Schneckengetriebe f durch einen Motor mittels Riemenantrieb g erzeugt. Eine durch den Hebel h_1 betätigte Kupplung löst die Aufnahmebuchse c, wenn der Zylinder festgespannt werden soll, von dem Schneckengetriebe, wobei zur Festsetzung der Buchse zu gleicher Zeit der Haltestift i in eine entsprechend zylindrische Bohrung eingefahren wird.

Die Elektrode k wird mittels Flügelmutter n von Hand eingespannt und durch die auf dem ausschwenkbaren Bügel l befestigte und auswechselbare Führung m ständig in der richtigen Stellung gehalten. Zur Erzielung der für das Schweißen notwendigen Schräglage ist die Elektrode zur Mittelachse versetzt angeordnet. Im übrigen steht sie als Winkelhalbierende zwischen den zu verschweißenden Flächen von Zylinder und Ring.

Zugestellt wird die Elektrode über den Rahmen o, der an den Rundsäulen p geführt und durch das Drahtseil q über die Rolle r entsprechend der Drehgeschwindigkeit des Zylinders gleichmäßig abgesenkt wird. Dabei wird die Absenkgeschwindigkeit über die Seilscheibe s von dem doppelten Schneckengetriebe f abgeleitet, das auch die Drehung des Zylinders bewirkt. Die an der Seilscheibe s angebrachte Handkurbel t dient zum schnellen Hochheben des Elektrodenrahmens nach beendeter Schweißung. Die Seilscheibe wird im Augenblick des Zurückfahrens durch die Kupplung h_2 vom Getriebe abgekuppelt. Der Rahmen o ist zwecks Erreichung eines gleichmäßigen Absinkens mit den beiden Gewichten u_1 und u_2 versehen. Die Zuführung des Schweißstromes erfolgt über die Klemmen v und w, wobei die Klemme w als Schleifring an der Aufnahmebuchse c ausgebildet sein muß.

Handhabung: Nach Einspannen des zu schweißenden Zylinders a und der Elektrode k wird die leicht kegelig angeschliffene Elektrodenspitze durch Betätigung des Motorschalters x und die dadurch erfolgte Ingangsetzung des Getriebes f bis auf wenige Millimeter der Schweißstelle genähert und dann der Antriebsmotor wieder ausgeschaltet. Den Lichtbogen zwischen der Elektrode und den zu verschweißenden Teilen erzeugt man durch einen zylindrischen, ebenfalls etwas kegelig angeschliffenen Kohlestift von Hand. Sofort nach der Zündung wird der Motor wieder eingeschaltet und der Schweißvorgang läuft nun automatisch ab. Sobald die Anschläge y und z zusammentreffen, ist die Schweißung beendet. Der Lichtbogen wird unterbrochen, indem man den Rahmen o mittels Handkurbel t bis zur Ausgangsstellung hochfährt.

5.3.2.2. Fördervorrichtungen sind manchmal notwendig, um nicht nur das Fördern selbst zu ermöglichen bzw. zu erleichtern, sondern auch um

Beschädigungen und Verziehungen der Werkstücke zu vermeiden. Sie werden am häufigsten in der Massenfertigung gebraucht, wo sie meistens automatisch oder halbautomatisch arbeiten. In derartigen Fällen müssen sie der Fertigung und den zu fertigenden Werkstücken angepaßt werden.

Bild 5.31. Vorrichtung zum Befördern großer Getrieberäder

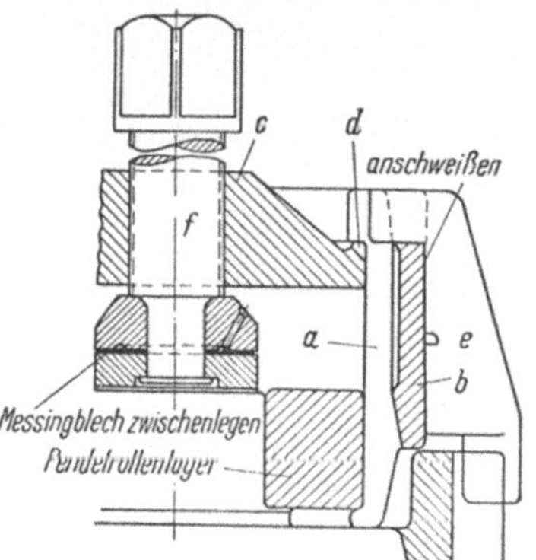

Bild 5.32. Abziehvorrichtung für Wälzlager. *a* vier Klauensegmente, *b* Ring mit Innenkegelfläche, *c* Zugglocke, *d* hakenförmige Nasen, *e* Überfanghaube, *f* Druckschraube

Sehr oft ist es aber auch erforderlich, in der Einzelfertigung und im Großmaschinenbau spezielle Fördervorrichtungen zu erstellen, wie z. B. für das in Bild 5.31 gezeigte 64 t schwere *Großgetrieberad* von 4,2 m Durchmesser, um solche Teile überhaupt erst von einer Werkstatt in die andere über die Straße oder Schiene sicher und ohne Schädigung befördern zu können.

5.3.2.3. Zusammen- und Ausbauvorrichtungen. Wie man mit einer zweckentsprechenden Vorrichtung den Zusammenbau oder wie hier das Ausbauen von Maschinenteilen erleichtern oder überhaupt erst durchführen kann, zeigt als Beispiel die *Abziehvorrichtung für Wälzlager* Bild 5.32.

Das Abziehen von Kugel- und Rollenlagern ist oft sehr schwierig, da sie meist sehr fest sitzen und oft auch wenig Raum für das Anbringen von Abziehvorrichtungen vorhanden ist. Mit der hier gezeigten Vorrichtung wir der sehr enge Raum und der Kreisumfang des Lagers ausgenutzt, um es sicher zu fassen. Der äußere Lagerring wird mit den 4 Klauensegmenten a unterfangen. Sie werden von einem Ring b mit kegeliger Anlagefläche umfaßt, so daß die Klauen festsitzen. Sie stützen sich an der Zugglocke c mit den hakenförmigen Nasen d ab. Das Ganze ist durch die Überfanghaube e gegen Verdrehen gesichert. Für die Druckschraube f soll ein Gewinde mit geringer Steigung gewählt werden, so daß ein rund 40 cm langer Schraubenschlüssel zum Abziehen des Lagers genügt.

6. Prüfvorrichtungen

Selbstverständlich erfordert ein so wichtiger Vorgang wie das Prüfen von Werkstücken häufig ebenfalls gewisse Vorrichtungen, besonders in der Reihenfertigung, wenn mit dem geringsten Zeitaufwand und so einfach und sicher wie möglich geprüft werden soll. Zwar sind alle hierfür in Frage kommenden gebräuchlichen Meßmittel im Schrifttum genügend behandelt, doch vermißt man ebenso wie für die im vorigen Abschnitt besprochenen Arbeitsvorrichtungen auch eine hinreichende Würdigung der Prüfvorrichtungen. In dem vorliegenden Band erlaubt der festliegende Rahmen nur wenige Beispiele, doch sollen wenigstens Art und Weise angedeutet werden.

6.1. Meßmitteltragende Prüfvorrichtungen

Bild 6.1 zeigt ein Meßgerät zum Innenmessen großer Zahnkränze auf der Waagerecht-Drehmaschine. Da das eigentliche Meßmittel, ein Stichmaß mit Meßschraube wegen seiner Länge nur sehr schwer zu

Bild 6.1. Vorrichtung zum Innenmessen großer Zahnkränze

handhaben und die Messung wegen der dadurch bedingten Durchbiegung sehr unsicher ist, wird es von einer aus Rohren und einer Flanschplatte zusammengeschweißten Vorrichtung getragen. Die Flanschplatte der Vorrichtung wird beim Messen in einer Einmitteindrehung des Maschinentisches gemittet.

6.2. Werkstücktragende Prüfvorrichtungen

Zu den Prüfvorrichtungen gehören auch die hydraulisch- und druckluftbetätigten Vorrichtungen zum Prüfen der Werkstücke auf Dichtigkeit und Widerstand gegen den Betriebsdruck.

6.2.1. Vorrichtungen zur Druckprüfung von Werkstücken

6.2.1.1. Vorrichtung zur Druckprüfung von Armaturen. Bild 6.2 zeigt, wie man verschiedene Armaturen unterschiedlicher Größe mit einer einzigen Vorrichtung auf Dichtigkeit und den vorgeschriebenen Probedruck prüft. Der Tisch a, der von unten her Wasseranschluß hat, trägt das Werkstück, das an seinem unteren Flansch mit einer Dichtung gegen den Tisch abgedichtet wird. Auf den zwei an ihrem oberen Ende mit Gewinde versehenen Säulen b_1 und b_2 befindet sich ein in der Höhe einstellbares Querhaupt c das einen mit einem Abdrückflansch d versehenen Scherenspanner e trägt, der mit dem Handrad f durch die Spindel g auf- und zugespannt werden kann und gegen den Armaturenflansch ebenfalls durch eine Dichtung abgedichtet ist. Zum Abdrücken selbst dient eine übliche Handpumpe, die mit einem Manometer versehen ist.

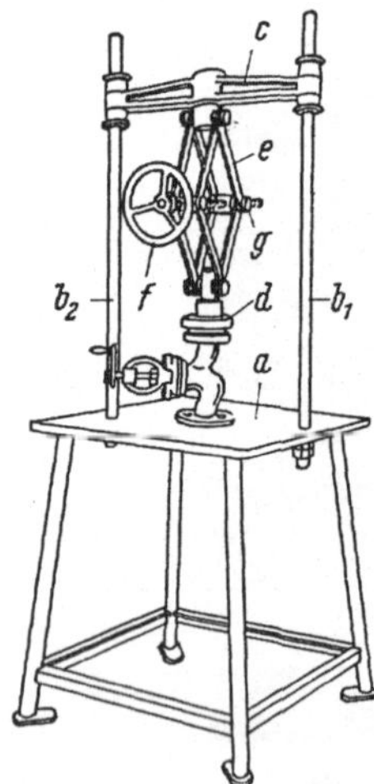

Bild 6.2. Vorrichtung zur Druckprüfung von Armaturen. a Tisch mit Wasseranschluß, b_1 und b_2 Säulen, c Querhaupt, in der Höhe verstellbar; Q Flansch, e Scherenspanner, f Handrad, g Spindel

6.2.1.2. Vorrichtung zur Druckprüfung von Zylinderlaufbuchsen. Bekanntlich müssen Zylinderlaufbuchsen für Verbrennungsmotoren vorschriftsmäßig einem erheblich über dem ohnehin schon ziemlich hohen Betriebsdruck liegenden Prüfdruck unterworfen werden, da irgendwelche Fehler im Gußgefüge, wie verdeckte Lunkerstellen (Gasblasen), poröse Stellen u. dgl. vorliegen könnten.

Hierzu ist eine besondere Vorrichtung erforderlich, die einwandfrei abdichtet und nur eine kurze Einrichtungszeit und kurze Füll- und Entleerungszeiten gewährleistet.

Diese Forderungen werden im Beispiel Bild 6.3 dadurch erfüllt, daß der Druckraum l durch den Einsatz einer Druckraum-Reduzierungsbuchse d in der Zylinderlaufbuchse e bis auf 12% des Laufbuchsenhohlraumes verringert wird.

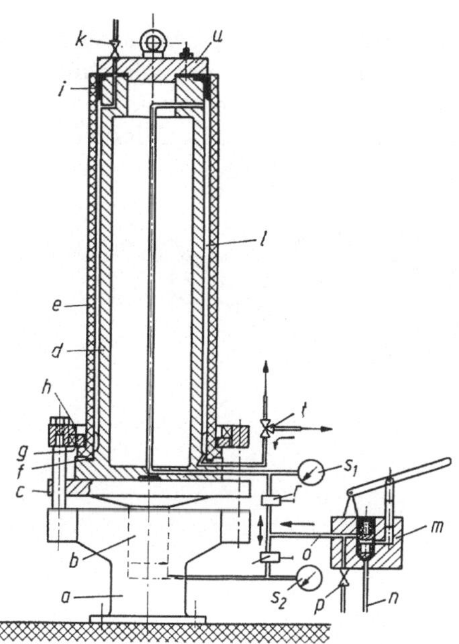

Bild 6.3. Vorrichtung zur Druckprüfung von Zylinderlaufbuchsen mittlerer und größere Verbrennungskraftmaschinen. a Abdrücktisch, b Hubzylinder an Hubtischplatte c, d Druckraum-Reduzierungsbuchse, e Zylinderlaufbuchse, f Dichtung, g Zwischenring, h Spannring mit Bajonettverschluß, i Ledermanschette, k Entlüftungshahn, l Druckraum, m Handpumpe, n Saugleitung an m, o Druckleitung, p Entwässerungshahn, q Hubventil, r Abdrückventil, s_1 und s_2 Manometer, t Dreiwegehahn, u Deckel

In den Abdrücktisch a ist die mit dem Hubzylinder b versehene Hubtischplatte c eingelassen. Auf dieser Platte sitzt mittig zu ihr die Druckraum-Reduzierungsbuchse d, in deren Flansch-Einmitteindrehung die Zylinderlaufbuchse e nach Einlegen der Dichtung f aufgesetzt wird. Sie wird dann mit dem Zwischenring g, der über den mit Bajonettverschluß versehenen Spannring h geschoben wird, festgehalten.

Zur Abdichtung des Druckraumes l ist zwischen dem oberen Laufbuchsenrand und dem auf der Druckraum-Reduzierungsbuchse angebrachten Deckel u die Ledermanschette i vorgesehen. Zum Prüfen wird die Hubtischplatte mit der Handpumpe m über das geöffnete Hubventil q angehoben und mit der Reduzierbuchse und der Laufbuchse so

fest zusammengespannt, bis der angezeigte Druck den verlangten
Prüfdruck übersteigt. Nach Schließung des Hubventils wird dann durch
den Dreiwegehahn t der Druckraum l aus der Wasserleitung so weit
gefüllt, bis das Wasser aus dem Entlüftungshahn k austritt. Nach
Schließen von Dreiwege- und Entlüftungshahn wird das Abdrückventil
r geöffnet und mit wenigen Hüben der Handpumpe m der vorgeschriebene Prüfdruck erreicht. Nach Öffnen von Dreiwege- und Entlüftungshahn entleert sich der Druckraum binnen kurzer Zeit. Nach Öffnen
von Hubventil und Entwässerungshahn p an der Pumpe kann der
Hubtisch abgesenkt und die Laufbuchse entnommen werden.

6.3. Meßmittel- und werkstücktragende Prüfvorrichtungen

Das Bild 6.4 gibt das Schema einer Vorrichtung zum Prüfen von Zahn-
dicken und der Lage der Verzahnung eines Kegelrades zu seiner Naben-
fläche wieder. In diesem Fall handelt es sich bei den Lehren a_1 und a_2
um Sonderlehren, die auf der Vorrichtung zwangsmäßig in die richtige
Lage gebracht werden.

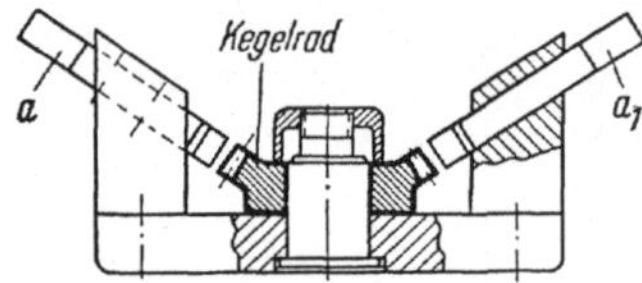

Bild 6.4. Prüfvorrichtung für Kegelräder. a_1 und a_2
Sonderlehren

7. Fehlerhafte Vorrichtungen und Gegenentwürfe dazu

An Vorrichtungen, die für neuartige Werkstücke auf Grund neuer Voraussetzungen und Überlegungen zum ersten Male gebaut werden, wird man oft noch etwas zu bemängeln und zu vervollkommnen finden, auch wenn sonst alle gegebenen Richtlinien beachtet worden sind. Solche Mängel können aber nicht als Fehler angesehen werden, denn sie sind meist zur weiteren Verbilligung des Fertigungsvorganges ohne größere Kosten abzustellen. Hier sollen wirkliche Fehler besprochen werden, die entweder gar nicht mehr oder nur mit verhältnismäßig hohen Kosten beseitigt werden können und die eher den Fertigungsvorgang hinsichtlich der Kosten und auch der Güte verschlechtern als verbessern. Als ein Fehler ist es auch anzusehen, wenn die Vorrichtungen in der Wirkungsweise zwar nicht zu beanstanden aber unnützerweise so vielgestaltig und teuer hergestellt worden sind, daß ihre Kosten nur schwer mit den durch sie zu erzielenden Ersparnissen in Einklang zu bringen sind.

Im nachfolgenden werden an einigen Beispielen aus der Praxis derartige grundsätzliche Fehler besprochen; zugleich werden aber auch gute Gegenentwürfe gezeigt, um die Kritik verständlich und fruchtbar zu gestalten.

7.1. Spannvorrichtungen

7.1.1. Vorrichtung zum Außenspannen

Beim Entwurf der *Rundbearbeitung-Spannvorrichtung* Bild 7.1 für topfförmige Werkstücke sind die wichtigsten Grundsätze unbeachtet geblieben, so daß sie gegenüber behelfsmäßigen Spannmitteln kaum Vorteile bringt. Die Bedienung ist umständlich, denn es sind neun Schrauben anzuziehen, von denen sechs schlecht zugänglich sind. Durch drei Schrauben a_1, a_2 und a_3 wird das Werkstück in radialer Richtung gespannt. Sodann müssen die Schraubenstützen b_1, b_2 und b_3 eingestellt, und endlich muß das Werkstück in Achsenrichtung durch die Schrauben c festgespannt werden. Es ist ein weiterer grundsätzlicher Fehler, daß das Werkstück nicht gemittet wird, wie das zum Drehen erforderlich ist. Es wird vielmehr durch zwei Reihen feststehender Schrauben bestimmt und daher, weil die Durchmesser stets mehr oder weniger schwanken, meistens unrund laufen. Die Folge sind ungleichmäßige Wanddicken. Sollen sie aber gleichmäßig werden, so müssen auch die beiden Reihen feststehender Schrauben nachgestellt werden, was aber sehr umständlich ist. Endlich ist noch ein wichtiger Grundsatz unbeachtet geblieben: das Vermeiden von Verspannungen. Es kann hier z. B. nicht geprüft werden, ob das Werkstück nicht durch die Schrauben a_1 bis a_3 unrund gespannt worden ist; denn die Verspannungsfehler zeigen sich erst nach dem Abspannen des fertigen Werkstückes.

Bild 7.2 ist der *Gegenentwurf*. Diese Vorrichtung besteht hauptsächlich aus einem mittenden *Dreibackenfutter* a und einem darauf befestigten Topf c, der für die Aufnahme der Sonderbacken b mit Aussparungen versehen ist. Das Werkstück wird nur am Boden, der auch bei kräftigstem Druck nicht verspannt werden kann, durch das Futter festgespannt, während das andere offene Ende unter einem gleichbleibenden mäßigen Spanndruck mittende Richtung erhält. Außerdem ist noch ein Mitnehmerstift d vorgesehen, der in einen der drei Durchbrüche im Werkstückboden eingreift. Die mittenden Kloben f_1 bis f_3 stehen mittelbar mit den Backen b in Verbindung, solange diese noch nicht zugespannt sind, und werden von ihnen gleichmäßig bewegt.

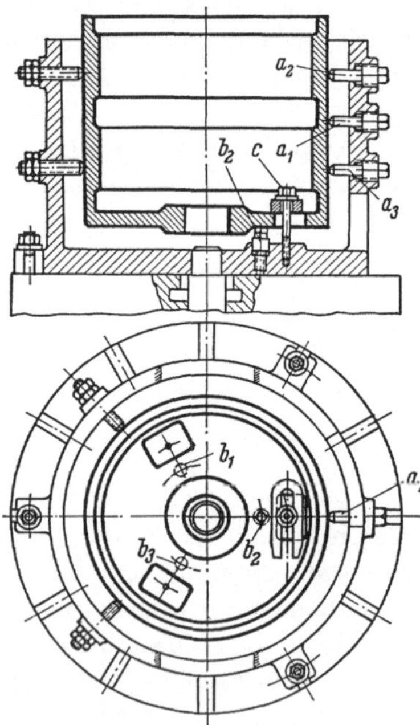

Bild 7.1. Rundbearbeitung-Spannvorrichtung mit schlechter Wirkungsweise. a_1 bis a_3 Spannschrauben, b_1 bis b_3 Schraubenstützen, c drei Festspannschrauben

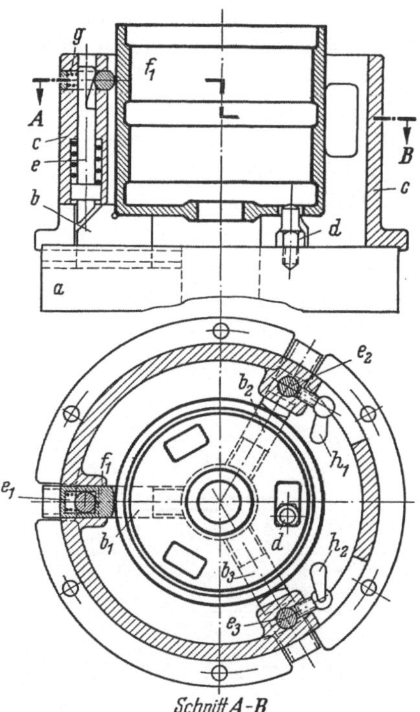

Bild 7.2. Rundbearbeitung-Spannvorrichtung mit Dreibackenfutter verbunden (Gegenentwurf zu Bild 7.1.). *a* Dreibackenfutter, b_1 bis b_3 Sonderbacken *c* Vorrichtungskörper, mit *a* fest verbunden; *d* Mitnehmerbolzen, e_1 bis e_3 Stößelkeile, bewegen die Einmittbolzen f_1 bis f_3 radial nach innen durch Federkraft; *g* Druckfedern, bewegen beim Anheben der Stößelkeile e_1 bis e_3 durch b_1 bis b_3 die Kloben f_1 bis f_3 nach außen; h_1 und h_2 Griffschrauben zum Feststellen von e_2 und e_3

Die Wirkungsweise ist also so, daß zunächst beim Zuspannen der Backen das offene Topfende gemittet und zuletzt das Bodenende festgespannt wird, wobei sich die Backen von den Bolzen lösen. Damit sich diese durch Erschütterungen während der Bearbeitung nicht ungleichmäßig verstellen können, weil sie mit ihren Betätigungsorganen nicht mehr in Berührung stehen, sind sie durch die Griffschrauben h_1 und h_2 zu sichern. Möglicherweise ist diese Sicherung aber auch gar nicht erforderlich, so daß die Spannvorrichtung tatsächlich nur durch Drehen an einer Spannfutterspindel betätigt zu werden braucht. Die Kraftwirkung der Federn auf die mittenden Teile ist selbstverständlich nur so stark, daß das Werkstück nicht verspannt werden kann.

7.1.2. Vorrichtung zum Innenspannen

Mit der Spannvorrichtung nach Bild 7.3 wird das topfförmige Werkstück *a* von innen gespannt, damit es außen gedreht werden kann. Die Wirkungsweise der Vorrichtung kann dann nicht bemängelt werden, wenn das Werkstück innen roh ist und nur an dem Auge bearbeitet werden soll. Muß aber auch der lange Teil gedreht werden, so ist die Vorrichtung unbrauchbar, denn dieser Teil wird durch das Drehen an den einzelnen Punkten verspannt. Ganz abgesehen davon ist die Vor-

richtung aber für ihren Zweck viel zu teuer, denn sie erfordert viele
Paßarbeiten. Es sind darin je drei mittende Backen b und c vorgesehen, die durch zwei Rundmuttern d und e mit keilförmigen Vertiefungen und Zwieselschraube f bewegt werden.

Bild 7.4 ist ein *Gegenentwurf*. Es wird angenommen, daß das Werkstück innen bereits bearbeitet ist. Gemittet und gespannt wird durch
zwei Klemmringe a_1 und a_2, und durch den Stift d wird das Werkstück
auch entfernungbestimmt. Die ganze Vorrichtung besteht nur aus
Drehteilen und ist dadurch erheblich billiger als die vorher beschrie-
bene. Auch ist die Wirkungsweise einwandfrei, da ein Verspannen der
Werkstücke durch die gleichmäßig an der ganzen Fläche drückenden
Ringe ausgeschlossen ist.

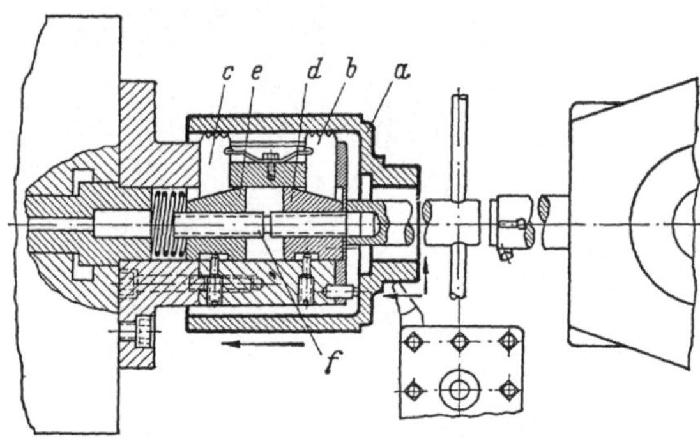

Bild 7.3.   Rundbearbeitung-
Spannvorrichtung, zu vielgestaltig. a Werkstück, b und c
je drei mittende Backen, d und
e Rundmuttern, f Zwiesel-
schraube

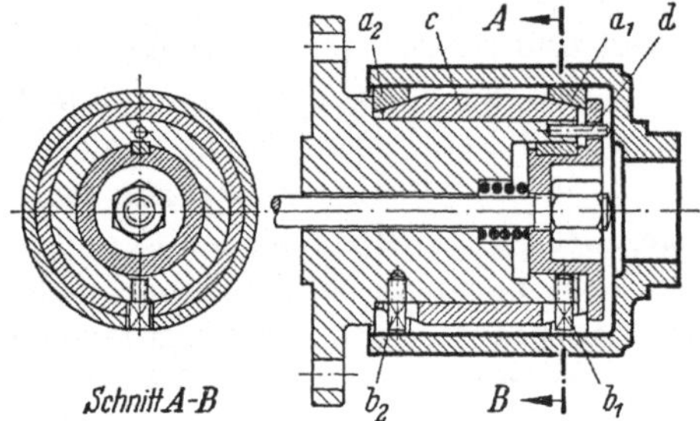

Bild 7.4. Rundbearbeitung-Spannvorrichtung (Gegenentwurf zu Bild 7.3.) a_1 und a_2
Klemmringe, durch Stifte b_1 und b_2 am
Verdrehen gehindert; c Kegelhülse, d ent-
fernungsbestimmender Anschlagstift

7.1.3. Spannzangen

Spannzangen werden häufig unsachgemäß ausgeführt. Es sind zahl-
reiche Konstruktionen als Vorbilder veröffentlicht, die grundsätzliche
Fehler aufweisen. Da sie besonders häufig in Verbindung mit Maschi-
nenspindeln und Druckluftspannung angewandt werden, soll nachfolgend eine kleine Auslese davon gebracht werden. Um die Fehler
besser erläutern zu können, werden auch Dorne mit aufgespanntem
Werkstück gezeigt, an denen die Bearbeitungsfehler (übertrieben gezeichnet) erkennbar sind.

146

7.1.3.1. Einen Spannzangendorn mit einem Klemmring, der durch einen Keil von innen auseinandergedrückt wird zeigt Bild 7.5. Es ist unverständlich, wie ein Werkstück, z.B. eine Buchse, damit richtig fest und mittig aufgespannt werden kann. Selbst wenn, wie in Bild 7.6 dargestellt, r und r_1 gleich groß sind, wird das Werkstück kaum fest genug sitzen und einem bei a wirkenden Arbeitsdruck nachgeben. Durch die einseitige Wirkung des Keiles b (Pfeilrichtung) wird das Werkstück aber außermittig gespannt, so daß sich nach der Bearbeitung ungleiche Wanddicken ergeben müssen. Die Unterschiede sind gleich dem Spiel zwischen Dorn und Bohrung. Bei eng tolerierten Werkstücken kann das Spiel wohl sehr klein gehalen werden, muß aber immerhin noch so groß sein, daß das Werkstück leicht aufgesteckt werden kann. Handelt es sich um dünnwandige Buchsen, so werden diese nicht nur außermittig, sondern auch eiförmig verspannt. Grundsätzlich können einseitig spannende Spannzangendorne nur unter ganz bestimmten Voraussetzungen und in geeigneter Form angewendet werden (s. Abschn. 3.3.2 und [7], Abschn. 3.2.3.2).

7.1.3.2. Der Spannzangendorn mit zwei Klemmringen (Bild 7.7) ist ganz unsinnig ausgeführt; durch die in entgegengesetzter Richtung vorgedrückten Spankeile wird, wie Bild 7.8 zeigt, das Werstück schief aufgespannt und muß nach der Bearbeitung die gezeichnete Form erhalten. Die Anwendung von zwei Klemmringen hat gegenüber dem vorigen Beispiel jedoch den Vorteil, daß das Werkstück unbedingt festsitzt und unter der Schnittkraft nicht nachgeben kann.

7.1.3.3. Spannzangendorne mit einem grundsätzlichen Fehler. Einen Fehler anderer Art zeigt der Spreizdorn Bild 7.9. Wohl kann damit das Werkstück in der Mitte mittig und auch so festgespannt werden, daß es sich auf dem Dorn nicht verdrehen kann. Jedoch sitzt es trotzdem lose, denn es kann sich, zusammen mit den Spannbacken, unter der Bearbeitungskraft um den Punkt a (Bild 7.10) pendelnd bewegen, soweit es das Spiel zwischen Dorn und Bohrung gestattet. Es arbeitet auf dem Dorn, so daß sich schießlich die Spannung lockert. Buchsen erhalten auf solchem Dorn bei zylindrischer Bearbeitung eine umgekehrte Tonnenform. Schwachwandige Buchsen werden außerdem auch noch durch das Angreifen von drei Spannbacken dreieckig verspannt.

Eine Spannzange mit einem ähnlich großen Fehler weisen schließlich auch die Bilder 7.11 und 7.12 auf. Auch mit ihnen kann das Werkstück wohl so festgespannt werden, daß es sich nicht verdrehen kann und gut mitgenommen werden muß. Es sitzt aber federnd auf dem Dorn und kann unter der Schnittkraft ausweichen, und zwar um das Spiel zwischen dem Spannkegel und der Dornbohrung. Soll ein derartiger Dorn einwandfrei arbeiten, so muß das Spiel an dieser Stelle unbedingt ganz wegfallen.

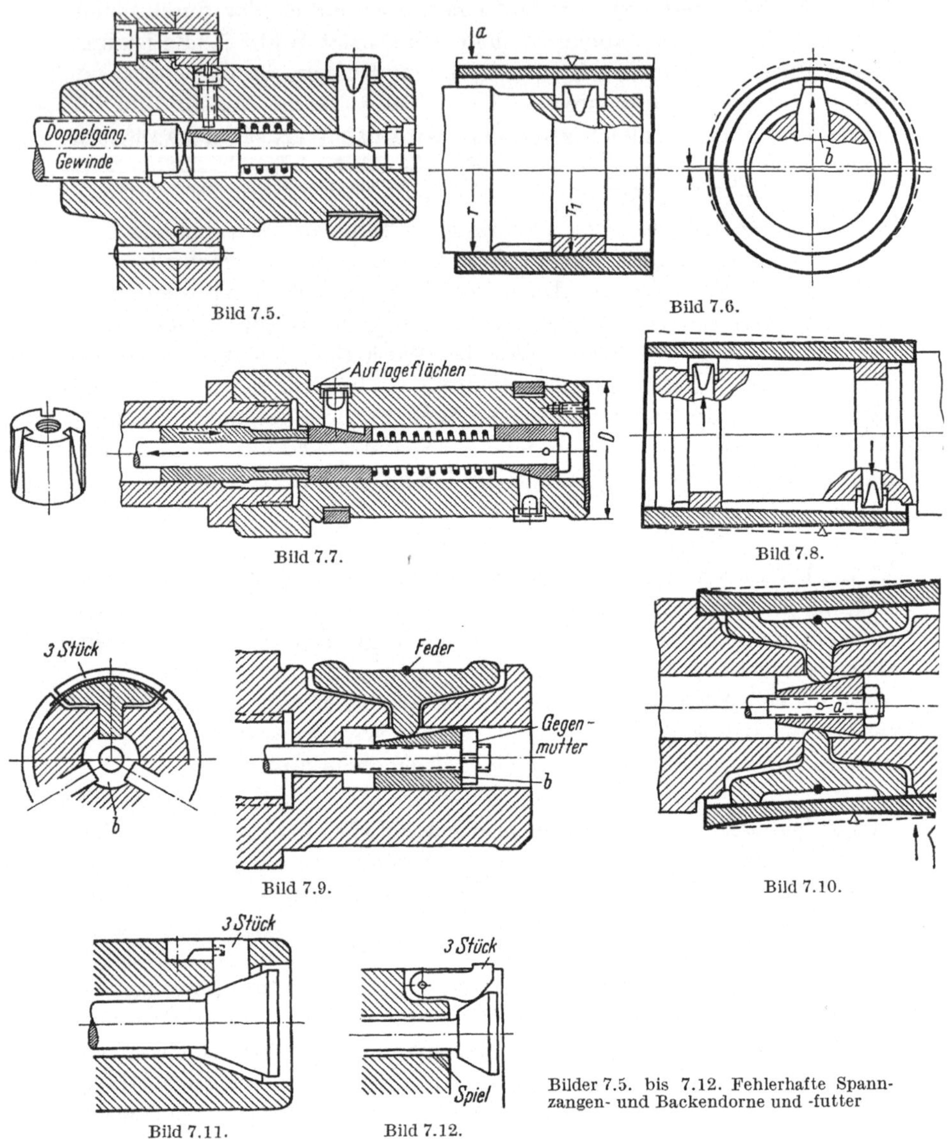

Bilder 7.5. bis 7.12. Fehlerhafte Spann-
zangen- und Backendorne und -futter

Einwandfreie Beispiele von Spannvorrichtungen für Rundbearbeitung sind in Abschn. 3 (Bilder 3.15 bis 3.27) angegeben.

7.2. Bohrspannvorrichtungen

Bohrspannvorrichtungen werden oft recht unvollkommen ausgeführt, so daß sie die Ursache zahlreicher Fehlstücke werden. Die meisten und gröbsten Fehler werden beim Aufnehmen des Werkstückes gemacht:

beim Mitten oder Bestimmen und beim Stützen. Diese besonderen
Aufgaben werden, wie aus manchen in den Fachschriften veröffent-
lichten Vorrichtungsbeispielen hervorgeht, vernachlässigt. Aber auch
schon beim Anordnen der Spannteile werden Fehler gemacht, die viel
verderben können.

7.2.1. Bohrspannvorrichtung für Schraubenlöcher

Die Vorrichtung nach Bild 7.13 hat Werkzeugführungen, die dem Werkzeug nur die Entfernung, aber keine Richtung zu geben haben. Durch
die Kraft der Spannschraube a wird die Wand b des Vorrichtungskörpers mehr oder weniger durchgebogen, wie übertrieben dargestellt,
so daß die darin befindlichen Werkzeugführungen c_1 und c_2 den Bohrer
in eine ungewollt schräge Richtung zwängen. Das ist ein sehr beachtli-
cher Fehler, durch den das Werkzeug leidet.

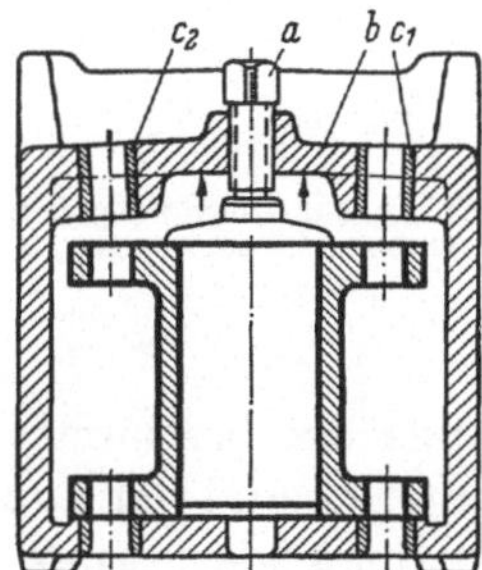

Bild 7.13. Fehlerhafte Kippbohrvorrichtung. a Spannschraube, b Gehäusewand,
c_1 und c_2 Werkzeugführungen

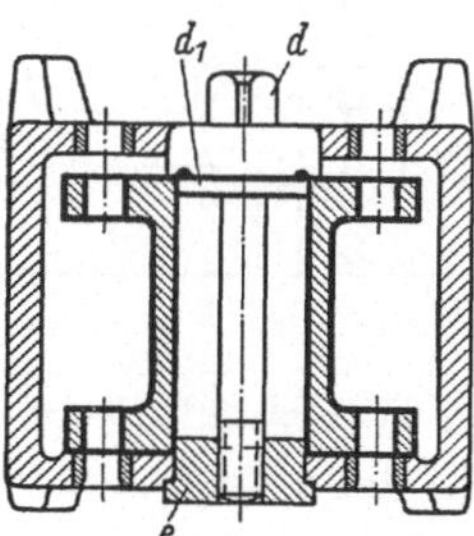

Bild 7.14. Kippbohrspannvorrichtung mit
richtiger Anordnung der Spannschraube
(Gegenentwurf zu Bild 7.13.). d Spannschraube, preßt das Werkstück auf die
untere Gehäusewand; d_1 mittet das Werkstück oben, e unten

Bild 7.14 zeigt einen *Gegenentwurf*. Die Spannschraube d ist dabei so
angeordnet, daß die Gehäusewände keinerlei Spannkräfte aufzunehmen
haben und daher auch nicht durchgebogen werden können. Außerdem
wird das Werkstück oben auch noch genauer gemittet.

7.2.2. Bohrspannvorrichtung
für rechtwinklig zueinander stehende Bohrungen

Das Bild 7.15 läßt klar erkennen, wie das Werkstück a in der Vorrichtung aufgenommen und festgespannt wird. Das ist in jeder Beziehung
falsch, aus folgenden Gründen: Beim Festspannen des Werkstückes
durch die Spannbuchse b federt der Bohrkasten infolge seiner bügel-
artigen, offenen Form etwas auf. Damt verliert die Bohrbuchse c die
genaue senkrechte Richtung. Es ist ferner falsch, das allseitig bearbeitete Werkstück dadurch in dem Vorrichtungsgehäuse zu bestimmen,

daß man eine dem Auge des Werkstückes genau entsprechende Vertiefung in das Vorrichtungsgehäuse eingearbeitet hat, in die es hineingelegt werden soll. Das bedingte nämlich, daß das Werkstück an der entsprechenden Stelle sehr maßhaltig gearbeitet werden müßte. Auch müßten Längen- und Höhenmaß genau eingehalten werden. Das ist aber kaum so vollständig möglich, wie es die Vorrichtung erfordert, und da solch hohe Genauigkeit aus anderen Gründen gar nicht nötig ist, würde diese Vorrichtung die Fertigungskosten eher erhöhen als verringern. Werden in dieser Vorrichtung aber mehr oder weniger weit tolerierte Werkstücke gebohrt, so ergeben sich die verschiedenartigsten Bohrfehler, von denen einige nachfolgend erläutert werden:

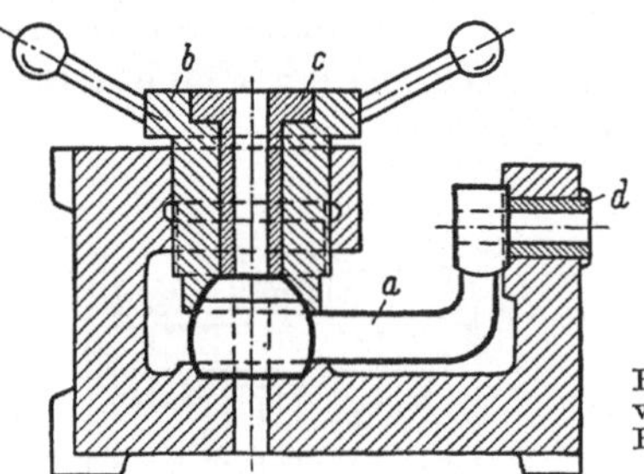

Bild 7.15. Fehlerhafte und unvollständige Kippbohrvorrichtung. *a* Werkstück, *b* Spannbuchse, *c* und *d* Bohrbuchsen

Das Werkstück ist zunächst am großen Auge überbestimmt, weil sowohl die untere Augenfläche als auch der untere Rand der äußeren Kugelform anliegen sollen. Hat die Kugel ein Übermaß oder ist das Auge zu niedrig, so kann es sich schief stellen (Bild 7.16). Die Folge ist ein schiefes Loch. Ist das kleine Auge zu groß, so geht es nicht in die Ausdrehung hinein, oder es wird im günstigsten Falle nur etwas anschnäbeln. Dadurch kann das große Auge nicht gemittet werden. Die Folge ist ein außermittiges und schiefes Loch (Bild 7.17). Schnäbelt das kleine Auge dagegen überhaupt nicht an, so kann auch dieses sehr leicht außer-

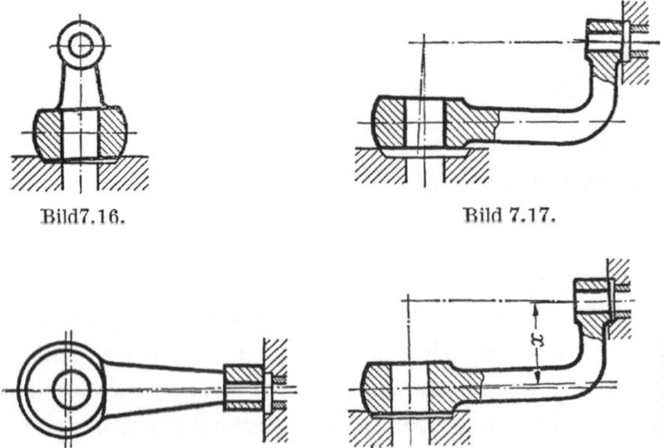

Bild 7.16.

Bild 7.17.

Bild 7.18.

Bild 7.19.

Bilder 7.16. bis 7.19. Fehlerhafte Aufnahmen des Werkstückes in der Vorrichtung Bild 7.15. und die entstehenden Bohrfehler

mittig gebohrt werden (Bild 7.18). Schiefe Löcher ergeben sich auch, wenn das Maß x nicht genau eingehalten worden, z. B. kleiner ist (Bild 7.19). Die Vertiefung für das große Auge ist auch an sich völlig überflüssig, da es ja durch einen Innenkegel der Bohrbuchse mittig gespannt wird. Die Vorrichtung hat noch einen weiteren grundsätzlichen Fehler: Da das kleine Auge nicht gestützt ist, ist es unvermeidlich, daß der ganze Hebelarm unter der Axialkraft des Bohrers etwas durchfedert. Folglich kann das fertiggebohrte Loch auch keinesfalls mit der Bohrerführung fluchten.

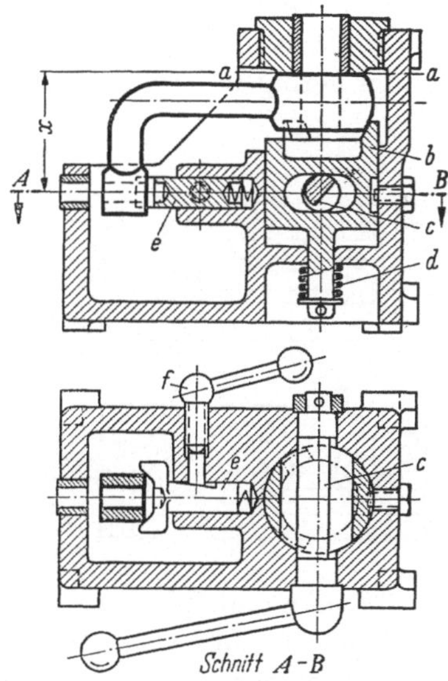

Bild 7.20. Kippbohrspannvorrichtung mit richtiger Aufnahme des Werkstückes (Gegenentwurf zu Bild 7.15.). a bis a Bestimmungsebene, b Einmitt- und Spannkegel, c Kröpfwelle (Spannexzenter), d Feder, zieht b nach unten; e federbelastete Einmittstütze, f Klemmschraube

Bild 7.20 zeigt als *Gegenentwurf* eine für den gleichen Zweck entworfene Kippbohrspannvorrichtung, die zwar nicht ganz so einfach ist wie die vorige, dafür aber den Vorteil hat, daß sie brauchbar ist und daß die erwähnten Bohrfehler auch bei größeren Abweichungen der Werkstückmaße bei sinngemäßer Handhabung nicht vorkommen können. Von dem Gedanken ausgehend, daß das Werkstück an dem kleinen Auge gemittet und unterstützt werden und trotzdem gut aus der Vorrichtung zu entfernen sein soll, ist es umgekehrt angeordnet worden. Da das Maß x mit Bezug auf die kleine Bohrung genau eingehalten werden soll, ist das Werkstück an der Fläche a bis a entfernungbestimmt worden. Durch den an drei Stellen ausgesparten Innenkegel b wird es am großen Auge durch Kröpfwelle c mittig festgespannt. Das kleine Auge wird halbgemittet und gestützt durch die prismatische Federstütze e. Durch die Abflachung an der Kröpfwelle c wird das große Auge beim Entspannen so weit freigegeben, daß es aus den Knaggen entfernt werden kann.

7.2.3. Bohrspannvorrichtung für zwei parallele Bohrungen

Eine weitere, ebenso fehlerhafte Bohrspannvorrichtung, die ebenfalls
eine Verteuerung und Verschlechterung gegenüber der handwerks-
gerechten Ausführung ergäbe, zeigt Bild 7.21. Das außen an den Augen
bearbeitete Werkstück a wird zwischen zwei festen Prismen b_1 und b_2
aufgenommen. Das ist natürlich grundfalsch, denn es ist, abgesehen von
den unnötig hohen Bearbeitungskosten, praktisch unmöglich, die Werkstücke so genau zu bearbeiten, daß sie sich alle leicht in die begrenzenden
Prismenstücke hineinlegen lassen, ohne darin zu wackeln. Sie werden
vielmehr, wenn sie wirklich auf einheitliches Maß gearbeitet worden
sind, hinein- und herausgeschlagen werden müssen, da sie auch schon
bei der geringsten Schrägstellung verecken und klemmen.

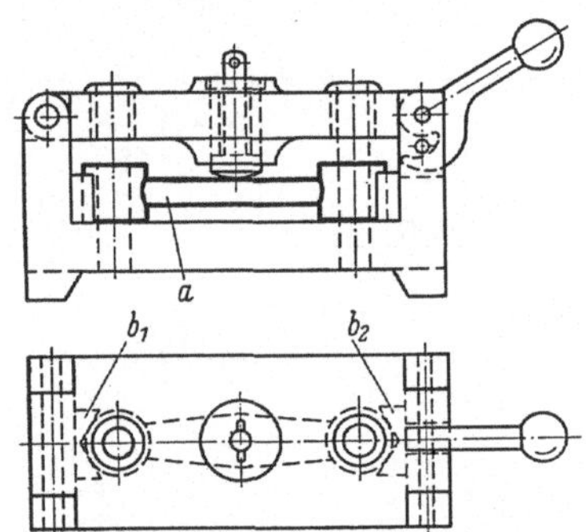

Bild 7.21. Standbohrspannvorrichtung mit schlechter Wirkungsweise. a Werkstück, b_1 und b_2 feste
Prismen

Gibt man den Werkstücken aber so viel Spiel, daß sie hemmungslos
hineingelegt und herausgenommen werden können, so wird der eigentliche Zweck der Vorrichtung gar nicht erreicht; denn es ist keine Gewähr
dafür gegeben, daß weder die Lochentfernung noch die Mitte der Augen
beim Bohren eingehalten werden. Durch den Federspanndruck von
oben, der wegen der Verspannungsgefahr nur sehr gering sein darf,
kann das Werkstück nicht so festgehalten werden, daß es sich beim
Bohren nicht verschieben kann. Es ist außerdem auch grundfalsch,
die Werkstückaugen vorher außen zu bearbeiten, falls es überhaupt
nötig ist. Es ist vielmehr das Gegebene, zuerst die Löcher zu bohren und
dann von diesen auszugehen.

Will man obiges Werkstück oder ähnliche zwischen Prismen aufnehmen, was wohl in der Regel am zweckmäßigsten ist, so muß mindestens *ein* Prisma beweglich sein. Das Werkstück wird dann halbgemittet. Das genügt vollkommen, wenn es nach dem Bohren an den
Augen bearbeitet werden soll; es genügt aber auch dann, wenn eine
Bearbeitung der Augen gar nicht vorgesehen ist, weil kleine Schönheitsfehler in Kauf genommen werden können. Das bewegliche Prisma
kann durch Federkraft oder auch auf andere Weise gespannt werden.
Man wird die annähernd gleichbleibende Federspannung bevorzugen,

wenn die stehenbleibende Wand der Augen so dünn ist, daß sie durch
handbetätigte Spannmittel verspannt werden könnte. Bild 7.22 zeigt
eine solche Anordnung. Um der Gefahr vorzubeugen, daß durch etwa
auftretende Seitenkräfte beim Bohren das Druckprisma a zurückge-
drängt werden könnte, ist die Klemmschraube b vorgesehen, die nach
dem Einlegen des Werkstückes angezogen werden muß. Prismenbreite
und Unterstützung sind in Bild 7.21 richtig, wenn das Werkstück an
den Augen schon bearbeitet ist. In Bild 7.22 ist jedoch ein rohes Werkstück angenommen worden. Die Prismen sind daher sehr schmal und

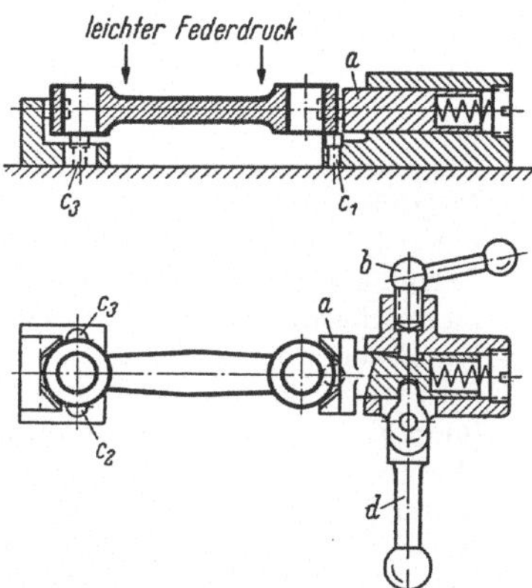

Bild 7.22. Richtige Aufnahme des Werkstücks
(Gegenentwurf zu Bild 7.21.). a federbelastetes
Prisma, Klemmschrauben c_1 bis c_3 Flachstützen
(Dreipunktauflage), f Handhebel zum Zurück-
ziehen von a

etwas ballig gehalten, damit sie als Punktauflage wirken. Aus diesem
Grunde ist auch die Dreipunktauflage c_1 bis c_3 unerläßlich. Der Stützpunkt c_1 ist jedoch nicht ganz einwandfrei angeordnet, denn es entsteht unter der Bohrkraft ein Biegemoment. Das Werkstück kann
daher unter Umständen etwas durchfedern, wodurch die Bohrgenauig-
keit ungünstig beeinflußt wird. Dieser Stützpunkt wäre also, falls es die
Genauigkeit verlangt, zu zerlegen ([7] Abschn. 3.3.1 bis 3.3.3). Auch
dürfte dann die senkrechte Federspannung weder wie in Bild 7.21 noch
wie in Bild 7.22 (durch die Pfeile angedeutet) angreifen, sondern
müßte genau über den Stützpunkten liegen. Da das Moment jedoch nur
gering ist, so kann wohl der Einfachheit halber, wie in Bild 7.22, darauf
verzichtet werden.

Eine Bohrspannvorrichtung für derartige Werkstücke ist auch
bereits in Bild 4.26 dargestellt. Die Werkstücke werden hier mit Bezug
auf die Quermittelebene halbgemittet, und es müssen kleine Schönheitsfehler in Kauf genommen werden. Sind solche keineswegs erwünscht,
so muß durch zwei gleichmäßig gegeneinander wirkende Prismen gemittet werden.

Literaturverzeichnis

 1 Tingelhoff: Spanfreie Vorrichtungen. Werkstattstechnik und Maschinenbau
   46 (1956) H. 11
 2 Ferling, W. Ph.: Hydraulische Werkstückspanner. Werkstattbücher, Heft 122,
   Berlin, Heidelberg, New York: Springer 1961
 3 Fa. Forkardt, Düsseldorf: Forkardt-Spannzeuge (Firmenhandbuch)
 4 Fa. Freudenberg, Weinheim: Dichtungen (Firmenhandbuch)
 5 Goszdzriewski, H.: Bohren mit oder ohne Vorrichtung. Technische Zeitschrift
   für praktische Metallbearbeitung 1 (1959)
 6 Heimberger, M.: Bestimmen und Spannen von Werkstücken in Schnellspannern. Werkstattstechnik 52 (1962) H. 7, S. 330
 7 Mauri, H.: Vorrichtungen I: Einteilung, Aufgaben und Elemente der Vorrichtungen. Fertigung und Betrieb, Bd. 8. Berlin, Heidelberg, New York:
   Springer 1976
 8 Mauri, H.: Vorrichtungsbau III: Wirtschaftliche Herstellung und Ausnutzung der Vorrichtungen. Werkstattbücher, Heft 42, 6. Aufl. Berlin, Heidelberg, New York: Springer 1971
 9 Mauri, H.: Vorrichtungsbau IV: Vollständige Bearbeitungsbeispiele mit Vorrichtungen und Sonderwerkzeugen in Beispielen. Werkstattbücher, Heft 108.
   Berlin, Heidelberg, New York: Springer 1972
10 Fa. Merkel KG, Hamburg: Dichtungen (Firmenhandbuch)
11 Fa. Peiseler, Remscheid: Handelsübliche Vorrichtungen und Spannhydraulik
   (Firmenschrift)
12 Rappels, M.: Druckluft und ihre Anwendung im Arbeitsmaschinen-, Werk-
   zeugmaschinen- und Vorrichtungsbau. Werkstattstechnik 45 (1955) H. 4
13 Fa. RINGSPANN, Albrecht Maurer KG, Bad Homburg: Spanndorne, Spannfutter (Firmenhandbuch)
14 Fa. Römheld KG., Laubach: Spannen, Bewegen, Steuern (Firmenhandbuch)
15 Schreyer, K.: Werkstückspanner (Vorrichtungen) 3. Aufl. Berlin, Heidelberg,
   New York: Springer 1969

Sachverzeichnis